普通高等教育"十四五"规划教材

数字化设计与制造技术

（第二版·富媒体）

谢 驰 刘 影◎主编 李三雁◎副主编

中国石化出版社
·北京·

内 容 提 要

本书介绍了数字化设计与制造技术的基本概念、关键技术、主要应用以及发展趋势，主要内容包括数字化设计与制造系统的组成与实现、工程数据的数字化处理方法、计算机辅助工艺设计(CAPP)、逆向工程基本技术、数字化测量技术、快速成型与3D打印技术、数控加工技术等。

本书可作为高等院校机械工程类本科生的专业教材，也可作为数字化设计与制造技术人员技术参考资料。

图书在版编目(CIP)数据

数字化设计与制造技术 / 谢驰，刘影主编. —2版. —北京：中国石化出版社，2024.6
ISBN 978-7-5114-7514-5

Ⅰ. ①数… Ⅱ. ①谢… ②刘… Ⅲ. ①数字技术-应用-机械设计 ②数字技术-应用-机械制造工艺 Ⅳ. ①TH122 ②TH164

中国国家版本馆CIP数据核字(2024)第088454号

中国石化出版社出版发行

地址:北京市东城区安定门外大街58号
邮编:100011　电话:(010)57512500
发行部电话:(010)57512575
http://www.sinopec-press.com
E-mail:press@sinopec.com
北京科信印刷有限公司印刷
全国各地新华书店经销

*

787毫米×1092毫米 16开本 16.25印张 403千字
2024年6月第2版 2024年6月第1次印刷
定价:68.00元

《数字化设计与制造技术(第二版·富媒体)》

编 委 会

主 编 谢 驰 刘 影

副主编 李三雁

编写人员 黄 晖 黄 兰 蒋冬清 李永胜

刘琴琴 王一舒 赵汝和

第二版前言

在制造企业中全面推行数字化设计与制造技术，推动了企业的数字化转型和升级。智慧工厂是现代工厂在数字化、信息化发展的新阶段，也是工业互联网时代的必然产物。智慧工厂在中国的发展迅速，受益于国家对工业互联网和智能制造的大力支持和推广。国家出台了一系列支持智能制造和工业互联网发展的政策措施，为智慧工厂的发展提供了良好的政策环境。随着技术的不断发展和创新，智慧工厂的应用前景将更加广阔。它利用先进的技术手段对整个生产过程进行数字化、智能化管理，包括数据采集、监控管理、优化设计等环节，以提高生产效率和产品质量，为企业带来显著的经济效益和市场竞争力。

为了适应企业的数字化转型和升级，本书编者对原版教材《数字化设计与制造技术》进行了内容修订，在原有章节的基础上增补了第9章。第9章为智慧工厂的支撑技术，其内容介绍了人工智能技术、工业机器人技术、工厂设备的智能物联技术、大数据与云计算技术、数字孪生工厂。目前，智慧工厂应用于制造业、航空航天、能源工业等领域。智慧工厂的实现需要依赖于多种技术手段，包括物联网技术、大数据分析技术、云计算技术、人工智能技术等。因此，智慧工厂的支撑技术是这次内容修订的重点部分。

另外，本书编者对原版教材其他章节也做了相应的修改。最后，现版教材分为9章，第1章介绍数字化设计与制造技术概述；第2章介绍数字化设计与制造系统的组成与实现；第3章介绍工程数据的数字化处理方法；第4章介绍计算机辅助工艺设计(CAPP)；第5章介绍逆向工程基本技术；第6章介绍数字化测量技术；第7章介绍快速成型与3D打印技术；第8章介绍数控加工技术；第9章介绍智慧工厂的支撑技术。每章后均附有思考题及习题。本书作为高等院校机械工程类专业本科生以及研究生的学习教材，可供相关工程技术人员参考。

本书由成都锦城学院谢驰教授、电子科技大学长三角研究院(湖州)刘影副教授担任主编，成都锦城学院李三雁教授担任副主编。本书由四川大学刘念教授主审。

在编写本书的过程中，参考了许多国内同行专家、学者的研究成果及文献资料，在此向他们致谢!

由于作者学识水平有限，书中不妥和错误之处在所难免，恳请同行和读者批评指正。

2024 年 3 月

第一版前言

数字化改变了社会，改变了设计，改变了制造技术。从手工作业使用图板到计算机二维绘图，从三维设计到数字样机，从数字化工艺过程设计到数字化制造、虚拟制造，从 CAD 应用到数字化企业(Digital Enterprise)的发展，使传统的制造发生了质的变革。数字化程度已经成为衡量设计制造技术水平的重要标志。数字化设计与制造是现代产品研制的基本手段，建立基于信息技术的数字化定义、工艺设计、工装设计、设备数控的综合集成系统，减少中间传递环节，减少传递误差引起的返工，提高系统的柔性，缩短产品研制周期、降低研制成本、提高产品质量的有效途径，是建立现代产品快速研制系统的基础。随着全球经济一体化的进程加快以及信息技术的迅猛发展，现代制造企业环境发生了重大的变化，到 2020 年，中国的技术制造业重点领域智能化水平全面提升，为适应需求的变化，现代制造业出现了符合这种发展的新模式，其核心在于：在制造企业中全面推行数字化设计与制造技术。数字化设计与制造是以计算机软硬件为基础、以提高产品开发质量和效率为目标的相关技术的有机集成，进一步发展数字化设计与制造技术，实现产品制造的数字化已成为一个大趋势。

数字化设计与制造主要包括用于企业的计算机辅助设计(CAD)、计算机辅助制造(CAM)、计算机辅助工艺设计(CAPP)、计算机辅助工程分析(CAE)、产品数据管理(PDM)等内容。为使读者了解在产品加工制造状态与过程的数字化描述、非符号化制造知识的表述、制造信息的可靠获取与传递、制造质量信息分类与评价等全面数字化控制关键技术，本书内容分为 8 章，第 1 章介绍了数字化设计与制造技术概念；第 2 章介绍数字化设计与制造系统的组成与实现；第 3 章介绍工程数据的数字化处理方法；第 4 章介绍计算机辅助工艺设计(CAPP)；第 5 章介绍逆向工程基本技术；第 6 章介绍数字化测量技术；第 7 章介绍快速成型与3D打印技术；第8章介绍数控加工技术。数字化设计与制造技术归纳起来就是产品建模是基础，优化设计是主体，数控技术、数字化检测技术是工具，产品的管理是核心。为便于学生学习，书中突出了基本理论、实验设计、理论应用等基本科研培训内容，每章后均附有思考题。

本书由四川大学锦城学院谢驰教授担任主编，李三雁教授担任副主编，黄晖、黄兰、蒋冬清、李永胜、刘琴琴、王一舒、赵汝和等老师参加编写。本书由四川大学刘念教授主审。

在编写本书的过程中，我们参考了许多国内同行专家、学者的研究成果及文献资料，正是他们的研究工作，使数字化设计与制造技术不断向前迈进，在此向他们致谢！

由于作者学识水平有限，书中不妥和错误之处在所难免，恳请同行和读者批评指正。

目　　录

第 1 章　数字化设计与制造技术概述 ……………………（ 1 ）
1. 1　数字化设计与制造基本概念 ……………………（ 1 ）
1. 2　数字化设计与制造的现状和关键技术 ……………………（ 11 ）
1. 3　数字化设计与制造技术的应用 ……………………（ 20 ）
思考题及习题……………………（ 27 ）
第 2 章　数字化设计与制造系统的组成与实现 ……………………（ 28 ）
2. 1　数字化设计与制造系统的功能 ……………………（ 28 ）
2. 2　数字化设计与制造系统的软硬件组成 ……………………（ 31 ）
2. 3　数字化设计与制造系统的实现 ……………………（ 43 ）
思考题及习题……………………（ 55 ）
第 3 章　工程数据的数字化处理方法 ……………………（ 56 ）
3. 1　工程数据的类型 ……………………（ 56 ）
3. 2　工程数据的数字化处理方法 ……………………（ 58 ）
3. 3　曲线和曲面的表示 ……………………（ 69 ）
3. 4　产品数据交换标准 ……………………（ 84 ）
思考题及习题……………………（ 90 ）
第 4 章　计算机辅助工艺设计(CAPP) ……………………（ 91 ）
4. 1　CAPP 的设计概念 ……………………（ 91 ）
4. 2　CAPP 的系统设计方法 ……………………（ 94 ）
4. 3　成组技术 ……………………（ 97 ）
4. 4　基于成组技术的 CAPP 系统 ……………………（104）
思考题及习题……………………（110）
第 5 章　逆向工程基本技术 ……………………（111）
5. 1　逆向工程的研究内容及基本步骤 ……………………（111）
5. 2　逆向工程的关键技术 ……………………（115）
5. 3　UG/Imageware 软件与逆向工程 ……………………（126）
5. 4　逆向工程的应用展望 ……………………（135）
思考题及习题……………………（136）

第 6 章　数字化测量技术 …………………………………………………… (137)
6. 1　数字化测量技术基本概念 ……………………………………………… (137)
6. 2　数字化测量系统 ………………………………………………………… (138)
6. 3　三坐标测量机概述 ……………………………………………………… (144)
6. 4　三坐标测量机的基本测量方法 ………………………………………… (157)
6. 5　三坐标测量机的精度评定 ……………………………………………… (164)
思考题及习题…………………………………………………………………… (167)
第 7 章　快速成型与 3D 打印技术 …………………………………………… (168)
7. 1　快速成型技术的发展 …………………………………………………… (168)
7. 2　快速成型技术的基本原理与特点 ……………………………………… (171)
7. 3　3D 打印技术概念及工作原理…………………………………………… (176)
7. 4　快速成型与 3D 打印技术的应用 ……………………………………… (182)
思考题及习题…………………………………………………………………… (188)
第 8 章　数控加工技术 ……………………………………………………… (189)
8. 1　数控加工的基本概念 …………………………………………………… (189)
8. 2　数控机床的组成及其分类 ……………………………………………… (195)
8. 3　数控编程技术 …………………………………………………………… (203)
思考题及习题…………………………………………………………………… (228)
第 9 章　智慧工厂的支撑技术 ……………………………………………… (230)
9. 1　人工智能技术 …………………………………………………………… (230)
9. 2　工业机器人技术 ………………………………………………………… (233)
9. 3　工厂设备的智能物联技术 ……………………………………………… (238)
9. 4　大数据与云计算技术 …………………………………………………… (240)
9. 5　数字孪生工厂 …………………………………………………………… (244)
思考题及习题…………………………………………………………………… (248)
参考文献 ……………………………………………………………………… (249)

第1章　数字化设计与制造技术概述

1.1　数字化设计与制造基本概念

数字化设计与制造技术是指利用计算机软硬件及网络环境，实现产品开发全过程的一种技术，即在网络和计算机辅助下通过产品数据模型，全面模拟产品的设计、分析、装配、制造等过程。数字化设计与制造不仅贯穿企业生产的全过程，而且涉及企业的设备布置、物流物料、生产计划、成本分析等多个方面。数字化设计与制造技术的应用可以大大提高企业的产品开发能力、缩短产品研制周期、降低开发成本、实现最佳设计目标和企业间的协作，使企业能在最短时间内组织全球范围的设计制造资源开发出新产品，大大提高企业的竞争能力。

1.1.1　数字化设计技术

数字化设计，可以分成“数字化”和“设计”两部分。

数字化就是把各种各样的信息都用二进制的数字来表示，数字化技术起源于二进制数学，在半导体技术和数字电路学的推动下使得很多复杂的计算可以由机器或电路完成。发展到今天，微电子技术更是将我们带到了数字化领域的前沿。

设计就是设想、运筹、计划和预算，它是人类为了实现某种特定的目的而进行的创造性活动。设计具有多重特征，同时广义的设计涵盖的范围很大。设计有明显的艺术特征，又有科技的特征和经济的属性。从这些角度看，设计几乎包括了人类能从事的一切创造性工作。设计的另一个定义是指控制并且合理的安排视觉元素：线条、形体、色彩、色调、质感、光线、空间等，涵盖艺术的表达和结构造型。设计是特殊的艺术，其创造的过程是遵循实用化求美法则的。设计的科技特性表明了设计总是受到生产技术发展的影响。

数字化设计就是数字技术和设计的紧密结合，是以先进设计理论和方法为基础、以数字技术为工具，实现产品设计全过程中所有对象和活动的数字化表达、处理、存储、传递及控制。其特征表现为设计的信息化、智能化、可视化、集成化和网络化；其主要研究内容包括产品功能数字化分析设计、产品方案数字化设计、产品性能数字化设计、产品结构数字化设计和产品工艺数字化设计；其方法是产品信息系统集成化设计。产品的竞争力主要体现在研发周期、成本、质量和服务等几个方面。为提高这些方面的竞争力，世界各国知名制造厂商都在大力采用数字化设计制造技术改进企业。如美国通用汽车公司应用数字化设计制造技术后，将新轿车的研发周期由原来的48个月缩短到24个月，碰撞试验的次数由原来的几百次降低到几十次，应用电子商务技术后又将销售成本降低了10%。美国波音公司以Boeing777为标志，建立了世界上第一台全数字化样机(图1-1)，这是制造业数字化设计制造技术发展的一个里程碑。

图1-1　飞机制造业采用的数字化样机

采用产品数字化定义(DPD)、数字化预装配(DPA)和并行工程(CE)后，达到了设计更改量和返工量比传统方法减少50%、研制周期缩短50%的显著效果，最重要的是可以保证飞机从设计、制造到试飞一次成功。以制造联合攻击战斗机JSF为代表的全球性虚拟制造企业，开创了数字化网络生产方式。美国与英国、土耳其、意大利等八国建立了以项目为龙头的全球虚拟动态联盟，充分利用这些国家已有的技术、人力、资金和设备等资源，实现异地设计制造，在加速产品研制和生产方面，取得了巨大的成功，总体上达到了缩短设计周期50%、缩短制造周期66%、降低制造成本50%的效果。

目前为止，数字化设计技术的发展历程可以大体上划分为以下五个阶段：

(1)CAX工具的广泛应用

自20世纪50年代开始，各种CAD/CAM工具开始出现并逐步应用到制造业中。这些工具的应用表明制造业已经开始利用现代信息技术来改进传统的产品设计过程，标志着数字化设计的开始。

(2)并行工程思想的提出与推行

20世纪80年代后期提出的并行工程是一种新的指导产品开发的哲理，是在现代信息技术的支持下对传统的产品开发方式的一种根本性改进。PDM(产品数据管理)技术及DFX

(如 DFM、DFA 等)技术是并行工程思想在产品设计阶段应用的具体体现。

(3)虚拟样机技术

随着技术的不断进步，仿真在产品设计过程中的应用变得越来越广泛而深刻，由原先的局部应用(单一领域、单点)逐步扩展到系统应用(多领域、全生命周期)。虚拟样机技术正是这一发展趋势的典型代表。

虚拟样机技术是一种基于虚拟样机的数字化设计方法，是各领域 CAX/DFX 技术的发展和延伸。虚拟样机技术进一步融合先进建模/仿真技术、现代信息技术、先进设计制造技术和现代管理技术，将这些技术应用于复杂产品全生命周期和全系统，并对它们进行综合管理。虚拟样机技术与传统产品设计技术相比，强调系统的观点，涉及产品全生命周期，支持对产品的全方位测试、分析与评估和强调不同领域的虚拟化的协同设计。

(4)协同仿真技术

协同仿真技术将面向不同学科的仿真工具结合起来构成统一的仿真系统，其可以充分发挥仿真工具各自的优势，同时还可以加强不同领域开发人员之间的协调与合作。目前 HLA 规范已经成为协同仿真技术的重要国际标准，基于 HLA 的协同仿真技术也将会成为虚拟样机技术的研究热点之一。

(5)多学科设计优化技术(MDO)

复杂产品的设计优化问题可能包括多个优化目标和分属不同学科的约束条件。现代的(MDO)技术为解决学科间的冲突，寻求系统的全局最优解，提供了可行的技术途径。目前(MDO)技术在国外已经有了许多成功的案例，并出现了相关的商用软件，典型的如 Engineous 公司的 iSIGHT 软件。国内关于(MDO)技术的研究和应用也已经展开。

宏观上看，数字化设计技术的发展历程正相当于现代信息技术在产品设计领域中的应用由点发展为线，再由线发展为面的过程。仿真的广泛应用正在成为当前数字化设计技术发展的主要趋势。随着虚拟样机概念的提出，使得仿真技术的应用更加趋于协同化和系统化。开展关于虚拟样机及其关键技术的研究，必将提高企业的自主设计开发能力，推动企业的信息化进程。

1.1.2　数字化制造技术

数字化制造技术是在数字化技术和制造技术融合的背景下，在虚拟现实、计算机网络、快速原型、数据库和多媒体等支撑技术的支持下，根据用户的需求，迅速收集产品信息、工艺信息、资源信息，并对其进行分析、规划和重组，实现对产品设计和功能的仿真以及原型制造，进而迅速生产出达到用户性能要求的产品的整个制造过程。

通俗地说，数字化就是将许多复杂多变的信息转变为可以度量的数字和数据，再以这些数字和数据为基础建立起适当的数字化模型，把它们转变为一系列二进制代码，引入计算机内部，进行统一处理，这就是数字化的基本过程。计算机技术的发展，使人类第一次可以利用“0”和“1”编码技术来实现对一切声音、文字、图像和数据的编码、解码，从而，各类信息的采集、处理、储存和传输实现了标准化和高速化的处理。数字化制造就是指制造领域的数字化，它是制造技术、计算机技术、网络技术与管理科学的交叉、融合、发展与应用的结果；也是制造企业、制造系统与生产过程、生产系统不断实现数字化的必然趋势。数字化制造内涵包括三个层面：以设计为中心的数字化制造技术、以控制为中心的数字化制造技术和以管理为中心的数字化制造技术。数字化制造技术的起源主要从以下八个方面展现出来：

(1)NC 机床(数控机床)的出现

1952 年，美国麻省理工学院 MIT 首先实现了三坐标铣床的数控化，数控装置采用真空管电路。1955 年，第一次进行了数控机床的批量制造，当时主要是针对直升飞机的旋翼等自由曲面的加工。

(2)CAM 处理系统 APT(自动编程工具)的出现

1955 年美国麻省理工学院伺服机构实验室公布了 APT(Automatically Programmed Tools)系统。其中的数控编程主要是发展自动编程技术，这种编程技术是由编程人员将加工部位和加工参数以一种限定格式的语言(自动编程语言)写成所谓的源程序，然后由专门的软件转换成数控程序。

(3)加工中心的出现

1958 年美国 K&T 公司研制出带 ATC(自动刀具交换装置)的加工中心。同年，美国 UT 公司首次把铣、钻等多种工序集中于一台数控铣床中，通过自动换刀方式实现连续加工，成为世界上第一台加工中心。

(4)CAD(计算机辅助设计)软件的出现

1963 年在美国出现了 CAD 商品化的计算机绘图设备，进行二维绘图。70 年代，出现了三维的 CAD 表面造型系统，70 年代中期，出现了实体造型系统。

(5)FMS(柔性制造系统)的出现

1967 年，美国出现了多台数控机床连接而成的可调加工系统，这就是最初的柔性制造系统(Flexible Manufacturing System，FMS)。

(6)CAD/CAM(计算机辅助设计/计算机辅助制造)的融合

进入 20 世纪 70 年代，CAD 与 CAM 开始走向共同发展的道路。由于 CAD 与 CAM 所采用的数据结构不同，在 CAD/CAM 技术发展初期，主要工作是开发数据接口，沟通 CAD 和 CAM 之间的信息流。不同的 CAD、CAM 系统都有自己的数据格式规定，都要开发相应的接口，不利于 CAD/CAM 系统的发展。在这种背景下，美国波音公司和 GE 公司于 1980 年制订了数据交换规范 IGES(Initia Graphics Exchange Specifications)，从而实现 CAD/CAM 的融合。

(7)CIMS(计算机集成制造系统)的出现和应用

20 世纪 80 年代中期，出现计算机集成制造系统 CIMS(Computer Integrated Manufacturing System)，波音公司成功将其应用于飞机设计、制造和管理，将原需八年的定型生产缩短至三年。

(8)CAD/CAM 软件的空前繁荣

20 世纪 80 年代末期至今，CAD/CAM 一体化三维软件大量出现，如：CADAM，CATIA，UG，I－DEAS，Pro/E，ACIS，MASTERCAM 等，并应用到机械、航空航天、汽车和造船等领域。

随着计算机技术的不断提高，Internet 技术的普及应用，以及用户的不同需求，CAD、CAE、CAPP、CAM、PDM 等技术本身也在不断发展，集成技术也在向前推进，其发展趋势主要有以下几个方向：

①利用基于网络的 CAD/CAE/CAPP/CAM/PDM 集成技术，实现产品全数字化设计与制造。CAD/CAM 应用过程中，利用产品数据管理 PDM 技术实现并行工程，可以极大地提高产品开发的效率和质量。企业通过 PDM 可以进行产品功能配置，利用系列件、标准件、借用件、外购件以减少重复设计。在 PDM 环境下进行产品设计和制造，通过 CAD/CAE/CAPP/CAM 等模块的集成，实现产品无图纸设计和全数字化制造。

②CAD/CAE/CAPP/CAM/PDM 技术与企业资源计划 ERP、供应链管理 SCM、客户关系管理 CRM 相结合，形成制造企业信息化的总体构架。

CAD/CAE/CAPP/CAM/PDM 技术主要用于实现产品的设计、工艺和制造过程及其管理的数字化；企业资源计划 ERP 是以实现企业产、供、销、人、财、物的管理为目标；供应链管理 SCM 用于实现企业内部与上游企业之间的物流管理；客户关系管理 CRM 可以帮助企业建立、挖掘和改善与客户之间的关系。上述技术的集成，可以整合企业的管理，建立从企业的供应决策到企业内部技术、工艺、制造和管理部门，再到用户之间的信息集成，实现企业与外界的信息流、物流和资金流的顺畅传递，从而有效地提高企业的市场反应速度和产品开发速度，确保企业在竞争中取得优势。

③虚拟设计、虚拟制造、虚拟企业、动态企业联盟、敏捷制造、网络制造以及制造全球化，将成为数字化设计及制造技术发展的重要方向。

虚拟设计、虚拟制造技术以计算机支持的仿真技术为前提，形成虚拟的环境、虚拟设计与制造过程、虚拟的产品和虚拟的企业，从而大大缩短产品开发周期，提高产品设计开发的一次成功率。特别是网络技术的高速发展，企业通过国际互联网、局域网和内部网，组建动态联盟企业，进行异地设计、异地制造，然后在最接近用户的生产基地制造成产品。

④以提高对市场快速反应能力为目标的制造技术将得到超速发展和应用。瞬息万变的市场促使交货期成为竞争力诸多因素中的首要因素。为此，许多与此有关的新观念、新技术在 21 世纪将得到迅速的发展和应用。其中有代表性的是：并行工程技术、模块化设计技术、快速原型成形技术、快速资源重组技术、大规模远程定制技术和客户化生产方式等。

⑤制造工艺、设备的可重构性将成为企业装备的显著特点。先进的制造工艺、智能化软件和柔性的自动化设备、柔性的发展战略构成未来企业竞争的软、硬件资源；个性化需求和不确定的市场环境，要求克服设备资源沉淀造成的成本升高风险。制造资源的柔性和可重构性将成为 21 世纪企业装备的显著特点。将数字化技术用于制造过程，可大大提高

制造过程的柔性和加工过程的集成性，从而提高产品生产过程的质量和效率，增强工业产品的市场竞争力。

现代产品开发设计要求有效地组织多学科的产品开发队伍，充分利用各种计算机辅助技术和工具，并充分考虑产品设计开发的全过程，从而缩短产品开发周期，降低成本，提高产品质量，生产出满足用户需求的产品。

1.1.3 数字化设计与制造的主要内容及特点

1. 数字化设计与制造的主要内容

数字化设计及制造技术已经越来越多地应用在加工领域，CAD/CAM 软件技术也在飞速发展，也出现了很多的其它软件产品，这些软件产品根据自身的开发档次及其适用度，被广泛应用在不同加工场合，大大节省了设计及制造的时间周期，并在一定程度上提高了精度和速度。

数字化设计及制造技术集成了现代设计制造过程中的多项先进技术，包括三维建模、装配分析、优化设计、系统集成、产品信息管理、虚拟设计与制造、多媒体和网络通信等，是一项多学科的综合技术。涉及的主要内容有：

(1)CAD/CAE/CAPP/CAM/PDM

CAD/CAE/CAPP/CAM 分别是计算机辅助设计、计算机辅助工程、计算机辅助工艺设计和计算机辅助制造的英文缩写，它们是制造业信息化中数字化设计及制造技术的核心，是实现计算机辅助产品开发的主要工具。

PDM 技术集成并管理与产品有关的信息、过程及人与组织。实现分布环境中的数据共享，为异构计算机环境提供了集成应用平台，从而支持 CAD/CAE/CAPP/CAM 系统过程的实现。

①CAD 计算机辅助设计

CAD 在早期是英文 Computer Aided Drawing(计算机辅助绘图)的缩写，随着计算机软硬件技术的发展，人们逐步地认识到单纯使用计算机绘图还不能称之为计算机辅助设计。真正的设计是整个产品的设计，它包括产品的构思、功能设计、结构分析和加工制造等，二维工程图设计只是产品设计中的一小部分。于是 CAD 的缩写由 Computer Aided Drawing 改为 Computer Aided Design，CAD 也不再仅仅是辅助绘图，而是协助创建、修改、分析和优化的设计技术。

②CAE 计算机辅助工程

CAE 计算机辅助工程(Computer Aided Engineering)通常指有限元分析和机构的运动学及动力学分析。有限元分析可完成力学分析(线性、非线性、静态、动态)，场分析(热场、电场、磁场等)，频率响应和结构优化等。机构分析能完成机构内零部件的位移、速度、加速度和力的计算，机构的运动模拟及机构参数的优化。

③CAPP 计算机辅助工艺设计

世界上最早研究 CAPP 的国家是挪威，始于 1966 年，并于 1969 年正式推出世界上第一个 CAPP 系统 Auto Pros，又于 1973 年正式推出商品化 Auto Pros 系统。

美国是 20 世纪 60 年代末开始研究 CAPP 的，并于 1976 年由 CAM－I 公司推出颇具影响力的 CAPP－I's Automated Process Planning 系统。

④CAM 计算机辅助制造

CAM 计算机辅助制造(Computer Aided Manufacturing)能根据 CAD 模型自动生成零件加工的数控代码，对加工过程进行动态模拟，同时完成在现实加工时的干涉和碰撞检查。

CAM 系统和数字化装备结合可以实现无纸化生产，为 CIMS(计算机集成制造系统)的实现奠定基础，CAM 中最核心的技术是数控技术。

通常零件结构采用空间直角坐标系中的点、线、面的数字量表示，CAM 就是用数控机床按数字量控制刀具运动，完成零件加工。

⑤CAD/CAM 集成系统

随着 CAD/CAM 技术和计算机技术的发展，人们不再满足于这两者的独立发展，从而出现了 CAM 和 CAD 的组合，即将两者集成(一体化)，这样以适应设计与制造自动化的要求，特别是近年来出现的计算机集成制造系统(CIMS)的要求。这种一体化结合可使在 CAD 中设计生成的零件信息自动转换成 CAM 所需要的输入信息，防止信息数据的丢失。产品设计、工艺规程设计和产品加工制造集成于一个系统中，提高了生产效率。

CAD/CAM 集成系统是指把 CAD、CAE、CAPP、CAM 和 PPC(生产计划与控制)等各种功能不同的软件有机地结合起来，用统一的执行控制程序来组织各种信息的提取、交换、共享和处理，保证系统内部信息流的畅通和协调各个系统有效地运行。国内外大量的经验表明，CAD 系统的效益往往不是从其本身，而是通过 CAM 和 PPC 系统体现出来；反过来，CAM 系统假如没有 CAD 系统的支持，花巨资引进的设备往往很难得到有效地利用；PPC 系统假如没有 CAD 和 CAM 的支持，既得不到完整、及时和准确的数据作为计划的依据，订出的计划也较难贯彻执行，所谓的生产计划和控制将得不到实际效益。因此，人们着手将 CAD、CAE、CAPP、CAM 和 PPC 等系统有机地、统一地集成在一起，从而消除“自动化孤岛”，取得最佳的效益。

⑥PDM 产品数据库管理

随着 CAD 技术的推广，原有技术管理系统难以满足要求。在采用计算机辅助设计以前，产品的设计、工艺和经营管理过程中涉及的各类图纸、技术文档、工艺长片、生产单、更改单、采购单、成本核算单和材料清单等均由人工编写、审批、归类、分发和存档，所有的资料均通过技术资料室进行统一管理。自从采用计算机技术之后，上述与产品有关的信息都变成了电子信息。简单地采用计算机技术模拟原来人工管理资料的方法往往不能从根本上解决先进的设计制造手段与落后的资料管理之间的矛盾。要解决这个矛盾，必须采用 PDM 技术。

PDM(产品数据管理)是从管理 CAD/CAM 系统的高度上诞生的先进的计算机管理系统软件。它管理的是产品整个生命周期内的全部数据。工程技术人员根据市场需求设计的产品图纸和编写的工艺文档仅仅是产品数据中的一部分。

PDM 系统除了要管理上述数据外，还要对相关的市场需求、市场分析、设计与制造过程中的全部更改历程、用户使用说明及售后服务等数据进行统一有效的管理。

(2)ERP 企业资源计划

企业资源计划(ERP)系统是指建立在信息技术基础上，对企业的所有资源(物流、资金流、信息流、人力资源)进行整合集成管理，采用信息化手段实现企业供销链管理，从而达到对供应链上的每一环节实现科学管理。ERP 系统集信息技术与先进的管理思想于一身，反映时代对企业合理调配资源、最大化地创造社会财富的要求，成为企业在信息时代生存、发展的基石。

(3)RE 逆向工程技术

对实物作快速测量，并反求为可被 3D 软件接受的数据模型，快速创建数字化模型(CAD)。进而对样品做修改和详细设计，达到快速开发新产品的目的。三坐标测量设备是逆向工程技术典型应用。

(4)RP 快速成型

快速成型(Rapid Prototyping)技术是 90 年代发展起来的，被认为是近年来制造技术领域的一次重大突破，其对制造业的影响可与数控技术的出现相媲美。RP 系统综合了机械工程、CAD、数控技术、激光技术及材料科学技术，可以自动、直接、快速、精确地将设计思想物化为具有一定功能的原型或直接制造零件，从而可以对产品设计进行快速评价、修改及功能试验，有效地缩短了产品的研发周期。

(5)异地、协同设计

在 Internet/Internat 的环境中，进行产品定义与建模、产品分析与设计、产品数据管理及产品数据交换等，异地、协同设计系统在网络设计环境下为多人、异地实施产品协同开发提供支持工具。

(6)基于知识的设计

设计知识包括产品设计原理、设计经验、既有设计示例和设计手册/设计标准/设计规范等；设计资源包括材料、标准件、既有零部件和工艺装备等资源。将产品设计过程中需要用到的各类知识、资源和工具融到基于知识的设计或 CAD 系统之中，支持产品的设计过程是数字化设计的基本方法。

(7)虚拟设计、虚拟制造

综合利用建模、分析、仿真以及虚拟现实等技术和工具，在网络支持下，采用群组协同工作，通过模型来模拟和预估产品功能、性能、可装配性、可加工性等各方面可能存在的问题，实现产品设计、制造的本质过程，包括产品的设计、工艺规划、加工制造、性能分析、质量检验并进行过程管理与控制等。

(8)概念设计、工业设计

概念设计是设计过程的早期阶段，其目标是获得产品的基本形式或形状。广义的概念设计应包括从产品的需求分析到详细设计之前的设计过程，如功能设计、原理设计、形状设计、布局设计和初步的结构设计。从工业设计角度看，概念设计是指在产品的功能和原理基本确定的情况下，产品外观造型的设计过程，主要包括布局设计、形状设计和人机工程设计。计算机辅助概念设计和工业设计以知识为核心，实现形态、色彩、宜人性等方面的设计，将计算机与设计人员的创造性思维、审美能力和综合分析能力相结合，是实现产品创新的重要手段。

(9)绿色设计

DFE 绿色设计是面向环保的设计(Design for Environment)，包括支持资源和能源的优化利用、污染的防止和处理、资源的回收再利用和废弃物处理等诸多环节的设计，是支持绿色产品开发、实现产品绿色制造，促进企业和社会可持续发展的重要工具。

(10)并行设计

并行设计是以并行工程模式替代传统的串行式产品开发模式，使得在产品开发的早期阶段就能很好地考虑后续活动的需求，以提高产品开发的一次成功率。

2. 数字化设计与制造的主要特点

数字化设计及制造技术中各组成部分作为独立的系统，已在生产中得到了广泛的应用，不仅大大提高了产品设计的效率，更新了传统的设计思想，降低了产品的成本，增强了企业及其产品在市场上的竞争力，还在企业新的设计和生产技术管理体制建设中起到了很大作用。数字化设计及制造技术已成为企业保持竞争优势、实现产品创新开发、进行企业间协作的重要手段。

如前所述，数字化设计与数字化制造是以计算机软硬件为基础、以提高产品开发质量和效率为目标的相关技术的有机集成。与传统产品开发手段相比，它强调计算机的软硬件、数字化信息、网络技术以及智能算法在产品开发中的作用，具有以下特点：

(1)计算机和网络技术是数字化设计与制造技术的基础

与传统的产品开发相比，数字化设计与制造技术建立在计算机之上。它充分利用了计算机的优点，如强大的信息存储能力、逻辑推理能力、重复工作能力、快速准确的计算能力、高效的信息处理功能、推理决策能力等，极大地提高了产品开发的效率和质量。随着网络和信息技术的日趋成熟，以计算机网络为支撑的产品异地、异构、协同、并行的开发成为数字化设计与制造技术的发展趋势，也成为现代产品开发不可或缺的技术手段。

(2)计算机只是产品数字化设计与制造的重要辅助工具

尽管计算机具有诸多优点，有助于提高产品开发的质量和效率，但它只是人们从事产品开发的辅助工具。首先，计算机的计算和逻辑推理等能力都是人们通过程序赋予的；其次，新产品开发是一种具有创造性的活动，目前的计算机还不具有创造性思维，而人具有创造性思维，能够对所开发的产品进行综合分析，再将之转换成适合于计算机处理的数学模型和解算程序，同时人还可以控制计算机及程序的运行，并对计算结果进行分析、评价和修改，并选择优化方案；再次，人的直觉、经验和判断是产品开发中不可缺少的，也是计算机无法代替的。人和计算机的特点比较如表 1-1 所示。

表1-1 人和计算机的特点比较

比较项目	人	计算机
数值计算能力	差	强
推理及逻辑判断能力	以经验、想象和直觉进行推理	模拟的、系统的逻辑推理
信息存储能力	差，与时间有关	强，与时间无关
重复工作能力	差	强
分析能力	直觉分析强、数值分析差	无直觉分析能力、数值分析强
出错率	高	低

从表1-1可以看出，人和计算机的能力大多数方面都是互补的。就计算能力而言，计算机的优势非常明显。它具有计算速度快、错误率低、精度高等优点，可以完成数值计算、产品及企业信息管理、产品建模、工程图绘制、有限元分析、优化计算、运动学和动力学仿真、数控编程及加工仿真等任务，成为产品开发的重要辅助工具。对一些复杂的产品开发过程，如产品结构优化、有限元分析、复杂模具型腔的数控加工程序编制等，离开计算机的参与就难以完成。

计算机还具有强大的数据存储能力，能够在数据存储、管理、检索中发挥重要作用。传统的产品开发，技术人员往往需要从大量的技术文件、设计手册中查找相关的数据信息，效率低下，而且容易出错。利用计算机和数据库管理技术，可以实现数据高效和有序的存储、检索和使用，从而使技术人员可以全身心地投身到具有创造性的产品开发工作中。

人是生产力中最具有决定性的力量。在产品的数字化设计与制造过程中，人始终具有最终的控制权、决策权，计算机及其网络环境只是重要的辅助工具。只有恰当地处理好人与计算机之间的关系，最大限度地发挥各自的优势，才能获得最大的经济效益。

(3)数字化设计与制造技术提高产品质量、缩短开发周期、降低生产成本

计算机大的信息存储能力可以存储各方面的技术知识和产品开发过程所需的数据，为产品设计提供科学依据。人机交互的产品开发，有利于发挥人机的各自特长，使得产品设计及制造方案更加合理。通过有限元分析和产品优化设计，可以及早发现设计缺陷，优化产品的拓扑、尺寸和结构，克服了以往被动、静态、单纯依赖于人的经验的缺点。数控自动编程、刀具轨迹仿真和数控加工保证了产品的加工质量，大幅度地减少了产品开发中的废品和次品。

此外基于计算机及网络技术，数字化设计与制造技术将传统的产品串行开发转变为产品的并行开发，可以有效地提高产品的开发质量、缩短产品的开发周期、降低产品的生产成本，加快产品的更新换代速度，提高产品及生产企业的市场竞争力。

(4)数字化设计与制造技术只涵盖产品生命周期的某些环节

随着相关软硬件技术的成熟，数字化设计与制造技术越来越多的渗透到产品开发过程中，成为产品开发不可或缺的手段。但是，数字化设计与制造只是产品生命周期的两大环

节。除此之外，产品生命周期还包括产品需求分析、市场营销、售后服务以及生命周期结束后，材料的回收利用等环节。

数字化设计与制造主要包括用于企业的计算机辅助设计(CAD)、制造(CAM)、工艺设计(CAPP)、工程分析(CAE)、产品数据管理(PDM)等内容。其数字化设计的内涵是支持企业的产品开发全过程、支持企业的产品创新设计、支持产品相关数据管理、支持企业产品开发流程的控制与优化等，归纳起来就是产品建模是基础，优化设计是主体，数控技术是工具，数据管理是核心。

1.2　数字化设计与制造的现状和关键技术

1.2.1　数字化设计与制造技术的发展史

1946 年，出于快速计算弹道的目的，美国宾夕法尼亚大学研制成功世界上第一台电子数字计算机。计算机的诞生，极大地解放了生产力，并逐渐成为工程、结构和产品设计的重要辅助工具。

20 世纪 50 年代以后，以美国为代表的工业发达国家出于航空和汽车等工业的生产需求，开始将计算机应用于机械产品开发。其中，数字化设计技术起步于计算机图形学(CG)，经历了计算机辅助设计(CAD)阶段，最终形成涵盖产品设计大部分环节的数字化设计技术；数字化制造技术从数控(NC)机床及数控编程的研究起步，逐步扩展到成组技术(GT)、计算机辅助工艺设计(CAPP)、柔性制造系统(FMS)、计算机集成制造系统(CIMS)以及网络化制造等领域。值得指出的是，在数字化设计与数字化制造的发展早期，两者是相对独立、各自发展的。

几十年来，数字化设计与制造技术大致经历了以下几个发展阶段：

1. 20 世纪 50 年代：CAD/CAM 技术的准备和酝酿阶段

20 世纪 50 年代，计算机还处于电子管阶段，编程语言为机器语言，计算机的主要功能是数值计算。要利用计算机进行产品开发，首先需要解决计算机中的图形表示、显示、编辑以及输出的问题。

1950 年，美国麻省理工学院(Massachusetts Institute of Technology，MIT)研制出旋风 I 号(Whirlwind I)图形显示器，可以显示简单的图形。1958 年，美国 Calcomp 公司研制出滚筒式绘图仪，Geber 公司研制出平板绘图仪。50 年代后期，出现了图形输入装置——光笔。50 年代的计算机主要为第一代电子管计算机，采用机器语言编程，主要用于科学计算，图形设备只有简单的输出功能。总之，此阶段中的数字化设计主要解决计算机中的图形如何输入、显示和输出问题，处于构思交互式计算机图形学的准备阶段。

采用数字控制技术进行机械加工的思想，最早在 20 世纪 40 年代提出。为了制造飞机机翼轮廓的板状样板，美国飞机承包商 John T. Parsons。提出用脉冲信号控制坐标镗床的加工方法。美国空军发现这种方法在飞机零部件生产中的潜在价值，并开始给予资助和支持。

1949 年，Parsons 公司与美国 MIT 伺服机构实验室(servomechanisms laboratory)合作开始数控机床的研制工作。数控机床的开发从自动编程语言(Automatically Programming Tools，APT)的研究起步。利用 APT 语言，人们可以定义零件的几何形状，指定刀具的切削加工路径，并自动生成相应的程序。利用一定的介质(如穿孔纸带、磁盘等)，可以将程序传送到机床中。程序经过编译后，可以用来控制机床、刀具与工件之间的相对运动，完成零件的加工。

1952 年，MIT 以 APT 编程思想对一台三坐标铣床的改造，成功利用脉冲乘法器原理、具有直线插补和连续控制功能的三坐标数控铣床，首次实现了数控加工。这就是第一代数控机床。

第一代数控机床的控制系统采用电子管元件和继电器，体积大、功耗高、价格昂贵、可靠性低、操作不便，极大地限制了数控机床的使用。

之后，美国空军继续资助 MIT 对 APT 语言及数控加工的研究，解决了诸如三坐标以上数控编程及连续切削、数控程序语言通用性差、系统功能弱、标准化程度不高、数控机床使用效率低等问题。

1953 年，MIT 推出 APT Ⅰ，并在电子计算机上实现了自动编程。1955 年，美国空军花巨资定购数控机床。此后，数控机床在美国、前苏联、日本等国家受到高度重视。50 年代末，出现商品化数控机床产品。

1958 年，我国第一台三坐标数控铣床由清华大学和北京第一机床厂联合研制成功，此后有众多的高校、研究机构和工厂开展数控机床的研制工作。

1958 年，美国航空空间协会(AIA)组织 10 多家航空工厂，与 MIT 合作，推出 APT Ⅱ系统，进一步增强了 APT 语言的描述能力。美国电子工业协会(Electronic Industries Association，EIA)公布了每行 8 个孔的数控纸带标准，进一步提高了数控机床的加工效率和质量。1958 年美国 Keany&Trecker 公司在世界上首次研制成功带自动刀具交换装置(Automatically Tools Changer，ATC)的数控机床，即加工中心，有效地提高了数控加工的效率。1959 年，晶体管控制元件研制成功，数控装置中开始采用晶体管和印刷电路板，数控机床开始进入第二个发展阶段。

2. 20 世纪 60 年代：CAD/CAM 技术的初步应用阶段

1962 年，美国 MIT 林肯实验室(Lincoln Laboratory)的伊万·萨瑟兰(Ivan E. Sutherland)发表了“SketchPad：一个人机图形化的通信系统(Amanmachine graphical communicationsystem)”的博士论文，首次系统地论述了交互式图形学的相关问题，提出了计算机图形学(CG)的概念，确定了计算机图形学的独立地位。他还提出了功能键操作、分层存储符号、交互设计技术等新思想，为产品的计算机辅助设计准备了必要的理论基础和技术。SketchPad 系统的出现是 CAD 及数字化设计发展史上的重要里程碑，它表明利用阴极射线管(Cathode Ray Tube，CRT)显示器进行交互创建图形和修改对象的可能性。因此，伊万·萨瑟兰也被公认为交互式计算机图形学和计算机辅助绘图技术的创始人。

1963 年，在美国计算机联合会上，美国 MIT 机械工程系的孔斯(S Coons)提交了“计算机辅助设计系统的要求提纲(Anoutline of the requirements for acomputer aided design system)”的论文，首次提出了 CAD 的概念。

在此阶段，计算机图形学在理论上主要研究映射、放样、旋转、消隐等算法问题；在硬件方面，主要研究 CRT 显示、光笔输入、随机存储器等设备和系统，为计算机图形学的初步应用奠定了基础。

20 世纪 60 年代中期，美国 MIT、通用汽车(GM)、贝尔电话实验室、洛克希德飞机公司(Lookheed aircraft)以及英国剑桥大学等都投入大量精力从事计算机图形学的研究。1964 年，美国 IBM 公司推出商品化计算机绘图设备，通用汽车公司研制成功多路分时图形控制台，初步实现各阶段的汽车计算机辅助设计。1965 年，美国洛克希德飞机公司推出全球第一套基于大型机的商品化 CAD/CAM 软件系统——CADAM。1966 年，美国贝尔电话实验室(Bell telephone laboratory)开发了价格低廉的实用交互式图形显示系统 GRAPHIC－Ⅰ，促进了计算机图形学和计算机辅助设计技术的迅速发展。1966 年，IBM 公司推出一种集成电路辅助设计系统，利用 IBM360 计算机完成集成电路的设计工作。

20 世纪 60 年代，交互式计算机图形处理得到深入研究，相关软硬件系统也开始走出实验室而趋于实用。商品化软硬件的推出促进了数字化设计技术的发展，CAD 的概念开始为人们接受。人们开始超越计算机绘图的范畴，转而重视如何利用计算机进行产品设计。据统计，至 60 年代末，美国安装的 CAD 工作站已有 200 多台。

与此同时，数字化制造技术也取得进展。1961 年，以美国人贝茨(Bates)为首进行新的 APT 技术研究，并于 1962 年发表 APT Ⅲ。美国航空空间协会也继续对 APT 程序进行改进，并成立了 APT 长远规划组织(APT Long Range Program，APTLRP)，数控机床开始走向实用。从 60 年代开始，日本、德国等工业发达国家陆续开发、生产和使用数控机床。1962 年，人们在机床数控技术的基础上研制成功第一台工业机器人，实现了自动化物料搬运。

计算机辅助工艺设计(CAPP)是通过向计算机输入被加工零件的几何信息(形状、尺寸等)和工艺信息(材料、热处理、批量等)，利用计算机来进行零件加工工艺过程的制订，把毛坯加工成工程图纸上所要求的零件，是产品制造的重要准备工作之一。

由于各种原因，CAPP 是制造自动化领域中起步最晚、进展最慢的部分。1969 年，挪威推出世界上第一个 CAPP 系统— AUTOPROS，并于 1973 年推出商品化的 AUTOPROS 系统。

在我国，由于电子元件质量差、元器件不配套和制造工艺不成熟等原因，数控技术研究受到很大影响。从 1960 年开始，国内的数控技术研究大多停滞下来，只有少数单位坚持下来。1966 年，国产晶体管数控系统研制成功，并实现某些品种数控机床的小批量生产。

1965 年，随着集成电路技术的发展，世界上出现了小规模集成电路。它体积更小、功耗更低，使数控系统的可靠性更进一步提高，数控系统发展到第三代。1966 年，出现了用一台通用计算机集中控制多台数控机床的直接数字控制(Direct Numerical Control，DNC)系统。

1967 年，英国 Molins 公司研制成功由计算机集成控制的自动化制造系统 Molins - 24。Molins - 24 由 6 台加工中心和 1 条由计算机控制的自动运输线组成，利用计算机编制数控程序和制定作业计划，它可以 24h 连续工作。实际上，Molins - 24 是世界上第一条柔性制造系统(FMS)，它标志着制造技术开始进入柔性制造时代。

FMS 是以数控机床和计算机为基础，配以自动化上下料设备、立体仓库以及控制管理系统构成的制造系统。FMS 中的设备能 24h 自动运行；当加工对象改变时，无需改变系统的设备配置，只需改变零件的数控程序和生产计划，就能完成不同产品的制造任务。因此，FMS 具有良好的柔性，适应了多品种、中小批量生产的需求。

3. 20 世纪 70 年代：CAD/CAM 技术开始广泛使用

20 世纪 70 年代后，存储器、光笔、光栅扫描显示器和图形输入板等 CAD/CAM 软硬件系统开始进入商品化阶段，出现了面向中小企业的“交钥匙系统(turnkey system)”，其中包括图形输入/输出设备、相应的 CAD/CAM 软件等。这种系统的性能价格较高，能提供基于线框造型(wireframe modeling)的建模及绘图工具，用户使用维护方便，曲面模型(surface modeling)技术得到初步应用。同时，与 CAD 相关的技术，如质量特征计算、有限元建模、NC 纸带生成及检验等技术得到广泛的研究和应用。

1970 年，美国 Intel 公司在世界上率先开发出微处理器。1970 年，在美国芝加哥国际机床展览会上，首次展出了第四代数控机床系统——基于小型计算机的数控系统。之后，微处理器数控系统的数控机床开发迅速发展。1974 年，美国、日本等先后研制出以微处理器为核心的数控系统，以微型计算机为核心的第五代数控系统开始出现。通常，将以一台和多台计算机作为数控系统核心组件的数控系统称为计算机数控系统(Computer Numerical Control，CNC)。

1973 年，美国人 Joseph Harrington 首次提出计算机集成制造(Computer Integrated Manufucturing，CIM)的概念。CIM 的内涵是借助计算机，把企业中与制造有关的各种技术系统地集成起来，以提高企业适应市场的竞争能力。CIM 强调：①企业的各个生产环节是不可分割的整体，需要进行统一安排和组织；②产品的制造过程实质上是信息的采集、传递和加工处理的过程。

1976 年，美计算机辅助制造国际组织(Computer Aided Manufacturing-International，CAM-Ⅰ)推出 CAM-Ⅰ's Automated Process Planning 系统，在 CAPP 发展史上具有里程碑的意义。

70 年代中期，大规模集成电路的问世推动了计算机、数控机床、搬运机器人以及检测、控制技术的发展，FMS、柔性装配系统(Flexible Assembly System)、柔性钣金生产线以及由多条 FMS 构成的自动化生产车间等大量出现，成为先进制造技术的重要形式。

1979 年，初始图形转换规范(Initial Graphics Exchange Specification，IGES)标准发布。它定义了一套表示 CAD/CAM 系统中常用的几何和非几何数据的格式以及相应的文件结构，为不同 CAD/CAM 系统之间的信息交换创造了条件。

70 年代以后，我国数控加工技术研究进入较快的发展阶段。1972 年，我国研制成功集成电路数控系统。70 年代，国产数控车、铣、镗、磨、齿轮加工、电加工、数控加工中心等相继研制成功。据统计，1973 ~ 1979 年，我国共生产各种数控机床 4108 台，其中线切割机床占 86%，主要用于模具加工。70 年代，日本在 CNC、DNC、FMS 等方面的研究进展迅速，车间自动化水平进入世界前列。

70 年代是 CAD/CAM 技术研究的黄金时代，CAD/CAM 的功能模块已基本形成，各种建模方法及理论得到了深入研究，CAD/CAM 的单元技术及功能得到较广泛的应用。20 世纪 70 年代末，美国安装的计算机图形系统达到 12000 多台，使用人数达数万人。但就技术及应用水平而言，CAD/CAM 各功能模块的数据结构尚不统一，集成性差。

4. 20 世纪 80 年代：CAD/CAM 技术走向成熟

80 年代以后，个人计算机(PC)和工作站开始出现，如美国苹果公司的 Macintosh、IBM 公司的 PC 机以及 Apollo、SUN 工作站等。与大型机、中型机或小型机相比，PC 机及工作站体积小、价格便宜、功能更加完善，极大地降低了 CAD/CAM 技术的硬件门槛，促进了 CAD/CAM 技术的迅速普及。主要表现在：由军事工业向民用工业扩展，由大型企业向中小企业推广，由高技术领域向家电、轻工等普通产品中普及，由发达国家扩展到发展中国家。

80 年代后，CAD 已超越了传统的计算机绘图范畴，有关复杂曲线、曲面描述的新的算法理论不断出现并迅速商品化。实体建模(solid modeling)技术趋于成熟，提供统一的、确定性的几何形体描述方法，并成为 CAD/CAM 软件系统的核心功能模块。各种微机 CAD 系统、工作站 CAD 系统不断涌现，CAD 技术和系统在航空、航天、船舶、核工程、模具等领域得到广泛应用。

1982 年，美国 Autodesk 公司推出基于 PC 平台的 AutoCAD 二维绘图软件。它具有较强的绘图、编辑、剖面线和图案绘制、尺寸标注以及二次开发功能，并具有部分三维作图造型功能，对推动 CAD 技术的普及发挥了重要作用，在机械、建筑等行业得到广泛应用，成为二维 CAD 软件的领导者。

1985 年，美国参数技术公司(Parametric Technology Corporation，PTC)成立，并于 1988 年推出 Pro/Engineer(Pro/E)产品。Pro/E 具有参数化、基于特征以及单一数据库等优点，使得设计过程具有完全相关性，既保证了设计质量，也提高了设计效率。此后，特征建模(feature modeling)技术开始得到应用，采用统一的数据结构和工程数据库成为 CAD/CAM 软件开发的趋势。

80 年代以后，我国先后从日本 FANUC 公司引进数控系统和直流伺服电机、直流主轴伺服电机等制造技术，从美国 GE 公司引进 MCI 系统及交流伺服系统，从 SIMENS 公司引进 VS 系统晶闸管调速装置，并实现商品化生产。上述系统可靠性高、功能齐全。此外，我国还自行开发了 3 ~ 5 轴联动的数控系统及伺服电机，使国产数控机床的性能和质量大幅度提高。国内数控机床生产企业达 100 多家，生产数控机床配套产品的企业 300 多家。

80 年代，CAD/CAE/CAM 技术的研究重点是超越三维几何设计，将各种单元技术进行集成，提供更完整的工程设计、分析和开发环境。为实现信息共享，相关软件必须支持异构跨平台环境。从80年代开始，国际标准化组织(ISO)着手制订ISO10303“产品模型数据交换标准(Standard for The Exchange of Product Model Data，STEP)”。STEP采用统一的数字化定义方法，几乎涵盖了所有人工设计的产品，为不同系统之间的信息共享创造了基本条件。

1981年，美国国家标准局(NBS)建立了“自动化制造实验基地(AMRF)”，以进行CIMS体系结构、单向技术、接口、测试技术及相关标准的研究。同时，CIM还是美国“星球大战”高技术发展研究计划的重要组成部分，美国政府、军事、企业及高校等都十分重视CIM的研究。1985年，美国制造工程师协会计算机与自动化专业学会(SME/CASA)给出了计算机集成制造企业的定义及其结构模型(图1-2)。该模型主要是从技术角度强调制造企业的要求，忽略了人的因素。

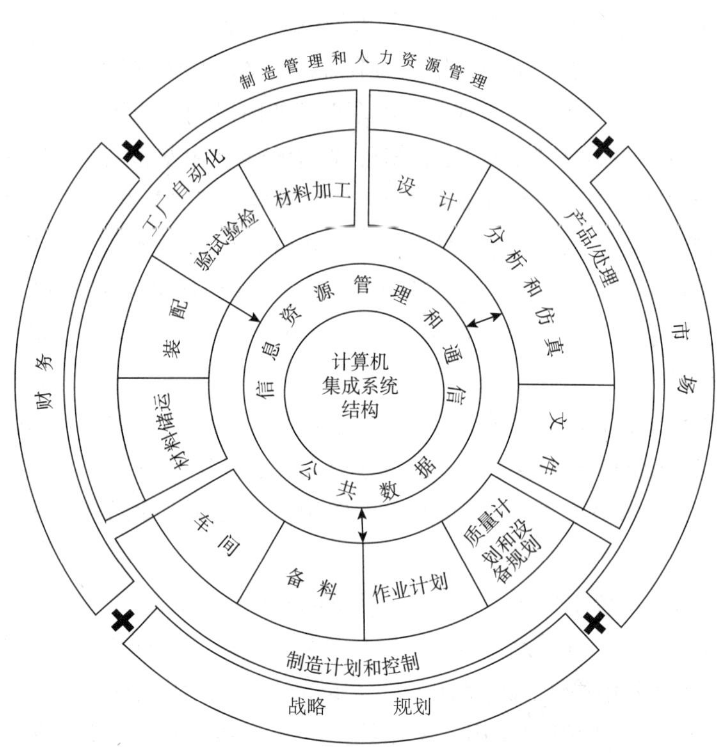

图1-2　计算机集成制造企业结构

80年代初，日本著名通信设备制造厂富士通公司提出工厂自动化(Factory Automation，FA)的设想。80年代中期以后，日本为与美国、西欧国家竞争，在通产省的资助下，在相关实验室和公司中开展CIM新技术的研究和开发。据统计，1985年，美国、西欧、日本等拥有FMS约2100套。到80年代末，世界范围内的CAD/CAM应用系统达数百万台。

1986年，我国制定了国家高技术研究发展计划(简称“863”计划)，将CIMS作为自动化领域的研究主题之一，并于1987年成立自动化领域专家委员会和CIMS主题专家组，建立了国家 CIMS 工程研究中心和七个单元技术实验室。结合我国国情，专家组将 CIMS 的集成划分为三个阶段：信息集成、过程集成和企业集成，并选择沈阳鼓风机厂、北京第一机床厂等典型制造企业开展 CIMS 工程的实施和示范。

1987 年，美国 3D systems 公司开发出世界上第一台快速原型制造（Rapid Prototype Manufacturing）设备，是采用立体光固化的快速原型制造系统。RPM 可以用产品的数字化模型驱动设备快速地完成零件和模具的原型制造，可以有效地缩短产品、样机的开发周期。RPM 采用将原材料从无到有逐层堆积的“堆积增材”原理制造零件，是制造技术的又一次变革。此外，RPM 是以产品的 CAD 模型及分层剖面的数据为基础，并利用了数控加工的基本原理，是 CAD/CAM 技术的延伸和发展。

CAD/CAM 技术的广泛应用对人类进步产生了深远影响。1989 年，美国评选出 1964 ~ 1989 年间的十项最杰出的工程技术成就，其中 CAD/CAM 技术位列第 4。

5. 20 世纪 90 年代：微机化、标准化、集成化发展时期

进入 90 年代后，随着计算机软硬件及网络技术的发展，PC 机 + window 操作系统、工作站 + Unix 操作系统以及以太网（Ethernet）为主的网络环境构成了 CAX 系统的主流平台，CAX 系统功能日益增强、接口趋于标准化。计算机图形接口（Computer Graphics Interface，CGI）、计算机图形元件文件标准（Computer Graphics Metafile，CGM）、计算机图形核心系统（Graphics Kernel System，GKS）、IGES、STEP 等国际或行业标准得到广泛应用，实现了不同 CAX 系统之间的信息兼容和数据共享，也有力地促进了 CAX 技术的普及。

90 年代后，美国、欧共体、日本等国纷纷投入大量精力，研究新一代全 PC 开放式体系结构的数控平台，其中包括美国 NGC 和 OMAC 计划、欧共体 OSACA 计划、日本 OSEC 计划等。新一代数控平台具有开放式、智能化特征，主要表现在：①数控机床结构按模块化、系列化原则进行设计与制造，以便缩短供货周期，最大限度地满足用户的工艺需求；②专门为数控机床配套的各种功能部件已完全商品化；③向用户开放，工业发达国家的数控机床厂纷纷建立完全开放式的产品售前、售后服务体系和开放式的零件试验室、自助式数控机床操作、维修培训中心；④采用信息网络技术，以便合理组合与调用各种制造资源；⑤人工智能化技术在数控技术中得到应用，从而使数控系统具有自动编程、前馈控制、自适应切削、工艺参数自生成、运动参数动态补偿等功能。

1993 年，SME/CASA 发表了新的制造企业结构模型（图 1-3）。与图 1-2 相比，新模型具有以下特点：①充分体现“用户为上帝”的思想，强调以顾客为中心进行生产、服务；②强调人、组织和协同工作的重要性；③强调在系统集成的基础上，保证企业员工实现知识共享；④强调产品和工艺设计、产品制造及顾客服务三大功能必须并行、交叉地进行；⑤明确指出企业资源和企业责任的概念。资源是企业进行各项生产活动的物质基础，企业责任则包括企业对员工、投资者、社会、环境以及道德等方面应尽的义务；⑥该模型还描述了企业所处的外界环境和制造基础，包括市场、竞争对手和自然资源等。新模型的变化充分反映出人们对现代制造企业认识的深化。

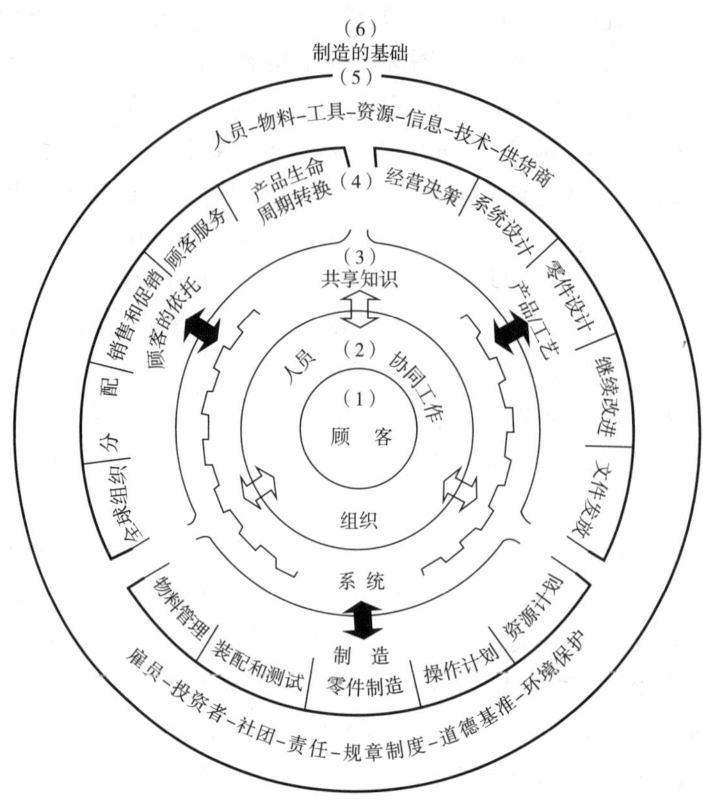

图 1-3　SME/CASA 新的制造企业结构模型

90 年代以后，随着改革开放的深入和经济全球化，我国在 CAD/CAM 领域与世界迅速接轨。UniGraphics(UG)、Pro/Engineer、I-DEAS、ANSYS、Solidworks、SolidEdge、MasterCAM、Cimatron 等世界领先的 CAD/CAE/CAM 软件纷纷进入我国，各种先进的数字化制造技术及装备也在生产中得到广泛应用。

同时，国内 CAD/CAE/CAM 软件开发、数字化制造设备的研制应用也呈现出百花齐放的局面。以北航海尔、清华同方、华中天喻、武汉开目等为代表的 CAD 支撑软件及应用软件在国内得到广泛应用。其中，二维 CAD 软件的功能与世界知名软件的功能相当，且更深刻地满足国内用户的需求和提供更富个性化的实施策略，销售量达数十万套。以北航海尔(CAXA)为代表的国产三维 CAD 软件、数控编程加工软件功能逐步完善，并具有一定的市场占有率，开创了具有自身特色的技术创新道路。

传统的手工绘图在“甩掉绘图板”的模式下机械制造业应用 CAD 技术的普及率和覆盖率达 70% 以上，CAD/CAM 的应用水平达到国外工业发达国家的 80 年代末、90 年代初的水平，工程设计行业的 CAD 普及率达 100%，实现勘察设计手段从传统的手工方式向现代化方式的转变，CAD 的应用水平达到国际 90 年代中期的先进水平。

90 年代，我国在产品计算机辅助设计与制造领域有很大成绩。1994 年，设在清华大学的国家 CIMS 工程中心获得美国制造工程师协会(Society of Manufacturing Engineers,

SME)年度“大学领先奖”；1995 年，以东南大学为技术支撑单位的北京第一机床厂 CIMS 工程，获得美国 SME 年度“工业领先奖”，这也是世界范围内除美国以外首次获得该奖项的 CIMS 工程。

90 年代初，美国里海大学(Lehigh University)在研究和总结美国制造业现状和潜力的基础上，为重振美国国家经济，继续保持美国制造业在国际的领先地位，发表了具有划时代意义的“21 世纪制造企业发展战略”，提出了敏捷制造和虚拟企业的概念。1994 年，美国能源部制定了“实现敏捷制造技术”的计划，并于 1995 年 12 月发表该项目的策略规划及技术规划。1995 年，美国国防部和自然科学基金会共同制定了以敏捷制造和虚拟企业为核心的“下一代制造(NGC)计划”。1995 年 12 月，美国制造工程师协会(SME)主席欧灵(G Oiling)提出“数字制造(digitalmanufacturing)”的概念，即以数字的方式来存储、管理和传递制造过程中的所有信息。1998 年，欧盟将全球网络化制造研究项目列入了第五框架计划(1998 ~ 2002 年)。

为了挽回 20 世纪 70 ~ 80 年代由于政策失误造成的制造业竞争力衰退，美国政府意识到“制造业仍是美国的经济基础”，应促进制造技术的发展。美国政府在“下一代制造计划(NGC)”中提出：人、技术与管理是未来制造业成功的三要素，并确立了技术在制造业中的关键地位，提出了多项需要优先发展的关键技术，包括快速产品/工艺集成开发系统、建模与仿真技术、自适应信息化系统、柔性可重组制造系统、新材料加工技术、纳米制造技术、生物制造技术及无废弃物制造技术等。在政府强有力的支持下，美国重新夺回了制造技术的竞争优势。

90 年代中期，随着计算机、信息和网络技术的进步，机械制造业逐步向柔性化、集成化、智能化、网络化方向发展，企业内部、企业之间、区域之间乃至国家之间实现了资源信息共享，异地、协同、虚拟设计和制造开始成为现实。

90 年代末，以 CAD 为基础的数字化设计技术、以 CAM 为基础的数字化制造技术开始为人们接受，数字化设计与数字化制造技术开始在更广阔的领域、更深的层次上支持产品开发。

1.2.2　数字化设计与制造的发展现状

由于通过 CAM 及其与 CAD 等集成技术与工具的研究，在产品加工方面逐渐得到解决，具体是制造状态与过程的数字化描述、非符号化制造知识的表述、制造信息的可靠获取与传递、制造信息的定量化、质量、分类与评价的确定以及生产过程的全面数字化控制等关键技术得到了解决，促使数字制造技术得以迅速发展。20 世纪 50 年代，数控机床的出现开辟了制造装备的新纪元。随着微型计算机的产生和发展，计算机数控的广泛应用，数控机床得到广泛应用和提高。相继出现的数控三坐标测量机(CMM)和工业机器人与数控机床一起成为重要的数字化加工、测量和操作的装备，其本质是用数字控制代替凸轮行程控制，实现运动数字化。从机械结构和控制方式来看，数控机床、坐标测量机和工业机器人有其共同特点：都可看作数控多坐标装备，运动副都是移动副和转动副，运动链以串联开环为主。数控技术发展的一趋势是提升各种装备性能甚至使其更新换代，即所谓的

“数字制造装备”，如电子制造装备、科学仪器、生物医疗装备以及印刷、纺织等轻工机械。20 世纪 90 年代，数字装备的一个重要的发展趋势是对海量信息处理能力的提高。

先进制造技术发展的总趋势可归纳为：精密化、柔性化、虚拟化、网络化、智能化、敏捷化、清洁化、集成化及管理的创新。而数字化设计与制造技术是先进制造技术的基础。随着计算机技术的不断提高，Internet 网络技术的普及应用，以及用户的需求，CAD/CAM、CAE、PDM 等技术本身也在发展，集成技术也在向前推进，其发展趋势主要有：

① 单项技术向完善化发展；

② PDM 与 CAD/CAPP/CAE/CAM、MRPⅡ/ERP、OA 的集成技术；

③ 产品协同商务 CPC 将迅速崛起；

④ 虚拟制造技术以计算机支持的仿真技术为前提，形成虚拟的环境、虚拟的制 造过程、虚拟的产品、虚拟的企业，从而大大缩短产品开发周期，提高一次成功率；

⑤ 将数字化技术用于制造过程，可大大提高制造过程的柔性和加工过程的集成 性，从而提高工业生产过程的质量和效率，增强工业产品的市场竞争力；将数字化技术“融入”工业产品，可提高其性能，使之升级，以满足国民经济和人民生活日益增长的要求。

1.2.3 数字化设计与制造的关键技术

数字化设计技术利用数字化的产品建模、仿真、多学科综合优化、虚拟样机以及信息集成与过程集成等技术和方法，完成产品的概念设计、工程与结构分析、结构性能优化、工艺设计与数控编程。数字化设计可以实现机械装备的优化设计、提高开发决策能力、加速产品开发过程、缩短研制周期、降低研制成本。

数字化设计的关键技术包括全寿命周期数字化建模、基于知识的创新设计、多学科综合优化、并行工程、虚拟样机、异地协同设计等。

数字化制造技术是一种快速工装准备、工艺过程集成和优化制造技术，它利用数控机床、加工中心、测量设备、运输小车、立体仓库、多级分布式控制计算机等数字化装备，根据产品的工程技术信息、车间层加工指令，通过计算机调度与控制，完成零件加工、装配、物料存储与输送、自动检测与监控等制造活动。数字化制造可以实现多品种、中小批量产品的柔性自动化制造，提高生产效率和产品质量、缩短生产周期、降低成本，以满足市场的快速响应需求。

数字化制造的关键技术包括快速工艺准备、复杂结构件高速切削加工、快速成型、柔性和可重构生产线以及制造执行系统等。

1.3 数字化设计与制造技术的应用

1.3.1 波音飞机数字化设计与制造

数字化设计制造在我国的各行各业均得到了普遍的应用，已成为产品研制过程中的基本手段。但从总体上看．我国数字化设计制造技术的基础和应用深度与发达国家还有一定的差距。发达国家数字化设计制造技术的研究与应用起步早，技术应用的范围宽。这里重点介绍数字化设计制造在飞机研制中的几个成功典范。

波音公司 1990 年在波音 777 飞机研制中，全面采用数字化技术，实现了三维数字化定义、三维数字化预装配和并行工程，建立了全球第一个全机数字样机，取消了全尺寸实物样机，通过精确定义几何尺寸和形状，使工程设计水平和飞机研制效率得到了巨大的提高，设计更改和返工率减少了 50% 以上，装配时出现的问题减少了 50% ~80%，制造成本降低了 30% ~40%，产品开发周期缩短了 40% ~60%，用户交货期从 18 个月缩短到 12 个月。

波音 777 在研制过程中建立了全球第一个全机数字样机，成为有史以来最高程度的“无纸”飞机，在此过程中还获得了大量经验与教训，制定了一系列有关数字化设计制造的规范、手册、说明等技术文件，基本上建立起数字化设计制造技术体系。作为数字化设计制造的典范，其技术手段主要包括以下几部分。

1. 100% 的数字化定义

飞机零件的数字化定义就是用 CATIA 系统进行零件的三维建模（CATIA 是法国达京飞机公司的 CAD/CAM 系统注册商标）。它有一些突出的优点，例如，可以建立飞机零件的三维实体模型；可方便地在计算机上进行装配来检查零件的干涉和配合不协调情况；可准确地进行重量、平衡和应力的分析等。零件几何的可视化便于设计和制造人员从美学方面理解零件的构造，方便地从实体模型提取它的截面图，便于数控加工的程序设计。产品的三维分解图也很容易建立，利用 CAD 数据还可方便地生成技术出版资料。

所有零件的三维设计是唯一的权威性数据集，可供用户的所有后续环节使用。用户评审的唯一依据是这套数据集，而不再是图纸。每个零件的数据包含三维模型和必要的二维模型。数控加工件还包括三维的线框和表面模型数据。

2. 100% 三维实体模型数字化预装配

数字化预装配是在计算机上进行零件造型和装配的过程，达到零件加工前既能进行配合检查的目的。在波音 777 研制中，采用数字化预装配取消了主要的实物样机，修正了 2500 处设计干涉问题。数字化预装配的成功依赖于零件设计的彼此共享，数字化预装配的使用将降低由于工程错误和返工带来的设计更改成本。

数字化预装配还支持如干涉检查、工程分析、材料选用、工艺计划、工装设计以及用户支持等相关设计，及早把反馈信息提供给设计人员。数字化预装配还可以用来进行结构与系统布局、管路安装、导线走向等设计集成，以及论证零件的可安装性和可拆卸性。

3. 并行方式产品定义

并行产品定义是一个系统工程方法，它包括产品各部分的同时设计和综合，以及有关工程、制造和支持等相关性协调的处理。为了在波音 777 研制中全面实施并行工程，波音公司从组织机制上进行了改革，建立了 238 个设计建造团队（DBT）。这一方法使开发人员一开始就能考虑到生命周期的所有环节，从项目规划到产品交付的有关质量、成本、周期和用户要求等。

在并行产品定义有效应用后，将产生以下效益：在早期产品设计中由于工程更改单的急剧减少，促进设计质量的提高；由于把产品设计和制造的串行方式改变为并行方式，缩短了产品开发时间；通过将多功能和学科集成，降低了制造成本；通过产品和设计过程的优化处理，大大减少了废品和返工率。这种管理、工程和业务处理方法集成了产品设计和制造及支持的全过程。

此外，并行产品定义还包括工装数字化设计和预装配，制造数据扩延，工艺计划和产品生产图生成，工装协调，自动报废控制，材料清单处理，设计、制造、试验和交付综合计划生成，综合工作说明生成以及技术资料出版等。

波音 777 开发所采取的技术与传统技术的比较情况如表 1-2 所示。

表 1-2　波音 777 开发方式与传统技术的比较

工　作	新方法	旧方法
工程设计	在 CATIA 上设计和发放所有零件 在数字化预装配中定义管路、线路和机舱 预装配数字飞机 在数字化预装配中解决干涉问题 在 CATIA 上生成生产工艺分解图	聚酯薄膜图(图模合一) 实物模型 实物模型 在实际飞机生产中 利用实物模型
工程分析	在 CATIA 上完成分析 在零件设计发放前完成载荷分析	聚酯薄膜图 在有效日期内完成
制造计划	与设计员并行工作 定义工程零件结构树 在 CATIA 上建立图解工艺计划 软件工具检查特征，辅助设计改型	顺序工作 部分零件 绘制工程图 未做
工装设计	与设计员并行工作 在 CATIA 上设计和发放所有工装 在 CATIA 上解决工装干涉问题 保证零件和工装完全协调	顺序工作 聚酯薄膜图 工装制造中解决 工装安装中解决
数控编程	与设计员并行工作 在 CATIA 上生成和验证 NC 走刀路径	顺序工作 用其它系统
用户支持	与设计员并行工作 在 CATIA 上设计和发放所有地面设备 利用工程数字化数据出版技术文件 数字化预装配保证零件和地面设备的协调	顺序工作 聚酯薄膜图 图解法 零件和工装制造中解决
协调	设计、计划、工装和其他人员都在同一综合设计队进行	分开在不同组织中

20 世纪末，波音为了继续保住其在飞机制造业的霸主地位，在 737－700、800、900 系列飞机研制中又更进一步拓宽数字化工程应用，进一步实施了飞机定义和构型控制/制造资源管理计划(DCAC/MRM)，采用产品数字化、并行工程、PDM 和企业资源管理(ERP)等技术，并基于精益思想的企业重组工程，以消除不增值的重复性工作。为保证该计划的实施，波音公司对企业结构和流程进行了较大的调整。该计划 2004 年完成，成效卓著。

1.3.2　JSF 拓展了数字化设计制造的应用

美国联合攻击战斗机(JSF)是 20 世纪最后一个重大的军用飞机研制和采购项目。洛克希德·马丁公司在与波音公司的竞争中最终胜出，取得了价值 1890 亿美元的巨额生意。以洛克希德·马丁公司为首的由 30 个国家的 50 家公司组成的团队，为了实现协同设计、制造、测试、部署以及跟踪 JSF 整个项目的开发，从而按时完成 JSF 合同，洛克希德·马丁公司采用了全生命周期管理(PLM)软件为集成平台，以数字化的设计制造管理方式，重新改组公司的流程，以项目为龙头，充分发挥合作伙伴的最优能力，形成了全球性的虚拟企业。

为了满足技术和战术要求，多变共用性成为 JSF 的显著特色，即在一个原型机上同时发展成不同用途的三个机种，在一条生产线上同时生产三个不同的机种，互换性达到 80%。据初步分析，JSF 采用数字化的设计、制造、管理方式后的效果如下：设计时间减少 50%，制造时间减少 66%，总装工装减少 90%，分立零件减少 50%，设计制造、维护成本分别减少 50%。

为了满足 JSF 产品复杂性和非常高的效益指标的要求，JSF 研制时，在组织上融入了美国、英国、荷兰、丹麦、挪威、加拿大、意大利、新加坡、土耳其和以色列等的几十个航空关联企业；在技术上数字化技术的应用提升到一个新的阶段，提出了“从设计到飞行全面数字化”，采用了多变共用模块设计，建立了数字化生产线，构建了基于 Web 的数据交换共享与集成平台，实现了建立在网络化及数字化基础上的企业联合，实现了异地协同设计制造。

JSF 研制的数字化体系由四个平台组成，即集成平台、网络平台、业务平台和商务平台。集成平台采用 Teamcenter 产品全生命周期管理软件。网络平台采用 VPN、LAN、WAN、Internet 和各种应用系统组成的应用平台。业务平台由各种应用软件构成，如文档管理、虚拟现实、材料管理、零件管理、CAD 设计软件及相关接口、数字化工厂的设计仿真软件、企业资源计划和工厂管理软件等。商务平台包括为用户提供访问其它系统数据的各类接口。表 1-3 是几种飞机研制模式和技术发展的比较。

表 1-3　几种飞机研制模式和技术发展的比较

模式 比较内容	传统模式	B777 模式	B737-X 模式	JSF 模式
设计方法	实物样件 二维 CAD	三维建模 数字样机	模块单元 构型定义	多变共用 一项多机
组织方式	设计/工艺/工装/加工串行	设计/工艺/工装/加工并行定义	设计/工艺/工装/加工/生产并行定义	项目/设计/工艺/工装/加工/生产线/车间虚拟并行定义
	以职能为对象	以功能为对象	以产品为对象	以项目为对象虚拟企业

续表

比较内容＼模式	传统模式	B777 模式	B737-X 模式	JSF 模式
管理	作业控制	过程控制	作业流控制	能力控制
技术	计算机辅助设计/分析/制造/管理	100% 数字化产品定义，数字化预装配	单源产品数据管理构型控制	设计、试验、制造、飞行数字化，项目管理、信息技术
着眼点	减少设计错误	减少设计更改、错误和返工	减少不增值的重复性工作	形成最优能力中心

1.3.3 数字化设计与制造技术在我国飞机研制中应用

我国自 20 世纪 70 年代开始首先在航空制造业用计算机进行飞机零件数控编程，80 年代初从采用 CAD 描述飞机理论外形开始迈出了数字化设计制造的步伐。经过 30 多年的发展，数字化技术在飞机设计、制造、管理等方面的应用取得了突破性进展，应用的广度和深度都达到了新的水平。特别是进入 21 世纪后，随着国家信息化带动工业化战略的实施，通过推进“甩图板”、CIMS 工程、并行工程、制造业信息化工程等，数字化设计制造的研究和应用又进入了一个新的发展阶段。三维数字化设计、三维数字样机、数字化仿真试验、加工过程模拟与仿真、产品数据管理等技术得到了较为普遍的应用，取得了显著的成效。

以“飞豹”飞机为例，在研制中全面应用了数字化设计、制造和管理技术。“飞豹”飞机由中航第一飞机设计研究院和西安飞机工业集团公司研制，研制时间从 1999 年年底开始到 2002 年 7 月 1 日首飞上天，仅用了两年半时间，减少设计返工 40%，制造过程中工程更改单由常规的 5000 ~ 6000 张减少到 1081 张。工装准备用期与设计基本同步。

“飞豹”飞机研制中实现了飞机整机和部件、零件的全三维设计，突破了数字样机的管理应用技术，建立了相应的数字化样机模型(具有 51897 个零件，43 万个标准件，共形成 37G 的三维模型的数据量)，在此基础上实现了部件和整机的虚拟装配、运动机构仿真、装配干涉的检查分析、空间分析、拆装模拟分析、人机工程、管路设计、气动分桥、强度分析等，显著地加快了设计进度，提高了飞机设计的质量，飞机的可制造性大幅度提高。在制造方面，“飞豹”飞机研制采用了 CAPP/CAM 技术，初步实现了飞机的数字化制造。利用 CAPP 进行制造工艺指令的设计和制造知识库的集成应用，采用 CATIA 和 UG 等系统进行数控编程，采用 Vericut 软件进行数控程序仿真，检查程序的正确性，减少了试切环节，提高了数控机床的利用率，数控程序的一次成功率提高到 95%。在产品数据管理方面，通过应用 PDM 系统，初步实现了对飞机产品结构、设计审签、数据发放、设计文档(包括 CAD 模型)的管理与控制，并实现了从设计所向制造厂通过网络进行三维模型和二维工程图样的数据发放。此外，在“飞豹”飞机研制实践中还初步建立了数字化技术体系，包括三维数据技术体系、数字化标准体系、三维标准件库、材料库，以及实施数字化设计的部分标准规范，开发了结构、机械系统、管路、电器等方面的标准件库。

除“飞豹”飞机外，我国还在 L15 高级教练机、ARJ21 新支线客机等飞机的研制中全面应用了数字化设计制造技术的实践证明，数字化设计制造技术已经成为我国航空工业产品研制技术的基本选择。

1.3.4　数字化设计与制造技术的发展趋势

1. 发展趋势

随着计算机和网络技术的发展，使得基于多媒体计算机系统和通信网络的数字化制造技术为现代制造系统的并行作业、分布式运行、虚拟协作、远程操作与监视等提供了可能。数字化设计与制造技术的发展趋势如下：

(1)制造信息的数字化

将实现 CAD /CAPP /CAM /CAE 的一体化，使产品向无图纸制造方向发展，实现产品全数字化设计、制造与管理。如产品 CAD 数据经过校核，直接传送给数控机床完成加工。

(2) 通过局域网实现企业内部并行工程

通过 Internet 建立跨地区的虚拟企业，将企业的业务流程紧密地连接起来，对产品开发的所有环节(如订单、采购、库存、计划、制造、质量控制、运输、销售、服务、维护、财务、成本、人力资源等)进行高效、有序地管理。实现资源共享，优化配置，使制造业向互联网辅助制造方向发展。

(3)将数字化技术注入传统产品，开发新产品

传统的产品开发基本遵循“设计→绘图→制造→装配→样机试验”的串行工程(Sequential Engineering，SE)。由于结构设计、尺寸参数、材料、制造工艺等各方面原因，样机通常难以一次性达到设计指标，产品研发过程中难免会出现反复修改设计、重新制造和重复试验的现象，导致新产品开发周期长、成本高、质量差、效率低。以数字化设计与数字化制造技术为基础，可以为新产品的开发提供一个虚拟环境，借助产品的三维数字化模型，可以使设计者更逼真地看到正在设计的产品及其开发过程，认知产品的形状、尺寸和色彩基本特征，用以验证设计的正确性和可行性。虚拟工厂、虚拟制造将是数字化设计与制造技术发展的重要方向。

2. 我国数字化设计与制造技术将快速发展

20 世纪末以来，不少工业发达国家将“以信息技术改造传统产业，提升制造业的技术水平”作为发展国家经济的重大战略之一。日本的索尼(Sony)公司与瑞典爱立信(Ericsson)公司、德国的西门子(Siemens)公司与荷兰的菲利浦(Philips)公司等先后成立“虚拟联盟”，通过互换技术工艺，构建特殊的供应合作关系，或共同开发新技术或开发新产品等，以保持其在国际市场上的领先地位。

我国政府十分重视信息技术在制造业、经济和社会发展中的作用。2000 年，《中共中央关于制定国民经济和社会发展第十个五年计划的建议》中明确指出：“坚持以信息化带动工业化，广泛应用高技术和先进实用技术改造提升制造业，形成更多拥有自主知识产权的

知名品牌，发挥制造业对经济发展的重要支撑作用”。2002 年就提出了“信息化是我国加快实现工业化和现代化的必然选择。坚持以信息化带动工业化，以工业化促进信息化，走出一条科技含量高、经济效益好、资源消耗低、环境污染少、人力资源优势得到充分发挥的新型工业化路子。”战略目标，2015 年又提出“中国制造 2025”行动纲要，大力推动我国制造业技术升级。

“中国制造 2025”提出，坚持“创新驱动、质量为先、绿色发展、结构优化、人才为本”的基本方针，坚持“市场主导、政府引导，立足当前、着眼长远，整体推进、重点突破，自主发展、开放合作”的基本原则，通过“三步走”实现制造强国的战略目标：第一步，到 2025 年迈入制造强国行列；第二步，到 2035 年中国制造业整体达到世界制造强国阵营中等水平；第三步，到新中国成立一百年时，综合实力进入世界制造强国前列。

实行五大工程，包括制造业创新中心建设的工程、强化基础的工程、智能制造工程、绿色制造工程和高端装备创新工程。

在智能制造工程方面，紧密围绕重点制造领域关键环节，开展新一代信息技术与制造装备融合的集成创新和工程应用。支持政产学研用联合攻关，开发智能产品和自主可控的智能装置并实现产业化。依托优势企业，紧扣关键工序智能化、关键岗位机器人替代、生产过程智能优化控制、供应链优化，建设重点领域智能工厂/数字化车间。在基础条件好、需求迫切的重点地区、行业和企业中，分类实施流程制造、离散制造、智能装备和产品、新业态、新模式、智能化管理、智能化服务等试点示范及应用推广。建立智能制造标准体系和信息安全保障系统，搭建智能制造网络系统平台。

到 2020 年，制造业重点领域智能化水平显著提升，试点示范项目运营成本降低 30%，产品生产周期缩短 30%，不良品率降低 30%。到 2025 年，制造业重点领域全面实现智能化，试点示范项目运营成本降低 50%，产品生产周期缩短 50%，不良品率降低 50%。

在高端装备创新工程方面，组织实施大型飞机、航空发动机及燃气轮机、民用航天、智能绿色列车、节能与新能源汽车、海洋工程装备及高技术船舶、智能电网成套装备、高档数控机床、核电装备、高端诊疗设备等一批创新和产业化专项、重大工程。开发一批标志性、带动性强的重点产品和重大装备，提升自主设计水平和系统集成能力，突破共性关键技术与工程化、产业化瓶颈，组织开展应用试点和示范，提高创新发展能力和国际竞争力，抢占竞争制高点。

到 2020 年，上述领域实现自主研制及应用。到 2025 年，自主知识产权高端装备市场占有率大幅提升，核心技术对外依存度明显下降，基础配套能力显著增强，重要领域装备达到国际领先水平。

“中国制造 2025”的十个领域包括新一代信息技术产业、高档数控机床和机器人、航空航天装备、海洋工程装备及高技术船舶、先进轨道交通装备、节能与新能源汽车、电力装备、农机装备、新材料、生物医药及高性能医疗器械十个重点领域。

在高档数控机床领域，开发一批精密、高速、高效、柔性数控机床与基础制造装备及集成制造系统。加快高档数控机床、增材制造等前沿技术和装备的研发。以提升可靠性、精度保持性为重点，开发高档数控系统、伺服电机、轴承、光栅等主要功能部件及关键应用软件，加快实现产业化。加强用户工艺验证能力建设。

在机器人方面领域，围绕汽车、机械、电子、危险品制造、国防军工、化工、轻工等工业机器人、特种机器人，以及医疗健康、家庭服务、教育娱乐等服务机器人应用需求，积极研发新产品，促进机器人标准化、模块化发展，扩大市场应用。突破机器人本体、减速器、伺服电机、控制器、传感器与驱动器等关键零部件及系统集成设计制造等技术瓶颈。

数字化设计与数字化制造是计算机技术、信息技术、网络技术与制造科学相结合的产物，是经济、社会和科学技术发展的必然结果。它适应了经济全球化、竞争国际化、用户需求个性化的需求，将成为未来产品开发的基本技术手段。“中国制造 2025”的提出，将极大地促进我国数字化设计与制造的快速发展。

思考题及习题

1. 现代制造业面临哪些挑战？它的发展趋势体现在哪些方面？

2. 分析产品数字化开发的基本流程，阐述数字化设计、数字化仿真、数字化制造以及数字化管理等技术在产品开发中的功能与作用，分析它们之间的相互关系。

3. 与传统的产品设计和制造方法相比，数字化设计和数字化制造有哪些优点？

4. 论述为什么“中国制造 2025”能够推动数字化设计与制造的发展。

5. 论述数字化设计与制造的发展历程，分析不同发展阶段的关键技术和瓶颈环节，理解技术创新的价值和意义。

6. 分析当前产品数字化设计与制造技术的发展趋势。

第2章　数字化设计与制造系统的组成与实现

产品开发的目的是将预定的目标经过一系列规划、分析和决策，产生一定的信息（如文字、数据、图形等），并通过制造，使之成为产品。数字化设计制造是现代产品研制的基本手段，是设计技术、制造技术、计算机技术、网络技术与管理科学的交叉、融合、发展与应用的结果，也是制造企业、制造系统与生产过程、生产系统不断实现数字化的必然趋势。采用数字化技术，可以实现制造系统和制造过程信息的存储、传输、共享和处理，从而实现对复杂系统问题的定量化、最优化、可视化的解决方案。数字化设计与制造本质上是产品设计制造信息的数字化，是将产品的结构特征、材料特征、制造特征和功能特征统一起来，应用数字技术对设计制造所涉及的所有对象和活动进行表达、处理和控制，从而在数字空间中完成产品设计制造过程，即制造对象、状态与过程的数字化表征、制造信息的可靠获取及其传递，以及不同层面的数字化模型与仿真。

2.1　数字化设计与制造系统的功能

在数字化技术和制造技术融合的背景下，现代产品开发主要包括概念设计、功能仿真、结构设计、工艺参数优化、数控编程及加工过程仿真、工程数据管理、质量保证、使用维护、维修乃至报废的产品全生命周期的各个环节的内容，最终以装配图、零件图、仿真分析报告、标准工艺规程、数控加工程序等形式表达设计结果。数字化设计系统应包含数字化产品结构设计功能、产品性能分析功能、设计过程及数据管理功能、数字化设计支持数据库等。

2.1.1　硬件系统功能

支持产品数字化开发的计算机硬件系统应该具备以下基本功能：

（1）计算功能

数字化环境下的产品开发，需要完成产品建模、图形变换、仿真分析、数控编程等操作，存在计算量大、计算精度高、数据模型复杂等特点，它要求计算机软硬件系统具有强大的数值计算能力。早期的数字化设计与制造系统主要为大中型计算机和工作站。随着计算机性能的提高，目前高档微机成为数字化设计与制造系统的主要平台。

(2)存储功能

要实现产品的全数字化设计与制造，系统必须具备存储设计对象的几何、拓扑、材料、工艺、仿真、管理等数据参数的能力，并可根据需要对上述信息进行必要的变换和处理。数字化设计与制造系统通常需要配置大容量的内存和外部存储系统。

(3)输入/输出功能及人机交互功能

产品的数字化开发设计，需要将设计理念、产品几何形状、拓扑结构以及工艺参数等信息输入到计算机中；在结构性能和数控加工仿真过程中，设计人员可以通过分析仿真数据，对结构及工艺参数做出相应改进；系统需要输出工程图、数字化模型、分析报告、数控加工程序等。因此，数字化设计与制造系统必须具备强大的数据/图形的输入、处理和输出功能。数据的输入和输出主要通过人机交互的方式。良好的用户界面，可以为数据的输入、修改和优化提供方便，提高产品研发的效率和质量。

2.1.2　软件系统功能

除计算机硬件外，产品数字化开发离不开软件的支持，软件的功能主要包括：

(1)草图绘制功能

草图绘制是生成零件及产品三维模型的基础。随着参数化设计技术的成熟，草图中的轮廓尺寸均为参数驱动或表现为一个变量，通过修改参数或变量的数值可以改变零件的形状，甚至改变产品的拓扑结构。以参数或变量驱动草图有利于减轻设计的工作量，简化草图设计及造型的修改过程，使设计人员的精力集中在如何优化产品设计上，而不是反复地绘制和修改草图。

(2)几何造型功能

几何造型是指在计算机中建立零件或产品数字化模型的过程。常用的几何造型类型包括线框造型、曲面造型、实体造型和特征造型。

在数字化设计技术的早期，只有二维线框模型，它的目标是用计算机代替手工绘图。用户需要逐点、逐线地构造产品模型。随着计算机的发展和图形变换理论的成熟，三维线框造型技术发展迅速，但是三维线框模型也是由点、线及曲面等组成，不能表示产品的物理特性，且存在歧义现象。

实体模型是一种具有封闭空间，能反映产品真实形状的三维几何模型。它所描述的形体是唯一的，设计人员可以从各个角度观察零件。通过渲染操作还可以进一步增强零件的真实感和立体感，甚至可以反映零件的材料、材质和表面纹理等特征，计算零件或产品的体积、质量等物理信息，以便对产品性能作出初步分析和判断。

曲面模型也称为表面模型，它以“面”来定义对象模型，能够精确地确定对象面上任意点的坐标值。面的信息对于产品的设计和制造具有重要意义，根据物体面的信息可以确定物体的真实形状、物理特性(如体积、质量等)、划分有限元网格、定义数控程序中刀具的轨迹等。汽车、飞机、轮船以及模具等产品，对产品外形有性能或审美要求，实体造型技术往往难以满足产品设计需要，此时曲面造型技术就具有明显的技术优势。

目前，多数的数字化软件均具有提供线框模型、实体模型和曲面模型等功能，并支持它们之间的相互转换，以方便用户的使用和操作。

(3)生成装配体功能

一般产品是由多个零件根据一定的结构、功能或配合关系装配而形成的有机体。装配体生成就是通过模拟产品的实际装配，在计算机中生成产品装配体的过程。此外，以产品的装配体为基础，还可以进行产品的运动学和动力学仿真，分析零部件设计中尺寸、结构、间隙、公差设计是否合理，检查零部件之间是否存在运动干涉等现象。

在定义装配关系的基础上，还可以生成产品的"爆炸图"，分析零部件之间的相互关系。此外，装配体还能为设计人员或用户提供产品的外观造型，以便判断设计是否合理等。在自顶向下的设计模式中，装配体构成了产品的设计骨架，利用相关性设计可以有效地减少设计误差，提高设计的效率和质量。

(4)绘制工程图功能

工程图是表达产品结构组成的基本手段，是工程师的基本语言。在数字化设计技术发展的早期，绘制工程图曾经是计算机辅助绘图(Computer Aided Graphing，CAG)和计算机辅助设计(CAD)的主要内容。

随着三维造型技术的成熟，绘制工程图已不再是产品设计的基本工作。但是，工程图在不同部门和开发环节之间仍然扮演着重要角色，目前数字化设计软件均具有绘制工程图的功能。

与计算机辅助绘图所不同的是，三维设计环境下工程图的绘制是以零部件或装配体的三维实体模型为基础，根据需要自动生成各种工程视图及图纸，如标准三视图、剖面视图、局部视图以及其它辅助视图等，并且可以实现尺寸、公差等的自动标注。

在集成的设计环境下，利用相关性设计和单一数据库技术，所生成的工程图与原有的三维模型、装配体模型之间具有相关性，即如果在工程图中改变了零件的某个尺寸或配合公差，所对应的三维模型或装配体尺寸参数也会随之改变；反之，当零件三维模型或装配体中的某个特征参数改变时，相对应的工程图的尺寸也会相应改变。相关性设计技术对提高设计效率、保证设计质量具有重要意义。

(5)有限元分析和优化设计功能

有限元法(FEM)是实现产品结构、参数和性能仿真优化的重要手段，广泛应用于产品强度、应力、变形、寿命、流体、磁场、热传导等性能的分析过程中。有限元分析需要以产品三维模型为基础，通过划分有限元网格，设置载荷和各种边界条件，建立有限元分析模型。通过对仿真结果处理、显示和分析，判断产品设计是否合理，是否存在需要修改的工艺参数或结构特征。随着数字化仿真技术的发展，有限元分析结果的输出越来越直观、高效，如采用彩色云图、等值线或动画等来表示仿真结果。

实际上，产品设计就是方案寻优的过程，即在满足一些约束条件的前提下，通过改变设计参数或工艺变量，使产品的某些性能指标达到最优或局部优化的目的。目前，在数字化设计、分析和制造软件中，越来越多地嵌入智能化及优化算法，以帮助用户实现优化设计。

(6)数据交换功能

产品数字化开发涉及多个环节，需要多种软件模块，通常也是由不同的人员在不同的计算机中完成，甚至是异地完成。因此，数字化开发软件应具有必要的数据交换功能，既能接受其它系统生成的数据模型，也能将本系统的数据模型转换为其它系统能够接受的数据格式，以便实现数据共享。为增强数据模型的兼容性，软件开发必须遵循相关的数据交换标准。

随着并行工程思想和协同设计方法的普及，数据交换标准(如 IGES、STEP、DXF 等)已经在各种数字化软件中得到广泛应用。

(7)二次开发功能

由于实际产品在结构、形状、尺寸、制造工艺等方面存在很大差异。通用的数字化开发系统不可能为各种产品开发提供最佳的或最高效的解决方案。

为提高某类产品的开发效率或针对某种类型企业的产品特点，主流的数字化开发软件均能提供二次开发工具，用户可以根据具体产品的研发需求，开发或定制工艺流程，提供有针对性的解决方案，以简化产品开发流程、提高产品的开发效率。

二次开发的实现形式包括：利用第三方编写的应用程序或插件、提供面向某一行业或某类产品的标准件库(标准特征库或标准工艺库等)、提供二次开发语言或工具、提供子程序库或函数库以备调用等。设计人员利用标准件或通过定制标准工艺，可以减少重复劳动、提高设计效率。常用的标准件包括各种规格的螺栓、螺母、螺钉、垫片、轴承、齿轮、轴、法兰、加强筋等。另外，也可以对剖面线、图纸规格、标题栏、数控程序的后置处理等进行定制。

(8)数控编程及数控加工仿真功能

目前，数控加工已经成为机械制造的基本工艺手段，如数控车削、数控铣削、数控磨削、数控钻削、数控线切割、数控电火花成形等。要实现数控加工，就必须编制相应的数控加工程序，即根据零件的结构特征和加工工艺要求，定义刀具路径、设置工艺参数，并通过后处理生成刀具轨迹，产生能驱动数控设备的数控程序(G 代码)。

数控加工仿真可以图形化方式，在计算机屏幕上模拟刀具加工零件的过程，通过观察和分析加工过程中工件、刀具以及机床状态的变化，以检验数控程序、刀具轨迹的正确性和合理性。通过对多种加工方案的对比，确定优化的加工方案。利用数控加工仿真技术，可以省去传统的试切削工序，节省加工费用、缩短制造周期，同时也可以避免因数控程序错误造成的加工失误和对数控设备的破坏。

2.2　数字化设计与制造系统的软硬件组成

数字化设计与制造系统包括硬件系统和软件系统两部分。硬件系统是实现产品数字化开发的物质基础，包括计算机、网络设备、存储装置、输入/输出设备、加工制造设备以及坐标测量设备等，为数字化设计与制造提供基本的计算、存储、输入/输出以及加工等功能。软件系统可分为系统软件、支撑软件和应用软件三个层次。数字化设计与制造系统的软硬件组成如图 2-1 所示。

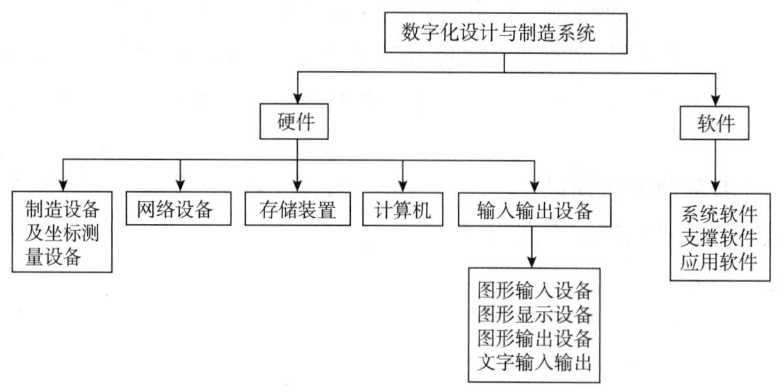

图 2-1　数字设计与制造系统的软硬件组成

2.2.1　硬件组成

1. 存储装置

存储器是计算机中的记忆设备，用来存储程序和数据。按用途存储器可分为内部存储器(内存)和外部存储器(外存)。内部存储器(内存)直接与 CPU 相连，存放当前要运行的程序和数据，也称为主存储器。外部存储器(外存)也称为辅助存储器，主要用于保存暂时不用但又需要长期保存的程序或数据，或作为文件备份，也可以弥补内存的不足。它通过专门的输入接口与主机相连。外部存储器既是输入设备，也是输出设备。常用的外部存储器包括光盘、U 盘和移动硬盘。

2. 输入设备

输入设备是用户和计算机系统之间进行信息交换的主要装置之一。计算机能够接受各种数据，包括数值型的数据和非数值型的数据，如图形、图像、声音等都可以通过不同类型的输入设备输入到计算机中，进行存储、处理和输出。数字化设计与制造系统的输入设备主要有扫描仪、鼠标、键盘、手写输入板、数据手套、三坐标测量仪及其它输入设备，如图 2-2 所示。

(1)扫描输入设备(图形扫描仪、条形码阅读器、字符和标记识别设备等)

扫描仪将已有的文字或图形放置在图形输入设备上，经过光电扫描转换装置，将文字、图形的像素特征，乃至几何特征输入到计算机中。工程设计和管理部门的工程图管理系统，都使用了各种类型的图形(图像)扫描仪。

(2)鼠标器

鼠标是一种手持式屏幕坐标定位设备，是图形化软件系统中普遍使用的输入设备。从工作原理上看，有机械式和光电式等类型。在数字化设计及制造软件中，鼠标的中键有着特殊的作用，可以完成动态缩放或平移等功能，对于提高效率具有重要意义。

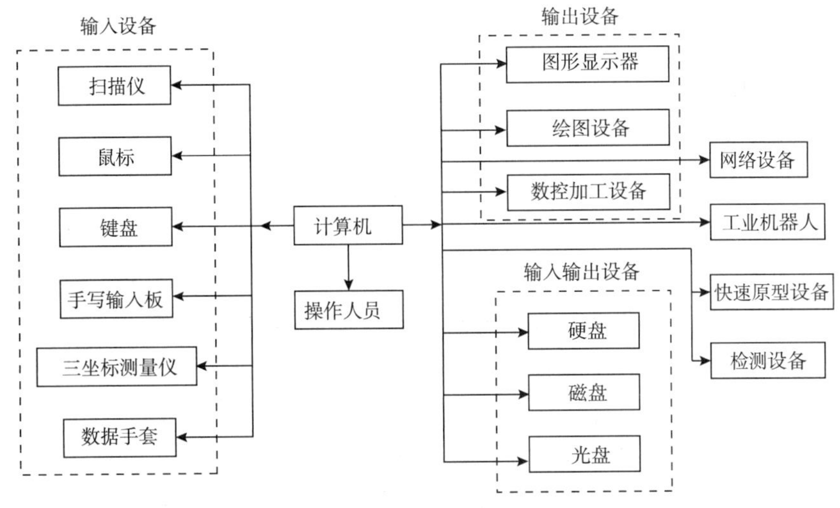

图 2-2　与计算机相关的硬件设备

(3)键盘

键盘是常用的输入设备，它的基本功能是输入命令或数据。键盘是由一组开关矩阵组成，包括数字键、字母键、符号键、功能键及控制键等。每一个按键在计算机中都有它的唯一代码。当按下某个键时，键盘接口将该键的二进制代码送入计算机主机中，并将按键字符显示在显示器上。功能键可以事先定义，使其完成一定的功能，按下功能键即意味着调用相应的子程序完成相应的操作；键盘和其它输入设备配合使用，可以实现人机对话，修改、编辑字符和图形。在不同数字化系统中，各功能键的功能不尽相同。

(4)三坐标测量仪

三坐标测量仪是指在一个六面体的空间范围内，能够表现几何形状、长度及圆周分度等测量能力的仪器，又称为三坐标测量机或三坐标量床。三坐标测量仪又可定义"一种具有可作三个方向移动的探测器，可在三个相互垂直的导轨上移动，此探测器以接触或非接触等方式传递讯号，三个轴的位移测量系统(如光栅尺)经数据处理器或计算机等计算出工件的各点(x，y，z)及各项功能测量的仪器"。三坐标测量仪的测量功能应包括尺寸精度、定位精度、几何精度及轮廓精度等。

一般新产品开发存在两种不同模式：一是从市场需求出发，历经概念设计、结构设计、加工制造、装配检验等产品开发过程，常称之为产品开发的正向工程；二是以已有产品为基础，进行消化、吸收、改进和创新，使之成为新产品，也称为逆向工程。

随着数字化设计与数字化制造技术的成熟，以 CAD/CAM 软件为基础的逆向工程得到广泛应用，它的基本过程是：采用特定的测量设备和测量方法对实物模型进行测量，以获取实物模型的特征参数，在计算机中将所获取的特征数据进行重构以重建对象模型，再对重建模型进行必要的分析、改进和创新，经数控加工或快速原型制造后得到创新后的产品。

其中，逆向对象坐标数据的获取是逆向工程中的基础信息，也将为产品后续的数字化设计与制造过程奠定基础。当逆向对象的结构复杂时，常规、手动测量方法难以获得产品的准确数据。1959 年，英国 Ferranti 公司研制成功世界上第一台坐标测量机(Coordinate Measuring Machine，CMM)样机。此后，人们在坐标测量原理、机械系统结构、控制系统结构、测量数据处理和测量精度等方面取得很大进展。

(5)数据手套

数据手套是一种多模式的虚拟现实硬件，通过软件编程，可进行虚拟场景中物体的抓取、移动、旋转等动作，也可以利用它的多模式性，用作一种控制场景漫游的工具。数据手套的出现，为虚拟现实系统提供了一种全新的交互手段，目前的产品已经能够检测手指的弯曲，并利用磁定位传感器来精确地定位出手在三维空间中的位置。这种结合手指弯曲度测试和空间定位测试的数据手套被称为“真实手套”，可以为用户提供一种非常真实自然的三维交互手段。

数据手套一般按功能需要可以分为：虚拟现实数据手套、力反馈数据手套。力反馈数据手套是借助数据手套的触觉反馈功能，用户能够用双手亲自“触碰”虚拟世界，并在与计算机制作的三维物体进行互动的过程中真实感受到物体的振动。触觉反馈能够营造出更为逼真的使用环境，让用户真实感触到物体的移动和反应。此外，系统也可用于数据可视化领域，能够探测与出地面密度、水含量、磁场强度、危害相似度、或光照强度相对应的振动强度。

3. 输出设备

(1)图形显示器

图形显示器也称为监视器，它以字符和图形动态地显示操作内容和运行结果，是计算机中主要的输出设备之一。常用图形显示器的核心部件是阴极射线管。阴极射线管内装有电子枪，电子枪发射高速、精细聚焦的电子束，阴极射线管的另一端是屏幕，屏幕上涂有荧光粉，当电子束轰击在屏幕上时会发光。电子束扫过后，荧光粉的光会迅速衰减。因此，需要以一定的频率扫描才能获得稳定的画面。

根据扫描方式的不同图形显示器可以分为随机扫描显示器、直视存储管显示器和光栅扫描显示器。在图形方式下，将显示屏按行、列分割为许多大小相等的显示单位，称为像素。像素是最小显示单位，每个像素可以有不同的颜色和亮度。分辨率是显示器的重要性能指标，它是指显示器在水平方向和垂直方向分别划分为多少个像素。例如：分辨率 1024×768 表示显示器水平方向有 1024 个像素、垂直方向有 768 个像素。显然，像素越多，分辨率越高，图形显示效果越好。一般地，像素个数从 256×256 到 1280×1240 不等，甚至更多。

在产品数字化开发过程中，涉及大量的图形显示和操作，如旋转、缩放、平移、局部视图、渲染等。因此，对显示器分辨率有较高要求。

近年来，液晶显示器(LCD)因具有体积小、携带方便、省电、辐射小等优点而得到广泛应用。

(2)绘图设备

绘图设备是数字化开发系统中另一类常用的输出设备，主要有打印机和绘图仪。衡量打印精度的主要参数是分辨率，即每英寸打印的点数(DPI)。分辨率数值越大表示打印机的打印精度越高。绘图仪的主要性能指标有最大绘图幅面、绘图速度、绘图精度、重复精度、机械分辨率和可寻址分辨率等。衡量打印速度的参数是连续打印时每分钟的打印页数。

在数字化设计制造中，利用绘图仪可以打印大幅面的工程图或装配图。

(3)网络设备

网络设备及部件是连接到网络中的物理实体。网络设备的种类繁多，且与日俱增。基本的网络设备有：计算机(无论其为个人电脑或服务器)、集线器、交换机、网桥、路由器等。

服务器，也称伺服器，是提供计算服务的设备。由于服务器需要响应服务请求，并进行处理，因此一般来说服务器应具备承担服务并且保障服务的能力。服务器的构成包括处理器、硬盘、内存、系统总线等，和通用的计算机架构类似，但是由于需要提供高质可靠的服务，因此在处理能力、稳定性、可靠性、安全性、可扩展性、可管理性等方面要求较高。

路由器是用于连接多个逻辑上分开的网络，所谓逻辑网络是代表一个单独的网络或者一个子网。当数据从一个子网传输到另一个子网时，可通过路由器的路由功能来完成。因此，路由器具有判断网络地址和选择IP路径的功能，它能在多网络互联环境中，建立灵活的连接，可用完全不同的数据分组和介质访问方法连接各种子网，路由器只接受源站或其它路由器的信息，属网络层的一种互联设备。

集线器的主要功能是对接收到的信号进行再生整形放大，以扩大网络的传输距离，同时把所有节点集中在以它为中心的节点上。集线器与网卡、网线等传输介质一样，属于局域网中的基础设备，基本上不具有类似于交换机的“智能记忆”能力和“学习”能力，它发送数据时都是没有针对性的，而是采用广播方式发送。

交换机意为“开关”，是一种用于电(光)信号转发的网络设备。它可以为接入交换机的任意两个网络节点提供独享的电信号通路。最常见的交换机是以太网交换机。其它常见的还有电话语音交换机、光纤交换机等。

(4)数控加工设备

数控机床是数字控制机床的简称，是一种装有程序控制系统的自动化机床。该控制系统能够逻辑地处理具有控制编码或其它符号指令规定的程序，并将其译码，用代码化的数字表示，通过信息载体输入数控装置。经运算处理由数控装置发出各种控制信号，控制机床的动作，按图纸要求的形状和尺寸，自动地将零件加工出来。数控机床较好地解决了复杂、精密、小批量、多品种的零件加工问题，是一种柔性的、高效能的自动化机床，代表了现代机床控制技术的发展方向，是一种典型的机电一体化产品。

(5)工业机器人

工业机器人是面向工业领域的多关节机械手或多自由度的机器装置，它能自动执行工作，是靠自身动力和控制能力来实现各种功能的一种机器。它可以接受人类指挥，也可以按照预先编排的程序运行，现代的工业机器人还可以根据人工智能技术制定的原则纲领行动。工业机器人最显著的特点有以下几个：

①可编程生产自动化的进一步发展是柔性启动化。工业机器人可随其工作环境变化的需要而再编程，因此它在小批量多品种具有均衡高效率的柔性制造过程中能发挥很好的作用，是柔性制造系统中的一个重要组成部分。

②拟人化工业机器人在机械结构上有类似人的行走、腰转、大臂、小臂、手腕、手爪等部分，在控制上有电脑。此外，智能化工业机器人还有许多类似人类的“生物传感器”，如皮肤型接触传感器、力传感器、负载传感器、视觉传感器、声觉传感器、语言功能等。传感器提高了工业机器人对周围环境的自适应能力。

③通用性除了专门设计的专用的工业机器人外，一般工业机器人在执行不同的作业任务时具有较好的通用性。比如，更换工业机器人手部末端操作器(手爪、工具等)便可执行不同的作业任务。

④工业机器技术工业机器技术涉及的学科相当广泛，归纳起来是机械学和微电子学相结合的机电一体化技术。第三代智能机器人不仅具有获取外部环境信息的各种传感器，而且还具有记忆能力、语言理解能力、图像识别能力、推理判断能力等人工智能，这些都是微电子技术的应用，特别是计算机技术的应用密切相关。因此，机器人技术的发展必将带动其它技术的发展，机器人技术的发展和应用水平也可以验证一个国家科学技术和工业技术的发展水平。

当今工业机器人技术正逐渐向着具有行走能力、具有多种感知能力、具有较强的对作业环境的自适应能力的方向发展。

(6)快速原型设备

快速原型技术是一种涉及多学科的新型综合制造技术。80年代后，随着计算机辅助设计的应用，产品造型和设计能力得到极大提高，然而在产品设计完成后，批量生产前，必须制出样品以表达设计构想，快速获取产品设计的反馈信息，并对产品设计的可行性作出评估、论证。在市场竞争日趋激烈的今天，时间就是效益。为了提高产品市场竞争力，从产品开发到批量投产的整个过程都迫切要求降低成本和提高速度。快速原型技术的出现，为这一问题的解决提供了有效途径，倍受国内外重视。快速原型技术突破了“毛坯→切削加工→成品”的传统的零件加工模式，开创了不用刀具制作零件的先河，是一种前所未有的薄层叠加的加工方法。与传统的切削加工方法相比，快速原型加工具有以下优点：

①可迅速制造出自由曲面和更为复杂形态的零件，如零件中的凹槽、凸肩和空心部分等，大大降低了新产品的开发成本和开发周期。

②属非接触加工，不需要机床切削加工所必需的刀具和夹具，无刀具磨损和切削力影响。

③无振动、噪声和切削废料。

④可实现夜间完全自动化生产。

⑤加工效率高，能快速制作出产品实体模型及模具。

(7) 检测设备

检测设备有很多种类，工厂常用的检测设备有很多，包括测量设备手动标距仪、电动标距仪等，另外还有质量检测分析仪器，材质检测、包装检测设备等也是常见的检测设备。在包装环节中比较常见的有包装材料检测仪、金属检测设备、非金属检测设备以及无损检测设备等。

2.2.2　软件组成

为了充分发挥计算机硬件的作用，数字化设计与制造系统必须配备功能齐全的软件，软件配置的档次和水平是决定系统功能、工作效率及使用方便程度的关键因素。软件是用于求解某一问题并充分发挥计算机计算分析功能和交流通信功能的程序的总称。计算机软件是指控制系统运行，并使计算机发挥最大功效的计算机程序、数据以及各种相关文档。程序是对数据进行处理并指挥计算机硬件工作的指令集合，是软件的主要内容。文档是指关于程序处理结果、数据库、使用说明书等，文档是程序设计的依据，其设计和编制水平在很大程度上决定了软件的质量，只有具备了合格、齐全的文档，软件才能商品化。

与通用的软件相比，数字化设计与制造软件的区别主要体现在软件系统功能、用户界面等方面。它面向产品设计、分析与制造过程、提供产品建模、分析和编程等工具，这是一般通用软件所不具有的。

总体上，数字化开发软件可以分为系统软件、支撑软件和应用软件三个层次。系统软件与计算机硬件直接关联，起着扩充计算机的功能和合理调度与运用计算机硬件资源的作用。支撑软件运行在系统软件之上，是各种应用软件的工具和基础，包括实现各种功能的通用性应用基础软件。应用软件是在系统软件及支撑软件的支持下，实现某个应用领域内的特定任务的专用软件。

1. 系统软件

系统软件是用户与计算机硬件连接的纽带，是使用、控制、管理计算机的运行程序的集合。系统软件通常由计算机制造商或软件公司开发。系统软件有两个显著的特点：一是通用性，不同应用领域的用户都需要使用系统软件；二是基础性，即支撑软件和应用软件都需要在系统软件的支持下运行。系统软件首先是为用户使用计算机提供一个清晰、简洁、易于使用的友好界面；其次是尽可能使计算机系统中的各种资源得到充分而合理的应用。系统软件的功能是管理、监控和维护计算机中的资源，使计算机能够正常、高效地工作，使用户能有效地使用计算机。系统软件主要包括三大部分：操作系统、编程语言系统和网络通信及其管理软件。

操作系统是系统软件的核心，是CAD/CAM系统的灵魂，它控制和指挥计算机的软件资源和硬件资源。其主要功能是硬件资源管理、任务队列管理、硬件驱动程序、定时分时系统、基本数学计算、日常事务管理、错误诊断与纠正、用户界面管理和作业管理等。操作系统依赖于计算机系统的硬件，用户通过操作系统使用计算机，任何程序需经过操作系统分配必要的资源后才能执行。目前流行的操作系统有Windows、UNIX、Linux等。

编程语言系统主要完成源程序编辑、库函数及管理、语法检查、代码编译、程序连接与执行。按照程序设计方法的不同，可分为结构化编程语言和面向对象的编程语言；按照编程时对计算机硬件依赖程度的不同，可分为低级语言和高级语言。目前广泛使用面向对象的编程语言，如 Visual C + + 、Visual Basic、Java 等。

网络通信及其管理软件主要包括网络协议、网络资源管理、网络任务管理、网络安全管理、通信浏览工具等内容。国际标准的网络协议方案为“开放系统互联参考模型”(OSI)，它分为七层：应用层、表示层、会话层、传输层、网络层、数据链路层和物理层。目前 CAD/CAM 系统中流行的主要网络协议包括 TCP/IP 协议、MAP 协议、TOP 协议等。

2. 支撑软件

支撑软件是为满足系统用户的某些共同需要而开发的通用软件。支撑软件是软件系统的重要组成部分，一般由商业化的软件公司开发。支撑软件是满足共性需要的通用性软件，属知识密集型产品，这类软件不针对具体的应用对象，而是为某一应用领域的用户提供工具或开发环境。支撑软件一般具有较好的数据交换性能、软件集成性能和二次开发性能。根据支撑软件的功能可分为功能单一型和功能集成型软件。功能单一型支撑软件只提供系统中某些典型过程的功能，如交互式绘图软件、三维几何建模软件、工程计算与分析软件、数控编程软件、数据库管理系统等。功能集成型支撑软件提供了设计、分析、造型、数控编程以及加工控制等综合功能模块。

在数字化设计与制造系统中，常用的支撑软件包括图形处理软件、几何造型软件、数据库管理系统、图形交换标准等。

(1)图形处理软件

图形处理软件可以分为二维图形软件和三维图形软件。常用二维图形软件的基本功能有：①产生各种图形元素，如点、线、圆等；②图形变换，如放大、平移、旋转等；③控制显示比例和局部放大等；④对图形元素进行修改和编辑等操作；⑤尺寸标注、文字编辑、画剖面线等；⑥图形的输入/输出功能。

计算机硬件及图形设备的迅速发展，更新换代的速度很快。图形软件的开发需要极大的人力和物力，算法相对固定，不应随着硬件的变化而修改，否则将造成很大的浪费。

(2)图形数据交换标准

为了使图形软件能够方便地在不同计算机和图形设备之间移植，业界和国际标准化组织(1SO)等制定了一系列图形软件标准。目前，常用的图形软件标准有：

①计算机图形接口标准(CGI)，一种图形设备驱动程序的标准，提供了一种控制图形硬件与设备无关的方法。

②初始图形转换规范(IGES)，定义了一套几何和非几何数据的格式以及相应的文件结构，解决了不同 CAD 系统之间交换图形数据的问题，成为应用最广泛的数据交换标准。

③图形核心系统(GKS)，定义了一个独立于语言图形系统的核心，提供了应用程序和图形输入、输出设备之间的功能接口，包含了基本的图形处理功能，处于与语言无关的层次。

④产品模型数据交换标准(STEP)，指在产品生命周期内实现产品模型的数据交换。它具有统一的产品数据模型，已成为新的产品模型数据交换标准。

(3)几何造型软件

几何造型软件用于在计算机中建立物体的几何形状及其相互关系，为产品设计、分析和数控编程等提供必要的信息。要实现产品的数字化开发，首先必须建立产品的几何模型，后续的处理和操作都是在此模型基础上完成的。因此，几何造型软件是产品数字化开发系统不可缺少的支撑软件。

根据所产生几何模型的不同，几何造型方法可以分为：线框造型、表面造型和实体造型三种基本形式。产生的相应模型分别为：线框模型、表面模型和实体模型。它们之间基本上是从低级到高级的关系，高级模型可以生成相应的低级模型。目前，多数开发系统都同时提供上述三种造型方法，并且三者之间可以相互转换。

(4)有限元分析软件

它利用有限元法对产品或结构进行静态、动态、热特性分析，通常包括前置处理(单元自动剖分、显示有限元网格等)、计算分析及后置处理(将计算分析结果形象化为变形图、应力应变色彩浓淡图及应力曲线等)三个部分。

目前世界上已投入使用的比较著名的商品化有限元分析软件有COSMOS、NASTRAN、ANSYS、ADAMS、SAP、MARC、PATRAN、ASKA、DYNA3D等。这些软件从集成性上可划分为集成型与独立型两大类。

集成型主要是指CAE软件与CAD/CAM软件集成在一起，成为一个综合型的集设计、分析、制造于一体的CAD/CAE/CAM系统。

目前市场上流行的CAD/CAM软件大都具有CAE功能，如SDRC公司的I-DEAS、EDS/Unigraphics公司的UGNX软件等。

(5)优化方法软件

优化方法软件是将优化技术用于工程设计，综合多种优化计算方法，为求解数学模型提供强有力数学工具的软件，目的为选择最优方案，取得最优解。

(6)数据库系统软件

在产品的数字化设计和制造过程中，需要处理大量的数据。从信息的角度看，产品的数字化开发就是信息输入、分析、处理、传递以及输出的过程。这些数据中有静态数据，如各种标准、设计规范的数据等；也有动态数据，如产品设计中不同版本的数据、数字化仿真的结果数据、各子系统之间的交换数据等。

实际上，在产品数字化开发过程中，各种输入、查询、对话框、显示、输出以及文件保存等操作，都与数据库密切相关。因此，数据管理是产品数字化开发中非常重要的问题。

早期产品开发过程中的数据主要是通过文件的形式来管理。例如：将各种标准以数据文件的形式存放在磁盘中，各模块之间的信息交换也是利用数据文件。

这种文件管理简单易行，只需要利用操作系统的功能就可实现，不需要附加任何的管理软件。但是，文件系统不能以记录或数据项为单位共享数据，导致数据大量冗余，数据的增加和删除困难。

为克服文件管理存在的缺点，人们发展了数据库技术。采用数据库系统管理数据时，数据按一定的数据结构存放在数据库中，由数据库管理系统(Data Base Management System，DBMS)统一管理。数据库管理系统提供各种管理功能，如数据存放、数据删除、数据查找和数据编辑等。利用数据库管理系统的命令，可以完成各种数据操作。

数据库系统的优点有：①编制应用程序时无须考虑各种标准数据的管理；②数据独立于程序，数据存储结构的变化不会影响应用程序；③减少了数据的冗余，提高了数据的共享程度；④保证了数据的一致性；⑤便于修改和扩充。

此外，为保证产品开发过程中各模块数据信息的一致性，现有的开发软件广泛采用单一数据库技术，即当用户在某个模块中对产品数据作出改变时，系统会自动地修改所有与该产品相关的数据，以避免因数据不一致而产生差错。

(7)系统运动学/动力学模拟仿真软件

仿真技术是一种建立真实系统的计算机模型的技术。利用模型分析系统的行为而不建立实际系统，在产品设计时，实时、并行地模拟产品生产或各部分运行的全过程，以预测产品的性能、产品的制造过程和产品的可制造性。运动学模拟可根据系统的机械运动关系来仿真计算系统的运动特性。动力学模拟可以仿真分析计算机械系统在某一特定质量特性和力学特性作用下系统运动和力的动态特性。

这类软件在CAD/ CAM/CAE技术领域得到了广泛的应用，例如ADAMS机械系统动力学自动分析软件。

ADAMS，即机械系统动力学自动分析(Automatic Dynamic Analysis of Mechanical Systems)，该软件是美国MDI公司(Mechanical Dynamics Inc.)开发的虚拟样机分析软件，现已并入美国MSC公司 。

ADAMS软件使用交互式图形环境和零件库、约束库、力库，创建完全参数化的机械系统几何模型，其求解器采用多刚体系统动力学理论中的拉格朗日方程方法，建立系统动力学方程，对虚拟机械系统进行静力学、运动学和动力学分析，输出位移、速度、加速度和反作用力曲线。

ADAMS软件由基本模块、扩展模块、接口模块、专业领域模块及工具箱5类模块组成。

3. 应用软件

应用软件是根据特定产品开发的需要，在系统软件和支撑软件基础上进行的二次开发或独立开发的软件模块。开发应用软件的主要目的是提高产品设计及制造的效率，如冲裁模具设计软件、注塑模具设计软件、螺旋桨叶片造型软件、汽车设计软件、飞机设计软件等。

应用软件开发就是根据特定产品类型的设计与制造过程，设计专门的算法和程序，使开发过程算法化、程序化和快速化。在应用软件的开发过程中，需要建立数学模型，利用程序描述相关设计准则和加工原理，从而将产品开发转化为计算机可以认知和处理的信息。

为提高软件的开发效率和可靠性，人们提出了计算机辅助软件工程(Computer Aided Software Engineering，CASE)的概念，并开发了 CASE 工具。利用 CASE 软件工具，可以提高程序设计和调试的效率，减少错误率。另外，为提高应用软件的开发效率，可以将实现系统基本功能的算法程序建成程序库，如矩阵基本算法、解线性方程组、微分方程求解等程序，在开发应用程序时，可以直接调用程序中的通用程序。

“集成性”和“自动化”是数字化设计与制造软件的重要发展趋势。集成性强调各软件模块之间数据信息的充分共享、功能转化方便。传统的产品设计、分析及制造软件，强调用户的参与和交互。“自动化”则强调减少用户的参与，甚至无需用户的参与，以提高产品开发速度，也可以保证设计、分析和编程结果的正确性。对于掌握分析技术而只需要分析的用户来说，自动化分析过程无疑具有重要意义。

4. 数字化设计与制造技术的常用软件

目前，用于计算机绘图、产品造型及装配的数字化设计与制造技术的商品化软件有：

(1) AutoCAD/MDT/Inventor

AutoCAD(Autodesk Computer Aided Design)是 Autodesk(欧特克)公司首次于 1982 年开发的自动计算机辅助设计软件，它具有较强的绘图、编辑、剖面线和图案绘制、尺寸标注以及二次开发功能，并具有部分三维作图造型功能，用于二维绘图、详细绘制、设计文档和基本三维设计，现已经成为国际上广为流行的绘图工具。AutoCAD 具有良好的用户界面，通过交互菜单或命令行方式便可以进行各种操作。它的多文档设计环境，让非计算机专业人员也能很快地学会使用。在不断实践的过程中更好地掌握它的各种应用和开发技巧，从而不断提高工作效率。AutoCAD 具有广泛的适应性，它可以在各种操作系统支持的微型计算机和工作站上运行。AutoCAD 对推动 CAD 技术的普及发挥了重要作用，在机械、建筑等行业得到广泛应用，成为二维 CAD 软件的领导者。

MDT(Mechanical Desktop)是 Autodesk 推出的三维 CAD 软件。由于受技术的限制，功能有限，MDT 始终没有成为主流的三维软件产品。

Inventor 是美国 Autodesk 公司推出的一款三维可视化实体模拟软件 Autodesk Inventor Professional(AIP)。它具有参数化设计、特征造型、分段结构数据库引擎、自适应造型技术和良好的用户界面，可以自动转换 AutoCAD 及 MDT 模型的功能等诸多优点。该软件包括 Autodesk Inventor 三维设计软件，基于 AutoCAD 平台开发的二维机械制图和详图软件 AutoCAD Mechanical，还加入了用于缆线和束线设计、管道设计及 PCB IDF 文件输入的专业功能模块，并加入了由业界领先的 ANSYS 技术支持的 FEA 功能，可以直接在 Autodesk Inventor 软件中进行应力分析。在此基础上，集成的数据管理软件 Autodesk Vault 用于安全地管理进展中的设计数据。AIP 提供了一套全面、集成的设计工具，可用于创建完整的数字样机，以验证设计的外型、结构和功能。Inventor 创建的模型是一种精确的三维数字样机，支持用户在工作过程中验证设计和工程数据，这将减少进入制造环节后代价高昂的原型设计变更，帮助制造商减少物理样机投入，以更快的速度将更多的创新产品推向市场。

（2）Pro/Engineer(简称 Pro/E)

Pro/Engineer 操作软件是美国参数技术公司(PTC)旗下的 CAD/CAM/CAE 一体化的三维软件。Pro/Engineer 软件以参数化著称，是参数化技术的最早应用者，在目前的三维造型软件领域中占有着重要地位。Pro/E 是参数化和基于特征的数字化开发软件。它建立在统一的数据库基础上，使得设计过程具有完全相关性，即对设计过程的任何修改，都会自动反映到设计过程的其它环节，既保证了设计质量，也提高了设计效率。

该软件是全方位的 3D 产品开发软件，将零件设计、模具开发、NC 加工、钣金设计、铸造件设计、造型设计、逆向工程、自动测量、机构模拟、应力分析、产品数据库管理等功能集于一体。Pro/E 已经成为三维机械设计领域里最具影响力的软件之一。

2002 年，PTC 推出了 Pro/E 野火(Wildfire)版软件，在可用性、连通性和易用性等方面有很大改进，首次利用内部 Web 通信功能，实现不同区域和组织的研发人员以及用户之间的交流，代表了产品周期管理(Product Life cycle Management，PLM)领域最新进展。

2010 年，PTC 公司宣布，推出 Creo 设计软件。也就是说 Pro/E 正式更名为 Creo。但在市场应用中，不同的公司还在使用着从 Pro/E2001 到 WildFire5.0 的各种版本。

（3）UG(Unigraphics NX)

UG(Unigraphics NX)是 Siemens PLM Software 公司出品的一个产品工程解决方案，它为用户的产品设计及加工过程提供了数字化造型和验证手段。Unigraphics NX 针对用户的虚拟产品设计和工艺设计的需求，提供了经过实践验证的解决方案。这是一个交互式 CAD/CAM(计算机辅助设计与计算机辅助制造)系统，它功能强大，可以轻松实现各种复杂实体及造型的建构。它在诞生之初主要基于工作站，但随着 PC 硬件的发展和个人用户的迅速增长，在 PC 上的应用取得了迅猛的增长，已经成为模具行业三维设计的一个主流应用。

UG 的开发始于 1969 年，它是基于 C 语言开发实现的。UG NX 是一个在二维和三维空间无结构网格上使用自适应多重网格方法开发的一个灵活的数值求解偏微分方程的软件工具。

UG NX 使企业能够通过新一代数字化产品开发系统实现向产品全生命周期管理转型的目标。它包含了企业中应用最广泛的集成应用套件，用于产品设计、工程和制造全范围的开发过程。

（4）CATIA

CATIA(Computer Aided Three - dimensional Interactive Application)系统是法国达索(Dassault)公司开发的产品。该软件源于美国洛克希德公司开发的 CADAM 软件，已经发展为集成化的 CAD/CAE/CAM 软件。

CATIA 具有统一的用户界面、数据管理以及兼容的数据库和应用程序接口，模块化的 CATIA 系列产品提供产品的风格和外型设计、机械设计、设备与系统工程、管理数字样机、机械加工、分析和模拟。CATIA 系列产品在八大领域里提供 3D 设计和模拟解决方案：汽车、航空航天、船舶制造、厂房设计(主要是钢构厂房)、建筑、电力与电子、消费品和通用机械制造。美国波音(Boeing)飞机公司的波音 777 型飞机的全数字、无纸化开发是 CATIA 的杰作之一。

(5)SolidWorks

SolidWorks 是第一个基于 Windows 平台的实体建模软件，由美国 SolidWorks 公司于 1995 年推出。SolidWorks 公司成立于 1993 年，1997 年被达索公司收购。1996 年，SolidWorks 软件进入中国市场。

SolidWorks 是一个数字化设计软件，并可以与有限元分析软件 COSMOS Works、动力学分析软件 WorkingModel、数控编程软件 CAMWorks、PDM 软件 SmarTeam 等紧密集成，提供了强大的零件建模、装配建模、钣金建模、二维工程图等设计功能，在目前市场上所见到的三维 CAD 解决方案中，SolidWorks 是设计过程比较简便而方便的软件之一。

(6) CAXA

北京数码大方科技股份有限公司(CAXA)是中国领先的工业软件和服务公司，是中国最大的 CAD 和 PLM 软件供应商，是中国工业云的倡导者和领跑者。主要提供数字化设计(CAD)、数字化制造(MES)、产品全生命周期管理(PLM)和工业云服务，是“中国工业云服务平台”的发起者和主要运营商。

CAXA(Computer Aided X Advanced，X 表示扩充)是包括工程绘图、三维 CAD 造型、数控加工、注射模具设计、注射工艺分析及数控机床通信等模块的国产 CAD/CAE/CAM 软件。

2002 年，CAXA 推出“创新设计组合”系列软件，包括实体设计 XP、三维图版 XP、电子图版 XP 以及协同管理 XP 等，旨在提供创新设计、管理手段，实现设计文档共享、并行设计及异地协同设计，代表了国产商品化 CAD 软件的发展方向。

(7) Alias

Autodesk Alias Studiotools 软件是目前世界上最先进的工业造型设计软件。是全球汽车、消费品造型设计的行业标准设计工具。Alias 软件包括 Studio/paint、Design/Studio、Studio、Surface/Studio 和 AutoStudio 5 个部分，提供了从早期的草图绘制、造型，一直到制作可供加工采用的最终模型各个阶段的设计工具。

2.3　数字化设计与制造系统的实现

数字化设计与制造系统是设计技术、制造技术、计算机技术、网络技术与管理科学的交叉、融合、发展与应用的结果，也是制造企业、制造系统与生产过程、生产系统不断实现数字化的必然趋势，其内涵包括三个层面：以设计为中心的数字化制造技术、以控制为中心的数字化制造技术、以管理为中心的数字化制造技术。

数字化技术已经成为提高产品开发速度和质量、增强企业竞争能力的有效方法。总体上，数字化设计与制造软硬件系统的发展经历了从特殊趋于标准化的过程。对软硬件供应商而言，开放的软硬件结构意味着无需设计和制造自己的硬件平台，也无需建立自己的数据格式和软件接口，而是遵循一定的标准和规范。对用户而言，开放的软硬件结构意味着用户无需考虑软硬件的兼容问题，从而可以通过网络将产品开发的各个子系统连接起来，构成各种开发单元。

数字化设计与制造系统的实现包括设计系统的建立、软件的开发、软硬件的选型三个方面。

2.3.1　数字化设计系统的建立

数字化设计系统能够满足现代产品开发需求，能全面提高设计的效率和质量。数字化设计系统的应用使得产品设计信息能够从设计有效地传递给产品分析、工艺设计、制造、装配、维护等产品生命周期的每个阶段，更好地利用生产经验和生产历史的宝贵资料，提高设计制造效率；有效地利用管理过程和设计过程中所产生的设计信息，提高设计信息的再利用率。

为了满足数字化设计系统的功能需求，数字化设计系统以基础设计资源为基础，设计人员利用数字化设计工具集实现对产品各个设计阶段的设计工作，同时可以有效地实施、监控与管理设计过程，有效地管理设计数据，以保证设计数据具有唯一性、完备性和可扩展性。因此，数字化设计系统的建立体系结构包括基础设计资源库、数字化设计过程与产品数据管理、数字化设计工具集等部分的建立。

1. 基础设计资源库

在设计阶段，基础设计资源主要包含三大部分：设计标准与设计规范、设计经验与知识、数字化设计过程和产品数据管理知识等。

(1)设计标准与设计规范

设计标准主要是指有关产品设计的国家标准、行业标准和企业标准，作为设计资源，可以以标准零件库、技术标准库等形式支持数字化设计；设计规范主要用于规范设计人员的设计过程，以保证设计过程的顺利实施和设计数据的唯一性和可靠性，它包括产品三维建模规范、数字化样机分析规范等。

(2)设计经验与知识

产品设计是经验和创造相结合的过程，即产品设计一方面要继承和重用以前积累的经验和知识，另一方面要根据新产品研制的具体要求进行创新性研究工作。经验和知识的重用有助于实现产品的快速研制。在数字化设计中，设计经验积累在产品数字化模型中，同时数字化设计所产生的设计经验比较容易实现计算机存储与管理，有利于设计人员充分利用设计经验和设计知识，实现产品快速设计，设计经验与设计知识主要体现为典型零部件库、强度分析参数库、气动参数库等。

(3)数字化设计过程和产品数据管理知识

数字化设计过程管理知识主要体现为人员组织管理经验、设计过程实施与监控、设计过程重组与优化、设计过程度量与评估等积累的过程管理经验，例如，并行工作管理规范、数字化设计过程规范等。产品数据管理知识主要是指实现数据管理的唯一性、可靠性和安全性而积累的经验知识。例如，标准资源库分类编码规范、数字化产品模型命名规范、模型链接规范、数字化样机管理规范等。

2. 数字化设计过程与产品数据管理

数字化设计过程管理是指在数字化设计的概念设计、结构设计、工程分析等过程中，为了完成产品数字化设计的一系列步骤，是产品开发实践活动的集合。设计过程管理的内容包括设计过程分解、设计过程任务制订、设计过程执行，主要涉及设计过程中设计人员的组织管理、设计过程实施与控制、设计过程度量与评估等。产品数据管理是指管理所有与产品有关的信息和过程，主要实现以下几个方面的管理：文档和文件夹的管理与控制，产品结构和构型管理，工程更改管理，工作流程设计及管理。

3. 数字化设计工具集

在设计阶段，数字化设计工具集主要包括：数字化产品定义系统、工程分析系统、样机分析系统等。

(1)数字化产品定义系统

数字化产品定义系统主要实现三个方面的功能：数字化产品概念设计、零件数字化定义和装配体数字化定义，因此数字化产品定义系统通常由计算机辅助概念设计(Computer Aided Concept Design，CACD)系统、计算机辅助设计系统和计算机辅助装配设计(Computer Aided Assembly Design，CAAD)系统三个系统组成。

(2)计算机辅助概念设计系统

产品概念设计是从用户需求到功能结构分解、原理求解的映射过程。设计人员首先把用户需求表示为功能，然后将功能反复分解为一些可以解决的子功能，使这些功能和子功能形成设计的功能树；最后设计人员对各子功能进行求解、综合和评估，得到最终的功能原理。

概念设计阶段的特点：功能的表示、维护和推理是概念设计阶段的核心问题。为了表示不完全的几何信息，要对传统的几何造型方法进行改造，使之能表示不完全几何信息和抽象几何信息。要求 CAD 系统支持渐进设计过程和 Top - down 设计方式。功能信息和几何信息反映了设计对象的不同侧面，因此要求在 CAD 系统中妥善解决好这两种建模技术的兼容性和相互转化关系。

(3)计算机辅助设计系统

设计人员在 CAD 系统的辅助下，通过人机对话操作方式能进行设计构思和论证，完成总体设计、技术设计、零部件设计及有关零部件的强度、刚度、电热、磁的分析计算。因此，一个完整的 CAD 软件应是包括计算机制图、参数化设计、参数优化、有限元分析、结构力学和动力学分析、报表及技术文档资料的编写、图形文档管理等。

(4)计算机辅助装配设计系统

计算机辅助装配设计系统一般应包含三个重要功能：装配设计、装配规划和装配公差分析。装配设计：建立机械装配约束，自动零件定位并检查装配的完整性与一致性；建立并管理基于三维零件机械装配件(装配件可以由多个主动或被动模型中的零件组成)；根据零件间的接触自动定义连接，方便产品运动机构的早期分析。

装配规划：对产品中各零部件的装配顺序、装配路径进行求解，并检查、分析和处理装配过程中出现的干涉、碰撞等问题，最终获得合理的、符合实际装配过程的装配顺序和装配路径。

装配公差分析：面向装配的公差分析在装配公差模型的基础上进行公差分析，以确定是否可以满足设计需求，从而进行相关尺寸及其公差的调整。通过改变个别关键尺寸的公差约束来提高零件的可装配性和互换性；减少由于公差分配不合理或不正确而造成的装配后产品精度超标和返工的概率；减少装配过程中的选配、修配和调整时间，提高装配效率，降低制造成本。

(5)工程分析系统

工程分析系统利用数值分析的方法有效地对零件和产品进行仿真检测，确定产品和零件的相关技术参数，发现产品缺陷、优化产品设计，减少物理样件的制作，降低产品开发成本。常见的工程分析包括对质量、体积、惯性力矩、强度等的计算分析；对产品的运动精度，动、静态特征等的性能分析；对产品的应力、变形、气动等的结构分析。

工程分析系统中应包含以下三个功能：有限元模型生成功能，零件分析及优化功能，零件应力分析功能。

(6)数字样机分析系统

数字样机分析系统为各种复杂程度的数字样机和技术数据提供高级的可视化、浏览、分析及模拟工具，提供功能强大的协同式设计审查环境。

该系统可以使工程和工艺主管人员对任意复杂程度的数字样机和技术数据实现协同式工作，包括高性能的可视化、浏览、审核、分析、仿真等；为工程技术人员提供设计协同检查等手段，而无论这些产品或模型有多大。

2.3.2 软件系统的开发

随着技术的发展，数字化开发软件系统功能越来越复杂，规模越来越大。为保证软件开发的质量，必须遵循科学的方法。目前，软件开发也已经由个体作业方式发展成为一门专门的技术科学——软件工程学。

根据软件工程学的方法，数字化设计与制造软件的生命周期可以分为系统分析、系统设计、程序设计、系统调试和系统维护五个阶段。其中，前四个阶段称为软件开发期，最后一个阶段称为软件维护期。

通常，软件开发过程不可能一帆风顺，在各个阶段中会存在反复。下面简要介绍各阶段的任务和方法。

1. 系统分析

系统分析阶段的主要任务是对产品的开发流程进行调研，收集和分析有关资料，了解用户及产品开发需求，确定系统开发的目标、性能要求和接口形式，建立系统的逻辑模型。

在系统分析阶段，常用的分析工具包括数据流程图(data flow diagram)、状态转移模型(state transition model)和信息流图(message flow diagram)等。利用这些工具，可以清晰地表达出产品开发过程中的数据流程和逻辑功能，提炼出软件系统的数据内容及数据格式。

分析阶段的文档包括：①系统目标以及所需的硬件、软件以及其它方面的限制；②信息描述：描述系统的输入和输出、系统与其它部分(硬件、软件、用户)之间的接口；③功能描述：描述系统的功能细节、功能之间以及功能与数据之间的关系；④质量评审要求：规定软件功能的需求及测试限值。

2. 系统设计

系统设计的主要方法有结构化系统设计和面向对象的系统设计两种。结构化设计起源于 20 世纪 70 年代，它采用一组标准的工具和准则进行系统设计；结构图是主要的设计工具，它用于表达系统的组成结构和相互关系。

用结构化方法设计较复杂的软件系统时，设计过程可分为概要设计和详细设计两个阶段。概要设计是在系统分析的基础上，确定软件的总体结构和模块间的关系，定义各模块之间的接口，设计出全局数据库结构，确定系统与其它软件、用户之间的界面及其细节；详细设计主要是描述概要设计中产生的功能模块，设计功能模块的内部细节，包括算法和数据结构。

结构化设计强调“自顶向下”的分解，即将系统逐级向下分解成模块和子模块。模块划分时，应尽可能地降低模块之间的耦合程度，增加模块的内聚性。模块之间的耦合性小，说明模块之间的相互依赖程度较低，模块的独立性好，便于系统的修改和维护。模块的内聚性指的是模块内部各部分之间的组合和依赖关系高。

系统设计的结果是系统设计说明书。

3. 程序设计

程序设计的主要任务是将系统设计方案加以具体实施，即根据系统设计说明书进行编程，以某种语言实现各功能模块。

4. 系统测试

系统测试是对系统分析、系统设计和程序设计的最后审查，是保证软件质量的关键。为了保证系统的可靠性，必须对系统进行尽可能全面的测试。测试工作量约占整个开发工作量的 40%。一般地，软件测试包括测试和纠错两个方面的内容。

通常，测试过程基于以下原则：

①设计测试例题时，要给出测试的预期结果，以便做到有的放矢。

②为保证测试质量，开发和测试小组应相互独立。

③要设计非法输入的测试用题，保证程序能够拒绝接受非法输入，并给出提示信息。

④在对程序修改后，要进行回归测试，以免由于修改程序而引入新的错误。

⑤在进行深入测试时，要集中测试容易出错的部分。

测试方法有两种，即黑盒法和白盒法。黑盒法着眼于程序的外部特性，不考虑程序的内部逻辑结构，只检查程序是否符合它的功能说明。白盒法测试时，需要了解程序的内部结构，对程序的所有逻辑进行测试，在不同点检查程序的状态。

5. 系统维护

产品数字化开发软件系统生命期的最后一个阶段是维护阶段，又可以分为改正性维护、适应性维护和完善性维护等几个方面。

软件测试往往不可能找出系统中所有潜在的错误。因此，在系统使用期间仍有可能发现错误，诊断和改正这类错误的过程称为改正性维护。

计算机硬件和操作系统软件不断升级和更新。为了适应应用环境的变化，需要对系统进行修改，这类维护称为适应性维护。

当系统投入使用后，用户有时会提出增加新的功能，修改已有功能或其它改进要求。为了满足上述要求而进行的维护称为完善性维护。

为减少维护工作量，提高维护质量，应在系统开发过程中遵循软件工程方法，保证文档齐全，格式规范。

2.3.3 软硬件系统的选型

一个数字化设计制造系统功能的强弱，不仅与组成该系统的硬件和软件的性能有关，而且更重要的是与它们之间的合理配置有关。因此，在评价一个系统时，必须综合考虑硬件和软件两个方面的质量和最终表现出来的综合性能。在具体选择和配置系统时，应考虑以下几个方面的问题。

①软件的选择应优于硬件，且软件应具有优越的性能。

软件是数字化开发系统的核心，一般来讲，在建立系统时，应首先根据具体应用的需要选定最合适的、性能强的软件，然后再根据软件去选择与之匹配的硬件。若已有硬件而只配置软件，则要考虑硬件的性能选择与之档次相应的软件。

系统软件应采用标准的操作系统，具有良好的用户界面、齐全的技术文档。支撑软件是运行主体，其功能和配置与用户的需求及系统的性能密切相关，因此软件选型首要是支撑软件的选型。支撑软件应具有强大的图形编辑能力、丰富的几何建模能力，易学易用，能够支持标准图形交换规范和系统内外的软件集成，具有内部统一的数据库和良好的二次开发环境。

②硬件应符合国际工业标准且具有良好的开放性。

开放性是 CAD/CAM 技术集成化发展趋势的客观需要。硬件的配置直接影响到软件的运行效率，所以，硬件必须与软件功能、数据处理的复杂程度相匹配。要充分考虑计算机及其外部设备当前的技术水平以及系统的升级扩充能力，选择符合国际工业标准、具有良好开放性的硬件，有利于系统的进一步扩展、联网、支持更多的外设。

③整个软硬件系统应运行可靠、维护简单、性能价格比优越。

④供应商应具有良好的信誉、完善的售后服务体系和有效的技术支持能力。

随着数字化设计与制造技术趋于复杂和完善，商品化软件已能充分地满足用户的绝大多部分需求。基于自主软件开发以建立开发系统的情况已不多见。为满足特定产品的开发需求，提高产品的开发效率和质量，可以在商品化软件的基础上进行二次开发或定制。

数字化开发系统的选型应以企业的实际需求为基础，兼顾企业的中远期规划，重视比较分析各种软件系统的功能，充分考虑系统的可靠性、应用环境以及系统供应商的技术支持和服务能力。

1. 软件系统选型需考虑的因素

(1) 系统的性能价格比

产品数字化开发系统应具有高的性能价格比，要求系统性能优良、价格合理，具有良好的综合性价比。其中，需要考虑的性能指标主要包括：

①系统功能。其中：计算机硬件系统性能包括运算速度、内存大小、硬盘大小、图形显示效果(分辨率、色彩种类等)、图形处理能力(二维、三维显示，动画仿真能力等)、网络通信能力、接口类型及数量等方面；软件系统的功能包括操作系统、语言编译系统、图形支持系统、数据库系统等的配置，产品造型功能、绘图功能、数控编程功能、仿真分析功能、产品数据管理功能等。

这些都是评价软件性能的关键技术指标，直接关系到产品开发的质量和效率。总体上，应选择主流的、具有发展前景的软硬件系统。

②外设配置。包括键盘、鼠标、扫描仪、坐标测量机等输入设备，打印机、绘图仪等输出设备。需要考虑的因素有输入/输出的精度、速度和工作范围等。

③专业应用软件。根据特定的产品开发需求进行配置。

(2) 系统的开放性

开放性有以下两个方面的含义：

①开发系统应独立于制造厂商，具有符合国际标准的应用环境，能为各种应用软件提供互操作性和可移植性的操作平台。

②系统应具有良好的兼容性，与企业已有的计算机环境兼容，并与其它软件、数据及信息系统之间实现信息交互和共享。

(3) 系统的可扩展能力

考虑应用规模的扩大，数字化开发系统应具有升级和扩展能力，保证原有系统能在新的系统中继续应用，保护用户的投资不受损失。

(4) 可靠性和维护性

可靠性是指产品在规定的时间内完成规定任务的能力。可靠性有以下几个主要指标：

①可靠度是产品在规定时间内完成规定任务的概率，可靠度越高，系统性能越好。

②平均无故障工作时间(Mean Time Between Failure，MTBF)越大，系统性能越好。

③平均修复时间(Mean Time To Repair，MTTR)越小，系统性能越好。

系统维护对于数字化开发系统具有重要意义。可维护性是指系统纠正错误或故障以及为满足新的需要改变原有系统的难易程度。据统计，软件的维护阶段约占整个生命周期的67%以上。维护工作是否完善、有效，决定了整个系统的运行效果。软件升级也是系统维护的重要内容。在采购相关软硬件系统时，应关注计算机软硬件、相关装备及其附件的质保期、质保条款和售后服务承诺等，以减少系统后续使用中的麻烦。

就具体的数字化开发系统而言，不仅要求系统自身的质量好，还要求供应商有完善的维护手段和服务机构，为用户提供有效的技术支持、培训、故障检修和技术文件。此外，销售商还应具备工程应用方面的知识和实际应用经验，从而将数字化开发技术转化为现实的生产力。

(5)第三方软件的支持

数字化开发系统的应用范围日益广泛，商品化程度高、技术实力雄厚、大用户群的应用系统必然得到第三方的支持，有利于不断增强系统功能。第三方支持越多，表明系统越成熟，从而成为市场主流。

(6)供应商的经营状况和发展趋势

与计算机技术一样，数字化开发技术的发展日新月异，相关产品供应商之间的竞争非常激烈，兼并、收购的现象层出不穷。供应商的培训、服务和技术支持是系统正常使用的重要保证，在系统的使用初期更是如此。选择价格适中、技术先进、实力雄厚和经营状况良好的供应厂商，是保证系统正常使用、维护和升级的基本保证。

2. 数字化开发系统选型的步骤

(1)需求分析

包括：在了解国内外主要数字化开发系统特点的基础上，对本企业所需开发系统、开发环境的性能要求作出分析；对各种需求方案的适用性、风险、收益和投资偿还等进行研究，对企业内产品设计、仿真和制造等环节的分工、协调和安排等。

(2)性能评估

数字化开发系统的性能评估大致包括以下内容：

①系统功能和性价比。包括：绘图功能、几何造型功能、曲面设计功能、实体造型功能、工程分析功能、产品数据管理功能、系统的集成性等。

②系统的适用性。

③系统的质量和可靠性。

④系统的环境适应能力。

⑤软件的工程化水平。

(3)编写需求建议书

需求建议书应包括以下内容：

①企业对产品数字化的总体功能要求。

②对软硬件设备的规格要求，包括计算机及其外设(如 CPU、内存、磁盘、光盘、显示器、扫描仪、打印机、绘图仪等)、坐标测量设备、测试设备、制造设备等。

③系统对运行环境的要求。

④系统对技术人员知识领域及素质的要求。

⑤企业所需的技术支持和生产维护要求。

⑥产品应用培训及培训文档。

⑦系统的检查、验收程序。

⑧系统的交货日期、运输、安装和验收等。

应该指出的是，人在产品数字化开发系统中始终起着核心和控制作用。为了有效地应用，数字化开发系统，除了必要的软硬件系统外，还必须重视人才培训等基础工作。

在建立数字化设计与制造系统时应遵守以下原则：

①预先选择有一定产品数字化开发基础的技术人员。

②针对生产需求选择合适的数字化开发软硬件设备。

③根据系统运行要求，合理地配置环境及应用条件。

2.3.4　数字化工厂的应用问题分析

在当今激烈的市场竞争中，制造企业已经意识到他们正面临着巨大的时间、成本、质量等压力。在设计部门，CAD & PDM 系统的应用获得了成功。同样，在生产部门，ERP 等相关信息系统也获得了巨大的成功，但在解决“如何制造→工艺设计”这一关键环节上，大部分国内企业还没有实现有效的计算机辅助管理机制，“数字化工厂”技术则是企业迎接 21 世纪挑战的有效手段。

“数字化工厂”技术与系统作为新型的制造系统，为制造商及其供应商提供了一个制造工艺信息平台，使企业能够对整个制造过程进行设计规划，模拟仿真和管理，并将制造信息及时地与相关部门、供应商共享，从而实现虚拟制造和并行工程，保障生产的顺利进行。在汽车行业，数字化工厂更是发挥着重要的作用。从产品设计到制造开始的工作转换是汽车开发过程中最关键的步骤之一，数字化工厂规划系统可以通过详细的规划设计和验证预见所有的制造任务，在提高质量的同时减少设计时间，从而加速汽车开发周期；并且还可以消除浪费，减少为了完成某项任务所需的资源数量等。此外，数字化工厂规划系统通过统一的数据平台，实现主机厂内部、生产线供应商、工装夹具供应商等的并行工程。

1. 三维设计模型中可制造信息的定义

三维 CAD 和 PDM 解决了产品的三维设计造型和数据管理和协同问题，但仅靠三维模型往往难以进行产品的生产和检验。三维模型中没有与生产技术、模具设计与生产、零部件加工与装配、检验检测所必须的数据，生产人员就不能从三维模型上直观的了解制造该产品必须的设计意图。具体来说，过去的三维模型的优势是对零件形状的描述，它包括了二维图纸所不具备的详细形状信息。不过三维数据中却不包括尺寸和几何形状的公差、表面粗糙度、表面处理要求、热处理要求、一致材质、连接方式、间隙或过盈配合的规定、润滑、颜色、要求符合的规格与标准等等仅靠形状而无法表达的非形状信息。另外过去的三维模型对形状中必要提示的注释、关键部位的放大图、剖面图等更为灵活和合理的传达设计意图的手段，也大大逊色于二维图纸。为此，过去很长一段时间，所采用的折中方式是不同的三维模型和二维图纸配合使用。但是始终抛弃不掉二维图纸。当前，“基于模型的定义(MBD)”弥合了三维模型直接用于制造的技术。

实际上，MBD 是一种基于 3D 的产品数字化标注技术，它采用三维数字化模型对产品数字化信息的完整描述，如：对三维空间实体模型的尺寸、几何形状、公差、注释的标注。对产品的非几何信息进行标注(产品物理特征、制造特征、数据管理特征、状态特征的属性)和零件表的描述。非几何信息定义在“规范树”上。

MBD 是产品设计技术的重大进步，有以下体现。

①在三维模型上用简明直接的方式加入了产品的制造信息，进一步实现了 CAD 到 CAM(加工、装配、测量、检测)的集成，为彻底取消二维图纸创造了可能。

②定义了非几何信息(包括 BOM)。

③数字化和结构化的。给制造管理系统的数字化创造了条件。

④为并行工程创造信息并行和共享的基础。

⑤可以直接进入制造，减少数控编程时间。

目前 MBD 已经相对成熟。美国机械工程师协会于 2003 年发布了《数字化产品定义数据实施规程》(ASME Y14. 42 - 2003)。各个 CAD 软件(CATIA、SIMENS、PTC)都对 ASME Y14. 41 标准支持。波音等航空制造商制订自己的 3D 开发标准，与 CATIA、Delimia 软件集成，在产品中应用，众多的二级供应商和伙伴也制订自己的 3D 开发标准开始应用。

2. MBI 基于模型的制造技术

MBD 解决的是制造要求的标注问题，虽然 MBD 可以直接编制 NC 程序、检验程序，但它并不能解决如何制造的问题。对于多工序和复杂的装配作业，指导零件制造过程的“作业指导书”(或工艺路线和工艺规程)仍然是需要的。于是出现了“三维工艺”的问题。

因此，“基于模型的作业指导书(Model - Based Instructions，MBI) ”应运而生。MBI 是由 3D 设计模型生成的车间工作指导书。MBI 技术的出现，在车间现场消除了纸质的二维作业文档，直接使用 3D 图形。MBI 是当今制造科学成就的顶尖成果。使用 MBI 通过减少对作业说明的解释和因理解错误造成的损失、更高的可装配性、和缩短学习曲线，缩短生产周期。波音公司的 MBI，包括 4 个方面的内容：①从数字模型到 3D 工作指导书的生成；②效率和人机环境改进的分析；③通过分布式联机网络实时的提供工程数据和发布；④以减少对图纸的解释工作量为目标的、基于 MBI 的电子采购说明。

MBI 和现场的制造执行系统集成在一起。相关人员可以在物流中心、库房、装配现场、飞机上、机舱内部用各种便携式电脑通过无线网络实时的访问这些作业指导书。在 MBI 的主屏幕上，设置人机交互功能，可以采集及时发生的问题，并加入到数字模型中以进行未来的改进和版本管理。

MBI 是在制造过程管理(Manufacturing Process Management，MPM) 系统中生成和管理的。MPM 是将产品数字化模型变为数字化制造过程的重要方法。MPM 原本是一种作用在扩展企业上的协同开发和优化制造过程的业务策略，它与 PDM 集成在一起，成为编制、模拟和管理制造过程的协同工作环境。MPM 解决方案提供一个开放的平台和一组应用系统，用于工艺过程的原理规划、设计、优化和管理，直至提供给生产现场。有些解决方案还包括工艺过程的联机执行。MPM 提供“如何制造”的能力，包括从装配顺序、车间布置规划、生产线的平衡和成本计算到电子作业指导书。据称，DELMIA V5R18 数字化软件可以直接参与 CATIA V5 建立的 MBD 模型和几何尺寸形位公差生成 3D 装配作业指导书。其它各个 PLM 软件都扩充了 MPM 制造过程管理系统创建工艺过程和作业指导书。

3. 向作业工人的数字化信息的传递

即便是解决了工艺规程设计中的 3D 表现问题，在现场的应用，又出现一个断层：某些企业在努力打印 3D 的工艺规程或工作指导书，数字化设计工艺信息直接向最终的操作者的传递始终阻力重重。3D 的 MBI 发布给工人，工人怎样来看？但是简单问题也有它的复杂性，其中有两个瓶颈：需要有中立、便宜的、安全的显示 MBD/MBI 的软件，目前 Adobe Acrobat 3D 成为开放的 3D 显示软件涉及目前车间的布置和网络的设置。当前多数车间的布置是没有电脑的位置的。现场特别是在机舱中作业时对网络的需求，使得车间里无线以太网大行其道。但是，无线网络的涉及的信息安全问题，制度和技术问题都必须及早提出解决方案来。

4. 现场作业数据采集和信息反馈的数字化

各个企业的管理信息化已经取得较好的进展，进展较快的企业，数字化的管理信息通过 ERP-MES 传递到制造现场，如今现场的网络计算机终端也已经成为管理者和作业工人交互的平台，但是如果现场作业反馈信息的数字化手段不充分，缺少现场信息直接数字化的手段，数字化信息链就会出现又一个严重的断点。数字化反馈信息的要害是数据采集，除了使用条码/RFID 等方法以外，大量的是质量数据采集。解决方案首先是限制记录的数量和范围，尽量少的采集数据。其次则是使用数字化测量器具和无接触测量。模拟式的测量仪器、尺表要通过人的输入才能进入数字世界中去，这是实现现场数字化最大的投入和工作量。也成为目前制造执行系统 MES 推行的严重阻力。新型的现场测量器具，较好的解决了采集数据和反馈问题。测量装置直接将 MBD/MBI 对尺寸公差检验和注释(GD&T)读入，经过软件的转换，提取需要检查的 GD&T 要求形成检验的三维简图，自动的或手动的逐点进行测量，实时的显示和记录度量的结果。新型的测量方法在 MBD/MBI 与测量器具、测量软件三者集成起来。硬件上采用了轻便的坐标测量机摇臂和激光跟踪系统，为现场精确测量创造条件，消除了阅读文件和理解的错误，大幅度的提高测量效率。

5. 现场例外信息的数字化

例外信息的数字化传递是一个不可回避的问题。例如，航空制造的产品复杂、工艺复杂、管理复杂以及零件价值昂贵。因此，较少的零件是一次装夹加工或者单工序制造完成的，多数装配也不能分解为多个简单操作的流水作业。传统制造中，投产时，按产品的批次要求验明需用的工艺版本，确定本批次的工作指导书、流转卡等纸质文档。这些文档随着零件，一个工序接一个工序的在车间里流转。这些文档在国外被戏称为“车间旅行者”。零件完工后，“车间旅行者”被置于专门库房编号保存，作为质量跟踪和依从性审计的依据。这是常规的制造过程。航空制造的复杂环境中，在严格的质量监控的意义上说，任何产品，只要一经投产，就有例外发生。每批以至每个产品零件的个体，在车间流转过程中，经常产生工艺路线替代、工序顺序的颠倒、规定设备或工具的代用、质量的超越、返修返工等等例外。这样就造成了批与批、个体与个体之间的工艺和质量状态的差异。应变的调配资源、不合格品的超越等等"现场例外"必然是层出不穷的，数字化工厂中可以大量的减少例外的发生，但没有人肯定会杜绝这些例外。并且在一个时期内，还是改变不了的。航空制造受法规依从性的约束，对所有与理论工艺路线和作业指导书的偏离，都必须有"更改单""工艺通知单""质量超越单""返修工艺单"等"补充指令"对作业工人进行指导。补充指令也加入到"车间旅行者"的文档夹中。不及时和不准确的工艺造成错误和遗漏工序、返修返工，带来严重的质量隐患、延误进度等后果。"车间旅行者"成为不可替代的、指导工人作业的基本文件，又是车间管理低效率和混乱的制造者。这种针对以开工零件的工艺规程的编辑多数在制造车间基层进行，并且会贯穿在整个制造过程之中，而不是传统的理解，工艺编辑仅仅是在工艺部门一次性的工作。完工后作为零件的技术文档保存到产品生命周期结束。

因此，在实现数字化制造时，现场信息的传递除了常规的正常信息途径以外，解决例外信息的数字化传递是一个重要的问题。工艺和设备的临时替代和超越、质量例外的处理超越过程、工程更改的贯彻等，是现场技术信息的重要内容，这些信息的数字化产生、传递和落实是数字化工厂的重要内容之一。在向数字化工厂过渡的过程中，必须注意到这一工作的严重性。但是，目前 Boeing 的做法是限制轻量级 MPM/MBI 发布以后的更改，这显示出，这里不仅仅是一个技术的应用问题，还涉及目前文化、业务流程、工艺人员的配置和职责问题。

6. 质量和依从性信息的数字化

质量和依从性要求，给现场信息的数字化采集增加了难度和工作量。大量的质量和依从性数据的数字化的采集是数字化信息链的瓶颈。如果依从性数据的采集不完整，就没有下游的维护和客户服务过程的数字化信息源。这几个数字化信息流的断点必须贯通才能实现真正的制造数字化。这会涉及大量的软件和硬件以及企业文化的投入，需要时间，需要坚持和毅力。但是，目前很多制造数字化的研究课题、数字化生产线课题的重点仍旧放在产品数字化信息向工艺设计和刀具轨迹定义的转化和传递过程。这些课题是基础，第一步，很重要。但是终究需要将眼光放远一点，技术的突破是容易的，一旦突破，下一个断点就在阻拦着我们的进程。因此，当前重要的任务是贯通数字化信息链，将几个严重影响全盘数字化的断点连接起来。

数字化工厂贯穿整个工艺设计、规划、验证、直至车间生产工艺整个制造过程，在实施过程需要注意系统集成方面的问题，数字化工厂不是一个独立的系统，规划时，需要与设计部门的 CAD/PDM 系统进行数据交换，并对设计产品进行可制造性验证(工艺评审)，同时，所有规划还需要考虑工厂资源情况。所以，数字化工厂与设计系统 CAD/PDM 和企业资源管理系统 ERP 的集成是必须的。

同时，类似于 PDM 系统和 ERP 系统，每个企业都有自己的流程和规范，考虑到很多人都在一个环境中协同工作(工艺工程师、设计工程师、零件和工具制造者、外包商、供应商以及生产工程师等)，随时会创建大量的数据，所以，数字化工厂规划系统也存在客户化定制的要求，如操作界面、流程规范、输出等，主要是便于使用和存取等。

思考题及习题

1. 简述数字化设计与制造系统的功能。
2. 分析数字化设计与制造系统软硬件构成，指出主要的软硬件设备名称及功能。
3. 与常规计算机系统相比，数字化设计与制造系统对计算机软硬件有哪些特殊要求？
4. 数字化设计与数字化制造软件系统包括哪几个层次？每个层次分别有什么功能？
5. 产品数字化开发软件的生命周期组成分为哪些阶段？
6. 数字化设计与制造系统软硬件选型应考虑哪些因素？

第 3 章　工程数据的数字化处理方法

在产品的设计与制造过程中，一般都需要计算零部件的强度、刚度、稳定性、寿命和可靠性以及工艺参数，以及处理曲线。而这些工程数据往往是以静态数据、数表及线图数据给出，工程数据的数字化是将以数表及线图形式静态工程数据转变为计算机可以处理的数字信息，为数字化设计与制造提供快捷和精确的数据查询从而实现计算机对工程资源的控制、运行和管理。

3.1　工程数据的类型

工程数据一般是在工程设计手册、技术标准、设计规范以及相关的经验数据表中给出，通常是用数表和图线两种基本类型表示出来。

3.1.1　数表类型

所谓数表即离散的列表数据。数表主要包括以下几种类型：

1. 具有理论或者经验计算公式的数表

这类数表一般可以用一个或者一组计算公式表示，在手册中以表格的形式出现，方便检索和使用。

2. 简单数表

这类数表中的数据仅表示某些独立的常量，数据之间没有内在的联系，更没有明确的函数关系。根据这类数表中数据与自变量的个数可以分为一维数表、二维数表和多维数表。其中，一维数表是最为简单的一种数表形式，其特点为表内数据一一对应，如表 3-1 所示。

表 3-1　多排链排数系数 k_p

排数	1	2	3	4	5
k_p	1	1.7	2.5	3.3	4.1

二维数表需要由两个自变量来确定所表示的数据，如表 3-2 所示。

多维数表的维数在理论上可以超过三维，但在实际使用中以三维以内的数表较为常见。

表 3-2　齿轮传动的工况系数 K_A

工作机械载荷特性	原动机工作特性		
	工作平稳	中等冲击	较大冲击
工作平稳	1	1.25	1.5
中等冲击	1.25	1.5	1.75
较大冲击	1.75	≥2.00	≥2.25

3. 列表函数数表

表中的数据一般是通过实验方式测试测量得出的一组离散数据，这些互相对应的数据之间常常存在着某种函数关系，但是无法用明确的函数表达式进行描述。这类数表也分为一维数表、二维数表和多维数表，其中一维列表函数数表如表 3-3 所示，二维列表函数数表如表 3-4 所示。

表 3-3　喷油润滑时的供油量

中心距 a/mm	80	100	125	160	200	250	315
供油量/(L/mm)	1.5	2	3	4	6	10	15

表 3-4　轴肩圆角处理论应力集中系数 α

r/d	D/d									
	6	3	2	1.5	1.2	1.1	1.05	1.03	1.02	1.01
0.04	2.59	2.4	2.3	2.21	2.09	2	1.88	1.8	1.72	1.01
0.1	1.88	1.8	1.7	1.68	1.62	1.59	1.53	1.49	1.44	1.36
0.15	1.64	1.59	1.6	1.52	1.48	1.46	1.42	1.38	1.34	1.26
0.2	1.49	1.46	1.4	1.42	1.39	1.38	1.34	1.31	1.27	1.2
0.25	1.39	1.37	1.4	1.34	1.33	1.31	1.29	1.27	1.22	1.17
0.3	1.32	1.31	1.3	1.29	1.27	1.26	1.25	1.23	1.2	1.14

3.1.2　线图类型

工程数据中的另外一种表达方式是线图。线图具有直观、生动和形象等特点，线图还能直观地反映数据的变化趋势。常用的线图形式有直线、折线和曲线等，可以准确地反映设计参数之间的函数关系，在使用时直接在线图中查出所需的参数。

线图主要包括两大类：一类线图所表示的是各参数之间原本存在的较为复杂的计算公式，但为了便于手工计算而将公式转换成线图的形式，以供使用者较为快捷地取值，如图 3-1所示。另外一类线图所表示的各参数之间没有或者不清楚其计算公式，这类线图如图 3-2 所示。

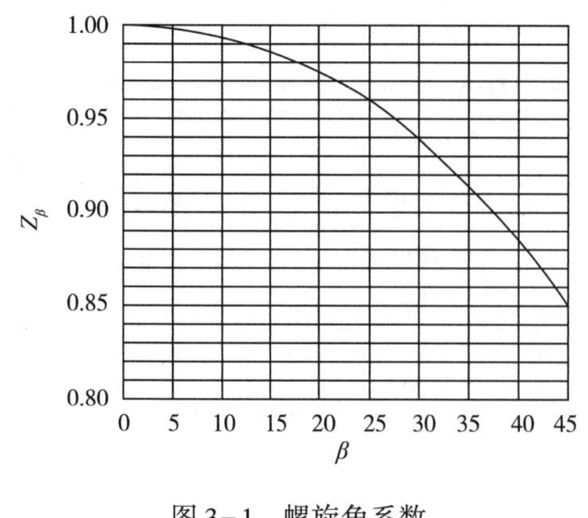

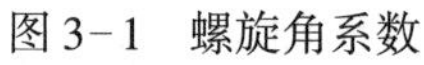
图 3-1　螺旋角系数

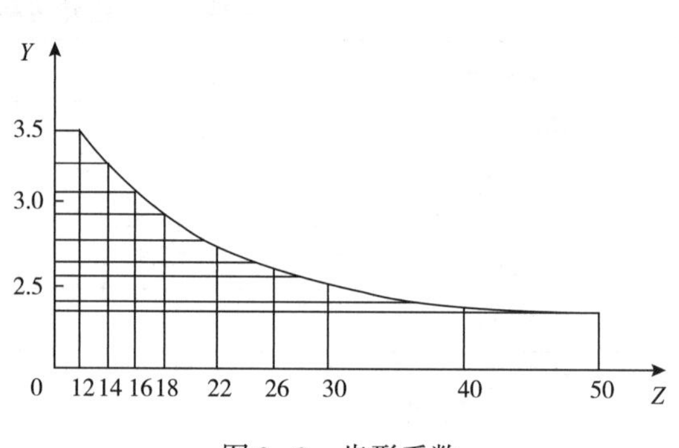

图 3-2　齿形系数

3.2　工程数据的数字化处理方法

在数字化设计与制造技术中，首先要对数表和线图等相关的设计资料进行工程数据数字化处理，数字化处理之后才能集成到相应的软件系统中，以方便设计人员使用。

3.2.1　工程数据数字化处理的方法

工程数据数字化处理的方法，常用的处理方法包括：

1. 程序化处理

将数表和线图以某种算法编制成查阅程序，由软件系统直接调用。这种处理方法的特点是：工程数据直接编入查阅程序，通过调用程序可方便、直接地查取数据，但是数据无法共享，程序没有办法共用，数据更新时必须更新程序。但是由于这种方法使用起来比较简单，对编写程序和使用者都不会有太高的要求，因此应用极为广泛。

2. 文件化处理

将数表和线图中的数据存储于独立的数据文件中，在使用时由查阅程序读取数据文件中的数据。这种处理方法将数据与程序分离，可以实现有限的数据共享。它的局限性在于：查阅程序必须符合数据文件的存储格式，即数据与程序仍存在依赖关系。此外，由于数据文件独立存储，安全性和保密性较差，数据必须通过专门的程序进行更新。

3. 数据库处理

将数表及经离散化处理的线图数据存储于数据库中，数据表的格式与数表、线图的数据格式相同，且与软件系统无关，系统程序可直接访问数据库，数据更新方便，真正实现数据共享。随着计算机网络的发展，这种处理方式也被人们越来越多的接受。

3.2.2　数表的程序化处理

1. 简单数表的程序化处理

简单数表中的数据多互相独立、一一对应，此类数据程序化处理的基本思想是：以数组形式记录数表数据，数组下标与数表中各自变量的位置一一对应，在程序运行时输入自变量，通过循环查得该自变量对应的数组下标，即可在应变量数组中查到对应的数据。

(1)一维数表程序

以表 3-1 所示的多排链排数系数 k_p 数表为例，在程序化处理时可以编制一个C ++ 函数，函数定义两个一维数组 type 和 kb，分别记录“排数”数据和“k_p”数据，函数输入为数表自变量，查询的数表应变量即为系数的返回值，函数程序如下：

```
Double DataSearch_ D(char in_ type)
{
char type[5] = {'1','2', '3', '4', '5'};
Double kp[5] = {1, 1.7, 2.5, 3.3, 4.1  };
int i;
for (i=0; i<7; i+ +)
{   if(in_ type = =type[i])
return kb[i];    }
}
```

(2)二维数表程序

二维数表需要两个自变量来确定所需查询的应变量数据。以表 3-2 为例，表中的工况系数 K_A 需要由“原动机工作特性”与“工作机载荷特性”共同确定，在进行程序处理时，需要定义一个二位数组记录数据表中工况系数 K_A，以变量 i 和 j 分别表示“原动机工作特性”和“工作机械载荷特性”，通过输入 i 和 j 即可查询到对应的 K_A 值。相应的 C ++ 函数程序如下：

```
float DataSearch_ 2D(int int_ i, int int_ j)
{
float KA[3][3] = {{1.00, 1.2  5, 1.50}, {1.2  5, 1.50, 1.75}, {1.75, 2.00, 2.2  5}};
int I, j;
for (i=0; i<3; i+ +)
for (j=0; j<3; j+ +)
{
if(in_ i = =i&&int_ j = =j)
return KA[i][j];
}
}
```

2. 列表函数数表的插值处理

列表函数数表与简单数表的区别在于：列表函数数表不仅需要查询与自变量对应的应变量的数据，还需要查询每个自变量节点区间内的其它对应值。为此需要采用插值(interpolation)方法。插值的基本思想是：就是在若干已知的函数值之间插入计算一些未知的函数值。对应于数表的插值，就是构造某个简单的近似函数作为列表函数的近似表达式，并以近似函数的值作为数表函数的近似值。常用的插值方法包括线性插值、抛物线插值和拉格朗日插值等。

(1)线性插值

对于一维列表函数数表，过两个相邻数据节点(x_i, y_j)和(x_{i+1}, y_{j+1})作为一直线方程$y=F(x)$代替原来的函数$f(x)$，如图3-3所示。若插值点为(x, y)，则由直线插值方程(3-1)可以得出插值点的函数值为。

$$y=y_j+\frac{y_{j+1}-y_j}{x_{i+1}-x_i}(x-x_i) \tag{3-1}$$

由图3-3可知，插值点y的值与实际值之间存在一定的误差，误差的大小与插值点的密度有关，当插值点密度足够小的时候，线性插值足够满足使用要求。

对于二维列表函数数表可以采用拟线性插值的方法，也就是常说的双线性插值。双线性插值，又称为双线性内插。在数学上，双线性插值是有两个变量的插值函数的线性插值扩展，其核心思想是在两个方向分别进行一次线性插值。设已知的数据点为Q，待插值得到的点为P，如图3-4所示。

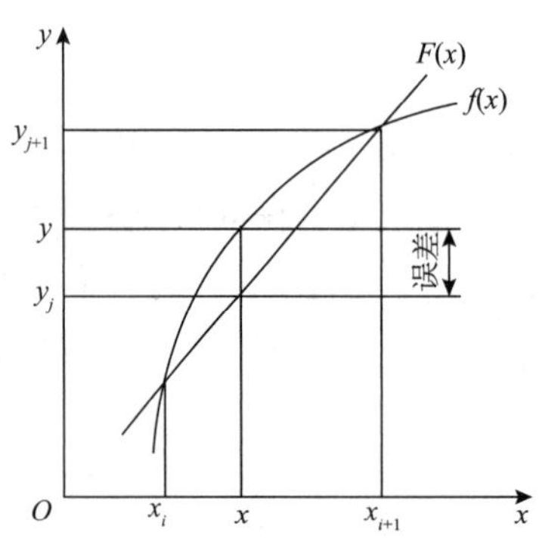

图3-3　线性插值

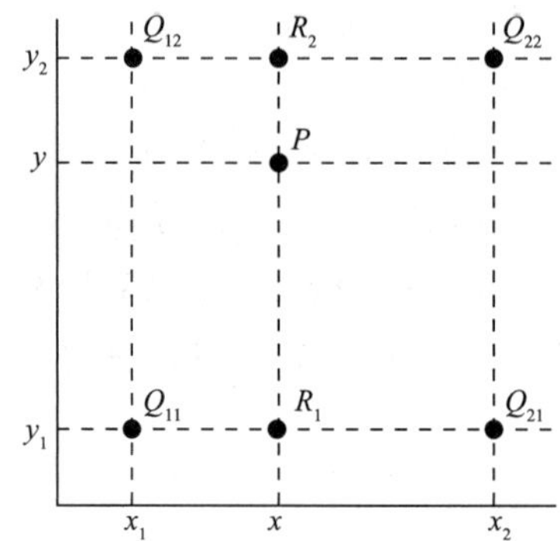

图3-4　二维线性插值

假如想得到未知函数$f(x)$在点$P=(x, y)$的值，设已知函数$f(x)$在$Q_{11}=(x_1, y_1)$，$Q_{12}=(x_1, y_2)$，$Q_{21}=(x_2, y_1)$及$Q_{22}=(x_2, y_2)$四个点的值。

首先在x方向进行线性插值，得到

$$f(R_1)\approx\frac{x_2-x}{x_2-x_1}f(Q_{11})+\frac{x-x_1}{x_2-x_1}f(Q_{21}) \tag{3-2}$$

其中，$R_1=(x, y_1)$。

$$f(R_2)\approx\frac{x_2-x}{x_2-x_1}f(Q_{12})+\frac{x-x_1}{x_2-x_1}f(Q_{22}) \tag{3-3}$$

其中，$R_2=(x, y_2)$。

然后在y方向进行线性插值，得到

$$f(P)\approx\frac{y_2-y}{y_2-y_1}f(R_1)+\frac{y-y_1}{y_2-y_1}f(R_2) \tag{3-4}$$

若选择一个坐标系统使得 $f(x)$ 的四个已知点坐标分别为 (0, 0)、(0, 1)、(1, 0) 和 (1, 1)，那么双线性内插值公式就可以化简为：

$$f(x,\ y) \approx [1-x]\begin{bmatrix} f(0,\ 0) & f(0,\ 1) \\ f(1,\ 0) & f(1,\ 1) \end{bmatrix}\begin{bmatrix} 1-y \\ y \end{bmatrix} \tag{3-5}$$

(2)拉格朗日插值

拉格朗日插值主要是处理非线性问题。拉格朗日插值法可以找到一个多项式，其恰好在各个观测的点取到观测到的值。这样的多项式称为拉格朗日(插值)多项式。数学上来说，拉格朗日插值法可以给出一个恰好穿过二维平面上若干个已知点的多项式函数。其基本的插值思路为：

设已知 x_0，x_1，x_2，⋯，x_n 及 $y_i = f(x_i)(i=0,\ 1,\ \cdots,\ n)$，$L_n(x)$ 为不超过 n 次多项式且满足 $L_n(x_i) = y_i(i=0,\ 1,\ \cdots,\ n)$.

易知 $L_n(x) = l_0(x)y_0 + \cdots + l_n(x)y_n$，其中，$l_i(x)$ 均为 n 次多项式且满足 $l_i(x_i) = \begin{cases} 1 i=j \\ 0 i\neq j \end{cases}(i,\ j=0,\ 1,\ \cdots,\ n)$，再由 $x_j(j\neq i)$ 为 n 次多项式 $l_i(x)$ 的 n 个根知 $l_i(x) = c\prod_{\substack{j=0 \\ i\neq i}}^{n} x - x_j$，最后得到：

$$l_i(x_j) = c\prod_{\substack{j=0 \\ j\neq i}}^{n}(x_i - x_j) = 1 \Rightarrow c = \frac{1}{\prod_{\substack{j=0 \\ j\neq i}}^{n}(x_i - x_j)},i = 0,1,\cdots,n。 \tag{3-6}$$

总之，$L_n(x) = \sum_{i=0}^{n} l_i(x)y_i, l_i(x) = \prod_{\substack{j=0 \\ j\neq i}}^{n}\frac{x - x_j}{x_i - x_j}$. 为 n 阶拉格朗日插值公式，其中，$l_i(x)(i=0,\ 1,\ \cdots,\ n)$ 称为 n 阶拉格朗日插值的基函数。

3.2.3　线图的程序化处理

以直线或者曲线表示的线图一般存在一定的函数关系，对已知有计算公式的线图，可以直接将计算公式编入程序，这是最为简便、最为精确的处理方法。但对于没有给定计算公式或者找不到准确的计算公式的线图，则无法直接进行程序化处理，就必须对线图进行相应的处理，常用的线图程序化处理方法有表格化处理和格式化处理两种。

1. 线图的表格化处理

在线图的横坐标轴上取一系列离散点，对应得到线图上的函数值，得到线图的离散一维或者二维数表然后按数表处理方法处理。在对线图进行表格化处理的过程中，离散点的选取对线图处理的精度有很大关系，通常要求相邻离散点的函数值之差要足够小，以便能更好地拟合线图的真实值。

2. 线图的公式化处理

将线图转换成数表方法繁琐，处理线图的最为理想方法是将线图转换为公式。如果是直线线图，则直接转化为直线方程，如果是曲线线图，则采用曲线拟合的方法求出线图曲线的经验公式。曲线拟合的基本思想是根据线图曲线的变化趋势和所要求的拟合精度，构

造一个拟合函数 $y=f(x)$ 作为线图曲线函数的近似表达式，这个函数并不严格要求通过线图曲线的每个节点，而是尽可能地反映线图曲线的变化趋势。

曲线拟合的方法很多，其中最为常用的是最小二乘法。

基本最小二乘法，其统计学原理是：

设统计量 y 与 l 个变量 x_1，x_2，…，x_l 间的依赖关系式为

$$y=f(x_1,\ x_2,\ \cdots,\ x_l;\ a_0,\ a_1,\ \cdots,\ a_n) \tag{3-7}$$

其中 a_0，a_1，…，a_n 是方程中需要确定的 $n+1$ 个参数。

最小二乘法是通过 $m\ (m>n+1)$ 个线图上的数据点 $(x_{i1},\ x_{i2},\ \cdots,\ x_{il},\ y_i)\ (i=1,\ 2,\ \cdots,\ m)$ 确定出一组参数值

$$(a_0,\ a_1,\ \cdots,\ a_n),$$

使由这组参数得出的函数值

$$y=f(x_{i1},\ x_{i2},\ \cdots,\ x_{il},\ a_0,\ a_1,\ \cdots,\ a_n) \tag{3-8}$$

与实验值 y_i 间的偏差平方和

$$s(a_0,a_1,\cdots,a_n)=\sum_{i=1}^{m}(y_i-y)^2 \tag{3-9}$$

取得极小值。

为了减小随机误差，一般在线图上进行多点的数据取值，使方程式个数大于待求参数的个数，即 $m>n+1$。这时构成的方程组叫做矛盾方程组。通过用最小二乘法进行统计处理，将矛盾方程组转换成未知数个数和方程个数相等的正规方程组，再进行求解得出 a_0，a_1，…，a_n。

由微分学的求极值方法可知 a_0，a_1，…，a_n 应满足下列方程组：

$$\frac{\partial y}{\partial a_i}=0\ (i=1,\ 2,\ \cdots,\ n) \tag{3-10}$$

这样就实现矛盾方程组向正规方程组的转换。

设变量 y 与 n 个变量 x 间存在线性关系，$y=a_0+\sum_{j=1}^{n}a_jx_j$。设变量 x_j 的第 i 次测量值为 x_{ij}，对应的函数值为 $y_i\ (i=1,\ 2,\ \cdots,\ m)$，则偏差平方和

$$s(a_0,a_1,\cdots,a_n)=\sum_{i=1}^{m}(y_i-y)^2=\sum_{i=1}^{m}(y_i-a_0-\sum_{j=1}^{n}a_jx_{ij})^2 \tag{3-11}$$

为使 s 取极小值，得正规方程组为：

$$\begin{cases} ma_0+\sum_{j=1}^{n}(\sum_{i=1}^{m}x_{ij})a_j=\sum_{i=1}^{m}y_i \\ \sum_{j=1}^{m}x_{ik}a_0+\sum_{j=1}^{n}(\sum_{i=1}^{m}x_{ij}x_{ik})a_j=\sum_{i=1}^{m}(x_{ik}y_i) \end{cases},k=1,2,\cdots,n。 \tag{3-12}$$

将线图数据 $(x_{ij},\ y_i)$ 代入式(3-12)中，即得出未知参数 a_0，a_1，…，a_n。

3.2.4 数据的文件处理

数表和线图的程序化处理方法只适用于数据量不大的情况，一般不多于 20 个。因为当

数据量大的时候，编程工作量大，程序运行效率低都是比较大的阻碍。所以对于数据量较大的数表进行程序化处理时，需要采用数据与程序分离的方法，数据以数据文件的方式单独存储于存储器中，程序中编写有读取数据文件和处理数据的语句，在程序运行时，先打开数据文件，将数据读入内存，供程序进行数据处理。下面就介绍一下如何用数据文件来处理大量的数据信息。

1. 数据文件的生产和检索

数据文件通常为DAT文件或TXT文件，以顺序格式存储，若存储的数据记录没有任何规律，只按写入的先后顺序进行存储，称为无序顺序文件；若数据记录按某种次序规律递增或递减存储，则称为有序顺序文件。

数据文件可用文本编辑软件直接编辑生成，也可以利用高级语言中的文件读写语句编制程序来实现。

检索读取数据文件中某个数据记录的时候，通常采用顺序遍历的算法，从文件的开头逐个遍历每一个数据记录，直到所要检索的那个数据记录才停止。这种方法通常需要较长的时间，因此检索效率比较低，一般对于无序数据文件才会采取这种算法。

对于有序的顺序文件，在进行数据记录检索时，可采用分段搜索的算法，将所要检索的数据记录关键字与文件数据列表中间点的数据记录的关键字进行比较，若二者相同，则直接检索到该数据记录。如果所要检索的数据记录关键字大于或者小于文件数据列表中间点的数据记录关键字，则向后或向前依次进行搜索，直到检索到所需要的数据记录为止。这种分段搜索的算法的检索效率要比遍历算法高不少。

2. 工程数据的文件化处理

当数表或线图所表示的数据量较大时，先将数据一定的次序规律存储在数据文件中，然后再编制数表处理程序。在程序中，先打开数据文件，然后将数据文件中的数据读入内存，由程序数据处理语句进行检索与查询，最后输出处理结果。

3.2.5　数据库的基本技术

1. 数据库结构

在计算机中对客观事物进行描述的数值、字符、图形及图像等符号的集称为数据(data)。数据的基本单位是数据元素，它是数据集合中独立的数据个体。例如：若一个产品为数据集合，则产品中的每个组成部件为数据元素；若一个部件为数据集合，则部件中的每个组成零件就为数据元素。

数据元素在描述客观事物时，不论其内容如何，必定存在着某种逻辑，这种逻辑关系称之为数据结构(data structure)。数据结构在计算机中的物理存储单位是位串，位(bif)是计算机最小的信息处理单位，若干个位组合成一个位串，也称结点，结点就是数据元素在计算机中的映象。计算机中对数据元素的各种存储结构事实上就是数据元素在计算机中不同的映象方法。

(1)线性表结构

线性表是最基本、最简单，也是最常用的一种数据结构。线性表中数据元素之间的关系是一对一的关系，即除了第一个和最后一个数据元素之外，其它数据元素都是首尾相接的。线性表的逻辑结构简单，便于实现和操作。因此，线性表这种数据结构在实际应用中是广泛采用的一种数据结构。它又分为顺序存储结构和链式存储结构。

①顺序存储结构

线性表的顺序存储结构如图3-5所示。把线性表中的所有元素按照其逻辑顺序依次存储到从计算机存储器中指定存储位置开始的一块连续的存储空间中。这样，线性表中第一个元素的存储位置就是指定的存储位置，第 $i+1$ 个元素($1 \leqslant i \leqslant n-1$)的存储位置紧接在第 i 个元素的存储位置的后面。这就把线性表到逻辑结构的对应关系转换到顺序表到存储结构的对应关系。

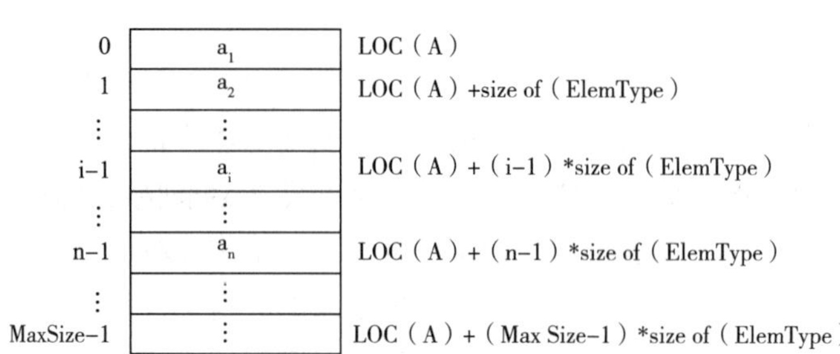

图3-5　顺序结构示意图

采用顺序表存储结构，可以用C/C++语言实现线性表的各种基本运算。假定线性表的元素类型为ElemType，则每个元素所占用存储空间大小(即字节数)为size of(ElemType)，整个线性表所占用存储空间的大小为：n * size of(ElemType)，其中n表示线性表的长度。

②链式存储结构

链式存储结构(简称链表)如图3-6所示，就是将一个数据元素序列(a_1 ，a_2 ，$a_3 \cdots a_n$)($n>0$)中每个数据元素存储于一组任意的存储空间内。在链式存储中，每个存储结点不仅包含有所存元素本身的信息(称之为数据域)，而且包含有元素之间逻辑关系的信息，即前驱结点包含有后继结点的地址信息，这称为指针域，这样可以通过前驱结点的指针域方便地找到后继结点的位置，提高数据查找速度。一般地，每个结点有一个或多个这样的指针域。若一个结点中的某个指针域不需要任何结点，则设定它的值为空，用常量NULL表示。

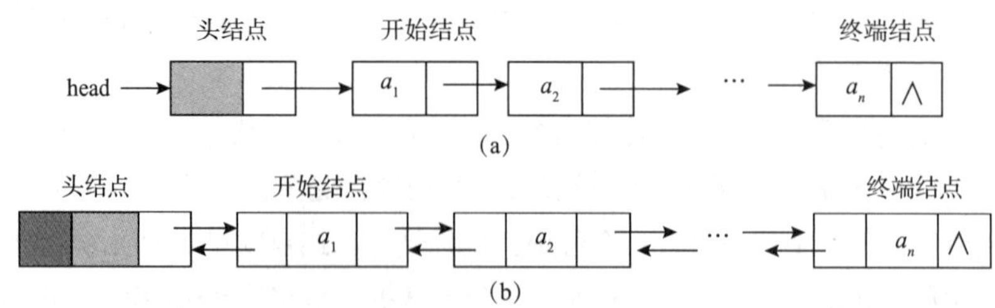

图3-6　单向链、双向链表示意图

简而言之，链表就是通过指针将各数据元素按其逻辑顺序关系链接起来。链表又可分为单向链表和双向链表。在单链表中，由于每个结点只包含有一个指向后继结点的指针，所以当访问过一个结点后，只能接着访问它的后继结点，而无法访问它的前驱结点。

而双向链如图3-6所示，在每个结点中除包含有数值域外，设置有两个指针域，分别用以指向其前驱结点和后继结点。

链式存储的优势在于，逻辑上相邻的节点物理上不必相邻，插入、删除灵活（不必移动节点，只要改变节点中的指针）。所以，可以灵活、充分地利用存储空间，但由于每个数据元素的存储空间不仅需要存储数据本身还需要存储指针，因而比顺序存储结果要大。

(2)栈结构

栈结构(Stack)如图3-7所示。栈结构是一种特殊的表，这种表只在表的一端进行插入和删除操作。允许插入和删除数据元素的这一端称为栈顶；而另一固定的一端称为栈底。不含任何元素的栈称为空栈。栈的修改是按后进先出的原则进行的。栈又称为后进先出(Last In First Out)表，简称为LIFO表。假设一个栈S中的元素为 a_n，a_{n-1}，…，a_1，则称 a_1 为栈底元素，a_n 为栈顶元素。

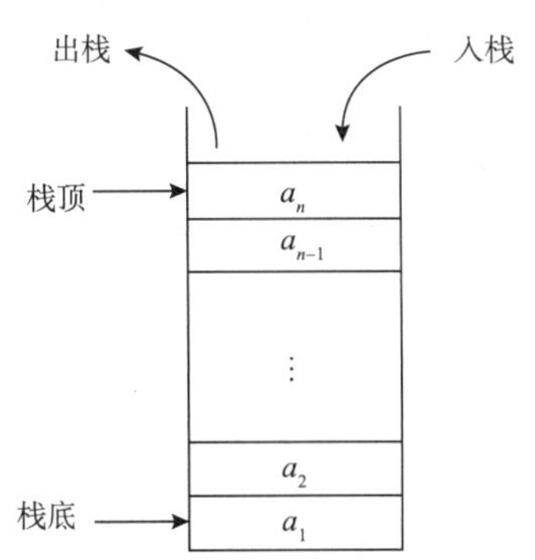

图3-7　栈结构存储示意图

从上述内容可以看出，栈结构的存储与线性表是一样的，也可以是顺序存储结构和链式存储结构，只是栈的容量一般是可预见的，且其运算只被限制在栈顶，通常采用顺序存储结构。

(3)树型结构

树型结构如图3-8所示。树型结构是一种非线性数据结构，它很类似自然界中的树。直观地讲，树型结构是以分支关系定义的层次结构，它是一种可以表示数据元素间层次关系的非线性数据结构。

①树的逻辑结构

如图3-9所示中，A 为根结点，其余的结点分为三个互不相交的有限集合：$T1=\{B, E, F\}$，$T2=\{C, G, J\}$，$T3=\{D, H, I\}$。$T1$、$T2$ 和 $T3$ 都是 A 的子树，而它们本身也是一棵树。例如，$T1$ 是一棵以 B 为根的树，其余结点分为互不相交的两个集合$\{E\}$和$\{F\}$，而$\{E\}$和$\{F\}$本身又是仅有一个根结点的树。

在树结构中，每一个结点只有一个前件，称为父结点。在树中，没有前件的结点只有一个，称为树的根结点，简称为树的根。在树结构中，每一个结点可以有多个后件，它们都称为该结点的子结点。没有后件的结点称为叶子结点。

一个结点是它的那些子树的根的双亲结点。同一个双亲的孩子之间互为兄弟。如 A 是 B、C、D 的双亲；B、C、D 是 A 的孩子；B、C、D 互为兄弟。根结点的层数为1，其他任何结点的层数等于它的父结点的层数加1。树的深度：一棵树中，结点的最大层次值就是树的深度。图3-9中树的深度为4。

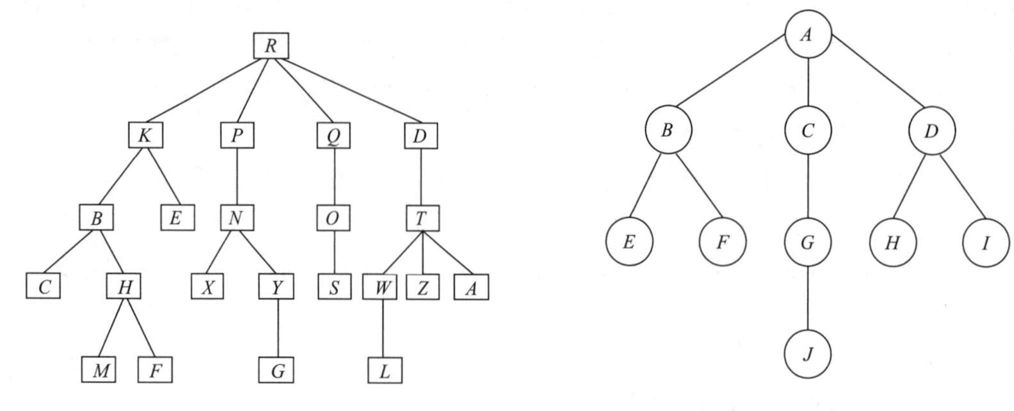

图 3-8　一般的树型结构　　　　图 3-9　树的逻辑结构

②树的存储结构

由于树形结构是非线性的结构，所以采用多重链表存储结构。在结点中除了有存储数据元素的数据域外，还有若干个指针域，指针域的数量去决定于结点的度数。通常有定长和不定长两种方式确定书的结点。定长方式是以树的最大度数结点的结构作为所有结点的结构，每个结点具有相同数量的指针域。显然，除了最大度数结点，其余结点均有空闲的指针域，如图 3-10 所示。

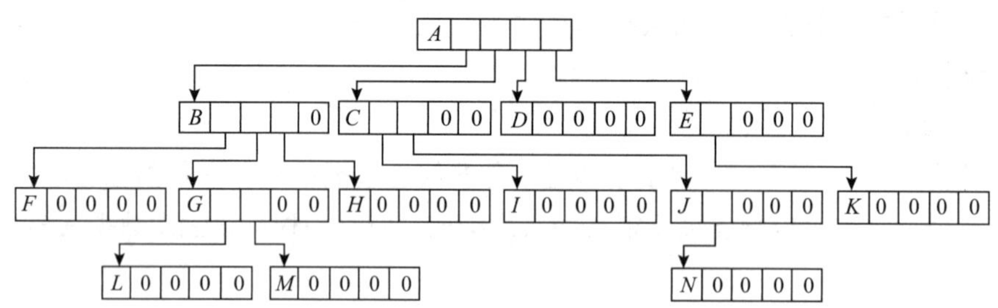

图 3-10　定长方式

不定长方式是在每个结点上都增加一个存放度数的域，结点长度随着度数的变化而变化，如图 3-11 所示。

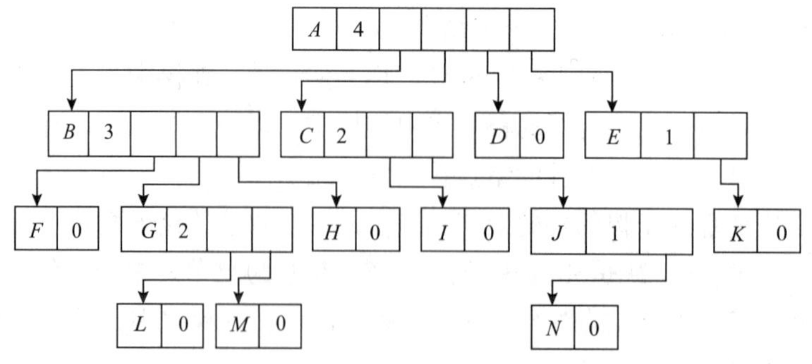

图 3-11　不定长方式

(4)二叉树结构

二叉树结构是一种特殊的树型结构，每个节点最多只有两个子树，且子树有左右之分，不能颠倒。二叉树的深度和度的概念和树结构一样。以下为几种特殊的二叉树结构：满二叉树，深度为 i 有 $2i-1$ 个结点的二叉树，如图 3-12 所示，完全二叉树，节点的度数为 0 或 2 的二叉树，如图 3-13 所示。

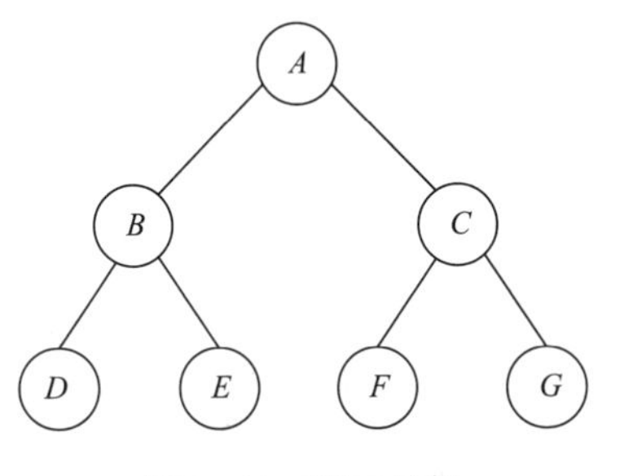

图 3-12　满二叉树

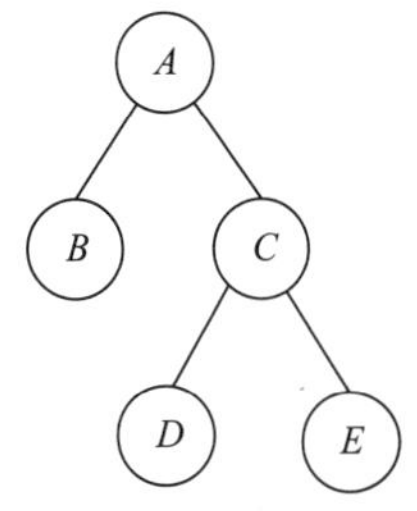

图 3-13　完全二叉树

二叉树的存储结构一般采用链式存储结构，链表的每个结点有三个域：一个是存储数据元素的数据域，另外两个是指针域。其中一个指针用于指向结点的左子树结构的存储地址，称为左指针域；另外一个是用来指向右子树结构的存储地址，称为右指针域，如图 3-14所示。

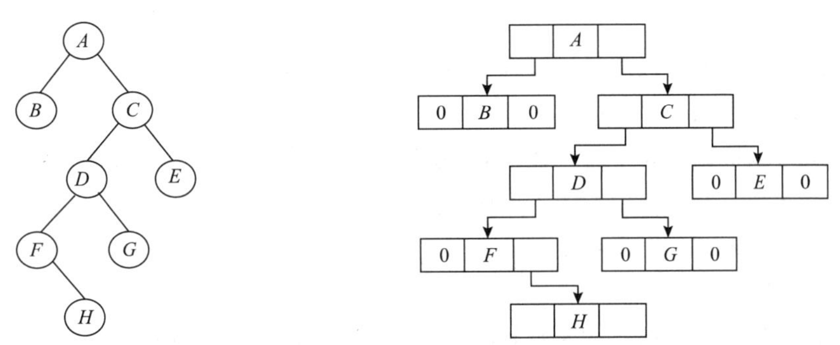

图 3-14　二叉树的存储结构

2. 数据库基本技术

(1)数据模型

客观事物的多种属性可以以数据的形式来表现，而数据库是管理数据的最有效工具。现实世界中的事物都是互相关联的，在数据库中表示这种关联关系的方式称之为数据模型。常用的数据模型有以下三种：

①层次模型(hierarchical model)。层次模型为树型结构形式，如图 3-15(a)所示。树形结构中每个结点对应于一个数据元素，最顶层的数据元素称为“根元素”，其它每个数据元素可以与下面任何一层中的多个数据元素相联系，但只能与它上面一层中的一个数据元素联系。

层次模型中数据元素之间是“一对一”或“一对多”的关系，其特点是层次结构清晰，联系简单，查询数据时只能从顶层逐层下查。查询时只能逐层往下查询，不能倒查，也不能从中间插入。

②网络模型(network model)。层次模型可以表示“一对一”或“一对多”的关系，但无法表示“多对多”的关系，网络模型则可以表示。与层次模型相比，网络模型的每个结点可以与多个父结点相联系，整个网络可以有多个根结点，如图 3-15(b)所示。从图中可以看出，网络模型比层次模型复杂。

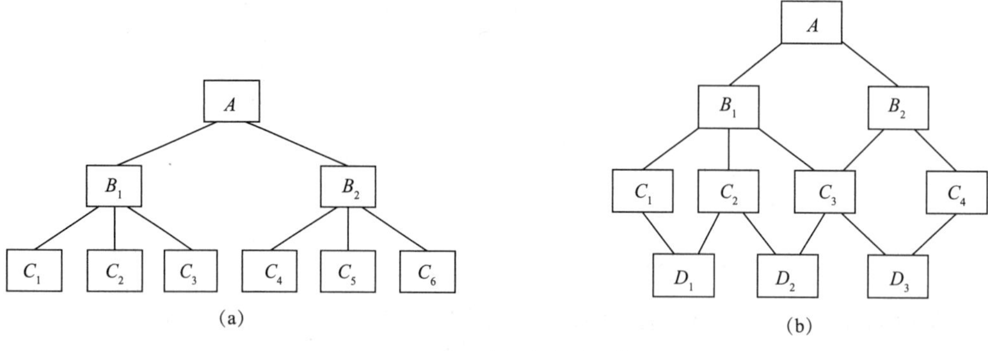

图 3-15　层次模型及网络模型

③关系模型(relational model)。关系模型是一种用表格数据来表示实体间联系的数据模型。关系模型的核心是关系，它把数据的关系定义为满足一定条件的二维数表，用来描述实体间的联系。表中的每一行表示一个记录(称为元组)，表示一个实体；每一列表示实体的一个属性，每一列属性都是不可细分的数据项。表中行与列的次序可以是任意的，但各行不允许重复，各列应分别命名。

关系模型可以根据需要将若干数表联系起来，构成新的关系。关系模型简单明了，数据独立性高，冗余度低，使用方便，适应性强，可以直接处理“多对多”的关系。目前多数数据库系统均为关系型数据库系统。

(2)数据库系统

数据库系统是使用数据库技术对数据进行管理和存储的计算机系统，由数据库(database)、数据库管理系统(database management system，DBMS)、数据库管理员(database administrator，DBA)和应用程序(application program)等组成，如图 3-16 所示。数据库是数据的集合，它以一定的组织形式存储于计算机硬盘中；数据库管理员负责进行数据规划设计、协调、维护和管理；数据库管理系统(DBMS)是一种管理数据库的软件，用来实现数据库系统的各种功能，所用的各种应用程序必须通过 DBMS 访问数据库。

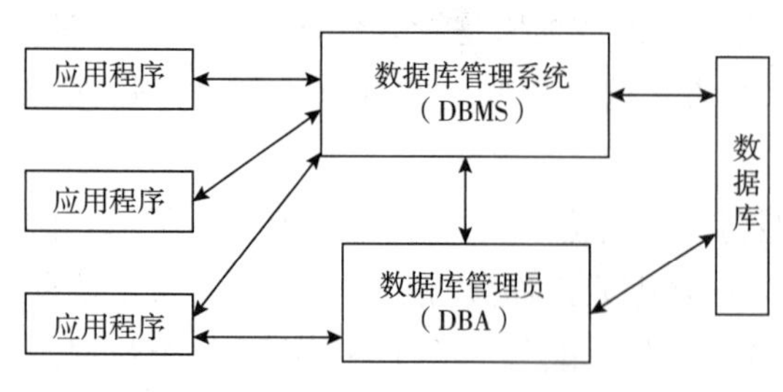

图 3-16　数据库系统的结构组成

一般来说 DBMS 应该具备以下功能：提供高级的用户接口、查询处理和优化、数据目录管理、并发控制、数据恢复、完整性约束检查、访问控制。

(3)工程数据库系统

数字化设计与制造系统中所涉及到的数据类型一般包括通用型数据、设计型数据、图形数据、加工工艺数据和管理型数据等。随着产品结构复杂程度的增加，以及开发过程的反复性增加，输出数据的类型增加、种类繁多，这些因素都对数据库管理系统提出了更高的技术要求：①不仅有静态数据(如固定参数，材料特性等)，还有设计过程中产生的动态数据；②数据类型繁杂，不仅包括字符型、数据型的数据，还有变长数据、图形、图像等类型的数据；③需要支持长事务、试探性的反复设计过程，可以对中间结果信息进行实时存储、实时调用和实时更新；④能处理同一产品多种不同方案或对方案修改后产生的版本进行管理和控制；⑤能处理复杂的数据类型，比如长数据等。

在数字化设计过程当中，一般将支持工程设计、制造、生产管理以及经营决策等整个企业数据处理的数据库系统称为工程数据库系统(Engineering Database System)。工程数据库系统主要由工程数据库管理系统、工程数据库和工程数据库终端用户组成。

工程数据库管理系统是对工程数据库中存储的图形和文字数据进行存储、检索和修改的软件，它的主要特点是：①必须支持复杂的工程数据的存储和集成管理；②支持复杂实体的表示(图纸等)与处理；③支持反复试探性的动态设计过程，具有长事务的处理能力；④支持多级版本管理功能；⑤支持多库操作与通信的功能；⑥支持同一个设计对象多视图表示与处理；⑦支持分布处理的设计环境；⑧维护工程设计信息流中数据的一致性和完整性；⑨适应工程环境的良好人机交互界面。

工程数据库必须能够存储和更新以下内容：①零件的二维、三维图和产品装配图等产品图形数据信息；②相关零件的材质、公差和表面粗糙度等材料特性；③零件和部件组成的装配关系信息数据等产品的文字数据信息；④分析数据、设计参数、设备数据和资源数据等设计数据信息；⑤加工设备，工艺规程、工序文件和数控加工程序等工艺数据信息。

工程数据库的终端用户就是指工程设计人员，如产品设计工程师和工艺设计师等。工程数据库系统常用的建立途径包括：①在商用数据库管理系统和图形文件管理系统的环境下开发、利用商用数据库加上图形处理技术实现对工程数据的管理。这种开发模式是在非图形数据的商用数据库管理与图形数据的文件管理之间设计不同数据间的联系接口，数据之间的连接机制和对图形数据的处理由应用程序来实现。这样对图形和非图形数据都可以进行分别管理，两种数据各自单独处理，数据间的联系简单，但数据的一致性就比较难维持，从数据中提取信息也就比较较困难。这种方法适用于微机环境下的应用开发。②在专用工程数据库管理系统的环境下开发，可以针对工程数据的特点实现有效的管理，满足较高层次的应用需求。SQL Server、Oracle、Sybase 等主流数据库平台都提供对工程数据管理的支持功能，是工程数据库系统常用的平台环境。

3.3　曲线和曲面的表示

曲线曲面的计算源于 20 世纪 60 年代的飞机和汽车设计中。1962 年法国雷诺汽车公司的 Bezier 提出的以逼近为基础的曲线曲面设计系统 UNISURF；1963 年美国波音公司的 Ferguson 提出用于飞机设计的曲线曲面的参数三次方程；1964 年 Coons 提出了一类布尔和形式的曲面；1972 年 deBoor 和 Cox 分别给出 B 样条的标准算法；1975 年以后，Riesenfeld 等人研究了非均匀 B 样条曲线曲面，美国锡拉丘兹大学的 Versprille 研究了有理 B 样条曲线曲面，20 世纪 80 年末、90 年代初，Piehl 和 Tiller 等人对有理 B 样条曲线曲面进行了深入的研究，并形成非均匀有理 B 样条(Non - Uniform Rational B - Spline，简称 NURBS)；因此，曲线和曲面是数字化设计的基础信息和重要的研究内容。

3.3.1 曲线和曲面的基本概念

在设计过程中，会遇到两大类型的曲线和曲面，分别为规则曲面曲线和自由曲面曲线，它们的区分是：规则曲面曲线是指圆、椭圆、双曲线、正弦余弦、概率分布、摆线螺线等；曲面有球面、圆柱面、圆锥面等。这类曲线曲面均可以用一个曲线、曲面方程式直接来表示，参数化实现比较容易。而自由曲线和曲面是指尚不能确切给出描述整个曲线曲面的方程，它们往往是由一些从实际中测量得到的一系列离散数据点用曲线曲面拟合方法来逼近的。这些曲线曲面一般采用分段的多项式参数方程来表示，由此形成一些光滑连续的曲线曲面。常见的参数曲线有抛物样条曲线曲面、Hermite 曲线曲面、Bezier 曲线曲面和 B 样条曲线曲面等。

1. 型值点和控制点

所谓型值点，是指通过测量或计算得到的曲线上少量描述曲线几何形状的数据点。由于型值点的数量有限，不足以充分描述曲线的形状，因此通常是在求得一些型值点后，采用一定的数学方法，建立曲线的数学模型，从而再根据数学模型去获得曲线上每一点的几何信息。

所谓控制点，是指用来控制或调整曲线形状的特殊点，曲线段本身不通过该控制点。

2. 切线、法线和曲率

当曲线上的点 Q 趋于 M 时，割线的极限位置称为曲线在点 M 处的切线。若参数曲线上任一点的坐标为 $p(t) = [x(t), y(t), z(t)]$，则该点的切线方程即为参数曲线在该点处的一阶导函数，即 $p'(t) = [x'(t), y'(t), z'(t)]$。法线就是垂直切线方向且通过该点的直线。而曲线上两点 M 和 Q 的切线的夹角 δ 与弧长 MQ 之比，当 Q 趋于 M 时的极限称为曲线在 M 点的曲率。曲率也是切线的方向角对于弧长的转动率，其值为曲线在 M 处的二阶导数。

3. 插值、逼近和拟合

插值与逼近是曲线设计中的两种不同方法。插值设计方法要求建立的曲线数学模型，严格通过已知的每一个型值点。而逼近设计方法，顾名思义，用这种方法建立的曲线数学模型只是近似地接近已知的型值点。

而曲线的拟合则是这两种设计方法的统称，是指在曲线的设计过程中，用插值或逼近方法使生成的曲线达到某些设计要求，如在允许的范围内贴近原始的型值点或控制点序列，或曲线看上去很光滑等。

4. 光顺和光滑

光顺的含义是指曲线的拐点不能太多。对于平面和曲线而言，光顺的条件是：①具有二阶几何连续；②不存在多余拐点和奇异点；③曲率变化较小。需要指出的是，不同函数表示的曲线和曲面，相应的光顺定义、要求和算法也不相同。

光滑则是指曲线和曲面在切矢量上的连续性或曲率的连续性。

3.3.2　曲线和曲面的表示方法

曲线曲面可以用三种形式进行表示，即显式、隐式和参数表示，三种形式表示如下。

显式表示：形如 $z=f(x, y)$ 的表达式。对于一个平面曲线而言，显式表达式可写为 $y=f(x)$。在平面曲线方程中，一个 x 值与一个 y 值对应，所以显式方程不能表示封闭或多值曲线，例如，不能用显式方程表示一个圆。

隐式表示：形如 $f(x, y, z)=0$ 的表达式。如一个平面曲线方程，隐式表达式可写为 $f(x, y)=0$。隐式表示的优点是易于判断函数 $f(x, y)$ 是否大于、小于或等于零，也就易于判断点是落在所表示曲线上或在曲线的哪一侧。

参数表示：形如 $x=f(t)$，$y=f(t)$，$z=f(t)$ 的表达式，其中 t 为参数。即曲线上任一点的坐标均表示成给定参数的函数。如平面曲线上任一点 P 可表示为 $P(t)=[x(t), y(t)]$，如图 3-17(a)所示；空间曲线上任一点 P 可表示为 $P(t)=[x(t), y(t), z(t)]$，如图 3-17(b)所示。

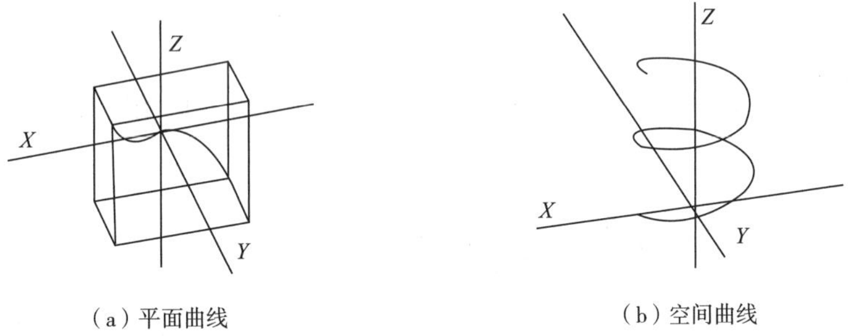

(a) 平面曲线　　(b) 空间曲线

图 3-17　曲线参数表示

最简单的参数曲线是直线段，端点为 P_1、P_2 的直线段参数方程可表示为

$$P(t)=P_1+(P_2-P_1)t, \quad t\in[0, 1] \tag{3-13}$$

圆在计算机图形学中应用十分广泛，其在第一象限内的单位圆弧的非参数显式表示为

$$y=\sqrt{1-x^2}\,(0\leqslant x\leqslant 1) \tag{3-14}$$

其参数形式可表示为

$$P(t)=\left[\frac{1-t^2}{1+t^2}, \frac{2t}{1+t^2}\right], \quad t\in[0, 1] \tag{3-15}$$

计算机图形学中通常用参数形式描述曲线曲面，因为参数表示的曲线曲面具有几何不变性等优点，其优势主要表现在：

①可以满足几何不变性的要求，坐标变换后仍保持几何形状不变。

②有更大的自由度来控制曲线曲面的形状。如一条二维三次曲线的显式表示为：

$$y = ax^3 + bx^2 + cx + d \tag{3-16}$$

由上式可知只有四个系数控制曲线的形状。而二维三次曲线的参数表达式为：

$$P(t) = \begin{bmatrix} a_1t^3 + a_2t^2 + a_3t + a_4 \\ b_1t^3 + b_2t^2 + b_3t + b_4 \end{bmatrix},\ t \in [0,\ 1] \tag{3-17}$$

与二维三次曲线的显式表达式比较，参数表达式由八个系数来控制此曲线的形状。

③对非参数方程表示的曲线、曲面进行变换，必须对其每个型值点进行几何变换，不能对其方程变换(因不满足几何变换不变性)；而对参数表示的曲线、曲面来说，可对其参数方程直接进行几何变换实现曲线曲面的变换。

④便于处理斜率为无穷大的情形，即当斜率为无穷大的时候，计算也不会中断。

⑤参数方程中，代数或几何相关和无关的变量是完全分离的，而且对变量个数没有限制，从而便于用户将低维空间的曲线、曲面扩展到高维空间。这种变量分离的特点有助于实现用数学公式处理几何分量。

⑥规格化的参数变量 $t \in [0,\ 1]$ 使其相应的几何分量是有界的，而不必用另外的参数去定义边界。

⑦易于用矢量和矩阵表示几何分量，简化了计算。

3.3.3 Bezier 曲线曲面

1. Bezier 曲线

给定空间 $n+1$ 个点的位置矢量 $p_i(i=0,\ 1,\ 2,\ \cdots,\ n)$，则 Bezier 参数曲线上各点坐标的插值公式为：

$$p(t) = \sum_{i=0}^{n} p_i B_{i,n}(t),\ t \in [0,1] \tag{3-18}$$

将其写成矩阵表达形式为：

$$P(t) = \begin{bmatrix} B_{0,n}(t) & B_{1,n}(t) & \cdots & B_{n,n}(t) \end{bmatrix} \begin{bmatrix} P_0 \\ P_1 \\ \vdots \\ P_n \end{bmatrix} \tag{3-19}$$

其中，P_i 构成该 Bezier 曲线的特征多边形，$B_{i,n}(t)$是 n 次 Bernstein 基函数：

$$B_{i,n}(t) = C_n^i t^i (1-t)^{n-i} = \frac{n!}{i!\ (n-i)!} t^i (1-t)^{n-i} (i=0,\ 1,\ \cdots,\ n) \tag{3-20}$$

约定：$0^n = 1$，$0! = 1$；

$n=0$，$B_{0,0}(t) = 1$；

$n=1$，$B_{0,1}(t)=1-t$，$B_{1,1}(t)=t$；

$n=2$，$B_{0,2}(t)=(1-t)^2$，$B_{1,2}(t)=2t(1-t)$，$B_{2,2}(t)=t^2$；

$n=3$，$B_{0,3}(t)=(1-t)^3$，$B_{1,3}(t)=3t(1-t)^2$，$B_{2,3}(t)=3t^2(1-t)$，$B_{3,3}(t)=t^3$；

……

如图 3-18 所示为一条 $n=3$ 的三次 Bezier 曲线实例。

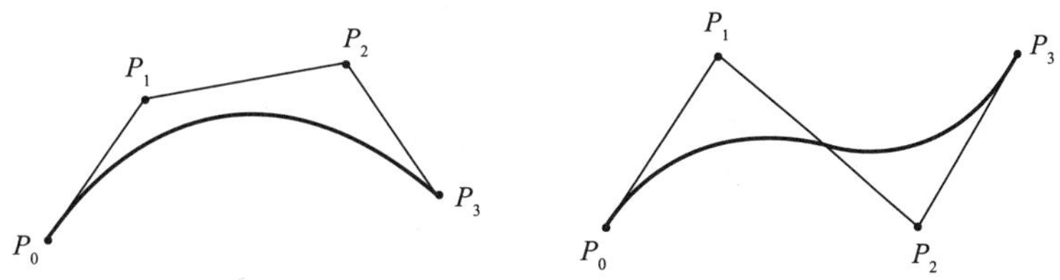

图 3-18　三次 Bezier 曲线

三次 Bezier 曲线可以表达式为

$$P(t)=\sum_{i=0}^{3}p_iB_{i,3}(t),\quad t\in[0,1] \tag{3-21}$$

其中，$B_{0,3}(t)=(1-t)^3$，$B_{1,3}(t)=3t(1-t)^2$，$B_{2,3}(t)=3t^2(1-t)$，$B_{3,3}(t)=t^3$，因此其矩阵表达式为

$$\begin{aligned}P(t)&=[B_{0,3}(t)\quad B_{1,3}(t)\quad B_{2,3}(t)\quad B_{3,3}(t)\quad][P_0\quad P_1\quad P_2\quad P_3\quad]^T\\&=[t^3\quad t^2\quad t\quad 1\quad]\begin{bmatrix}-1&3&-3&1\\3&-6&3&0\\-3&3&0&0\\1&0&0&0\end{bmatrix}\begin{bmatrix}P_0\\P_1\\P_2\\P_3\end{bmatrix}\end{aligned} \tag{3-22}$$

如果用式(3-23)：求 $P_x(t)$的值，则取 P_i 的 X 坐标进行计算，同理可求 $P_y(t)$，$P_z(t)$，具体如下：

$$\begin{cases}P_x(t)=[B_{0,3}(t)\quad B_{1,3}(t)\quad B_{2,3}(t)\quad B_{3,3}(t)][P_{0x}\quad P_{1x}\quad P_{2x}\quad P_{3x}]^T\\P_y(t)=[B_{0,3}(t)\quad B_{1,3}(t)\quad B_{2,3}(t)\quad B_{3,3}(t)][P_{0y}\quad P_{1y}\quad P_{2y}\quad P_{3y}]^T\\P_z(t)=[B_{0,3}(t)\quad B_{1,3}(t)\quad B_{2,3}(t)\quad B_{3,3}(t)][P_{0z}\quad P_{1z}\quad P_{2z}\quad P_{3z}]^T\end{cases} \tag{3-23}$$

由上式可以看到 Betnstain 基函数仅需计算一次。

2. Bezier 曲面

根据 Bezier 曲线的定义以及性质，可以方便地给出 Bezier 曲面的定义和性质，Bezier 曲线的一些算法也很容易扩展到 Bezier 曲面的情况。

设 $P_{ij}(i=0,1,\cdots,n,\ j=0,1,\cdots,m)$为$(n+1)\times(m+1)$个空间点列，则 $m\times n$ 次张量积形式的 Bezier 曲面定义为：

$$P(u,v)=\sum_{i=0}^{n}\sum_{j=0}^{m}P_{ij}B_{i,n}(u)B_{j,m}(v)\quad u,v\in[0,1] \tag{3-24}$$

其中 $B_{i,n}(u)=C_n^i u^i(1-u)^{n-i}$，$B_{j,m}(v)=C_m^j v^j(1-v)^{m-j}$ 是 Bernstein 基函数。依次用线段连接点列 $P_{ij}(i=0,\ 1,\ \cdots,\ n,\ j=0,\ 1,\ \cdots,\ m)$ 中相邻两点所形成的空间网格，称之为特征网格。

先按等参数方向均匀离散成网格点，再按一定规则绘制网格线绘制其线框图，绘制的线框图如图 3-19 所示。

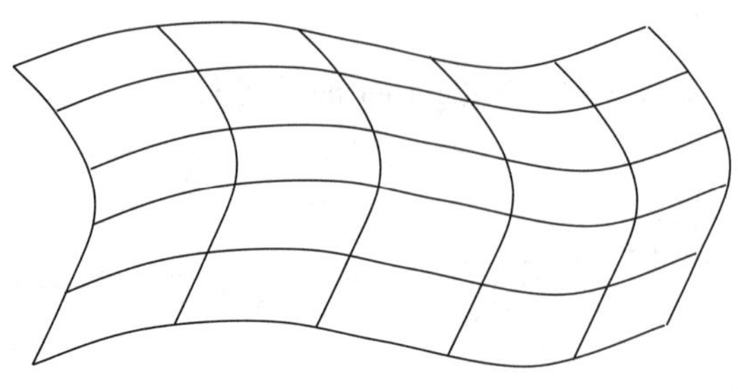

图 3-19　线框图

3.3.4　B 样条曲线与曲面

Bezier 曲线具有很多优越性，但有二点不足：

①特征多边形顶点数决定了它的阶次数，当 n 较大时，不仅计算量增大，稳定性降低，且控制顶点对曲线的形状控制减弱。

②不具有局部性，即修改一控制点对曲线产生全局性影响的性质。

采用 B 样条基函数代替 Bernstein 基函数，从而改进上述缺点。

1. B 样条曲线

(1) 一次均匀 B 样条曲线的矩阵表示

空间 $n+1$ 个顶点 $P_i(i=0,\ 1,\ \cdots,\ n)$ 定义 n 段一次($k=1$，二阶)均匀 B 样条曲线，即每相邻两个点可构造一曲线段 $P_i(u)$，其定义表达为：

$$
\begin{aligned}
P_i(u) &= [u_1]\begin{bmatrix} -1 & 1 \\ 1 & 0 \end{bmatrix}\begin{bmatrix} P_{i-1} \\ P_i \end{bmatrix} \quad i=1,\ \cdots,\ n; \quad 0\leqslant u\leqslant 1 \\
&= (1-u)P_{i-1}+uP_i \\
&= N_{0,1}(u)P_{i-1}+N_{1,1}(u)P_i
\end{aligned}
\tag{3-25}
$$

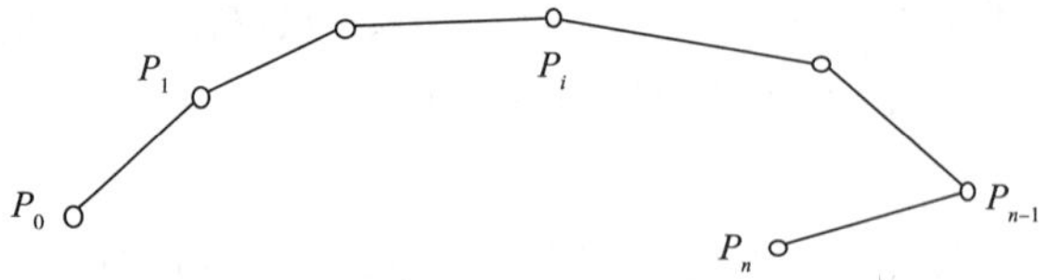

图 3-20　一次 B 样条曲线

由图 3-20 所示可知，第 i 段曲线端点位置矢量：$P_i(0)=P_{i-1}$，$P_i(1)=P_i$，且一次均匀 B 样条曲线就是控制多边形。

(2) 二次均匀 B 样条曲线

空间 $n+1$ 个顶点的位置矢量 $P_i(i=0,\ 1,\ \cdots,\ n)$ 定义 $n-1$ 段二次($k=2$，三阶)均匀

B 样条曲线，每相邻三个点可构造一曲线段如图 3-21 所示。

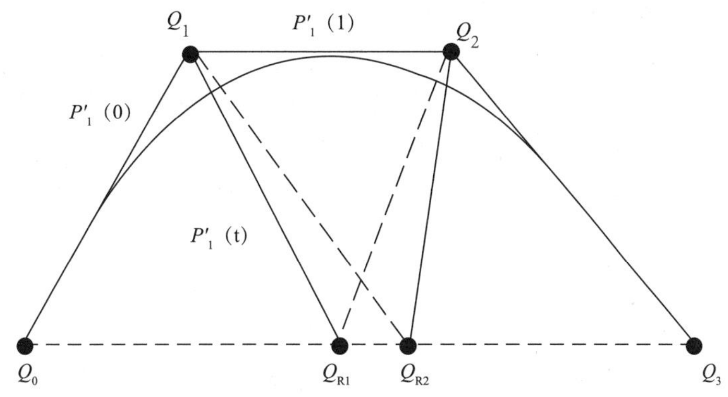

图 3-21　二次 B 样条曲线

由图 3-21 可知，二次 B 样条曲线有如下矢量。

① 端点位置矢量：$P_i(0)=0.5(P_{i-1}+P_i)$，$P_i(1)=0.5(P_i+P_{i+1})$，即曲线的起点和终点分别位于控制多边形 $P_{i-1}P_i$ 和 P_iP_{i+1} 的中点。若 P_{i-1}、P_i、P_{i+1} 三个顶点位于同一条直线上，$P_i(u)$ 蜕化成 $P_{i-1}P_iP_{i+1}$ 直线边上的一段直线。

② 端点一阶导数矢量：$P_i(0)=P_i-P_{i-1}$，$P_i(1)=P_{i+1}-P_i$，$P'_i(0)=P_{i+1}-P_i$，$P'_i(1)=P_{i+2}-P_{i+1}$，即曲线的起点切矢和终点切矢分别和二边重合，且相邻两曲线段在节点处具有一阶导数连续。

③二阶导数矢量：$P''_i(0)=P_{i-1}-2P_i+P_{i+1}=P''_i(1)=P''_i(t)$，即曲线段内任何点处二阶导数相等，且相邻两曲线段在节点处二阶导数不连续。

(3) 三次均匀 B 样条曲线

空间 $n+1$ 个顶点的位置矢量 $P_i(i=0, 1, \cdots, n)$ 构造 $n-2$ 段三次($k=3$，四阶)均匀 B 样条曲线段，每相邻四个点可定义一曲线段如图 3-22 所示。

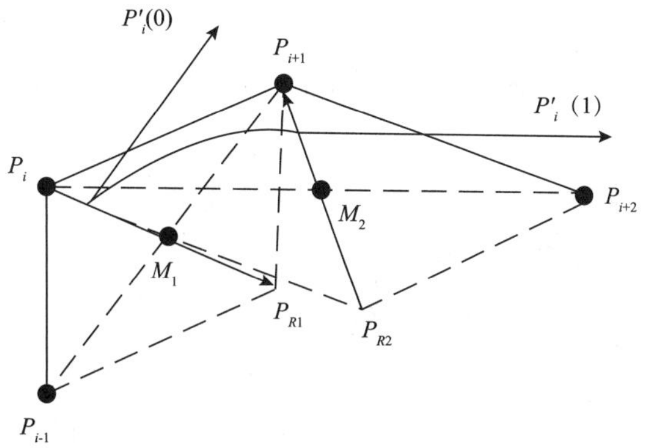

图 3-22　三次 B 样条曲线

由图 3-22 可知，二次 B 样条曲线有如下矢量。

①端点位置矢量：$P_i(0)=\dfrac{1}{6}(P_{i-1}+4P_i+P_{i+1})$，$P_i(1)=\dfrac{1}{6}(P_i+4P_{i+1}+P_{i+2})$，即

起点位于三角形 $\Delta P_{i-1}P_iP_{i+1}$ 中线 P_iM_1 的1/3处，终点位于三角形 $\Delta P_iP_{i+1}P_{i+2}$ 中线 $P_{i+1}M_2$ 的1/3处。可见B样条曲线的端点并不通过控制点。

② 端点一阶导数矢量：$P'_i(0)=(P_{i+1}-P_{i-1})/2$，$P'_i(1)=(P_{i+2}-P_i)/2=P'_{i+1}(0)$，即曲线起点的切矢平行于 $\Delta P_{i-1}P_iP_{i+1}$ 的底边 $P_{i-1}P_{i+1}$，其模长为底边 $P_{i-1}P_{i+1}$ 长的1/2，同样曲线终点的切矢平行于 $\Delta P_iP_{i+1}P_{i+2}$ 的底边 P_iP_{i+2}，其模长也为底边 P_iP_{i+2} 长的1/2。且相邻两曲线段具有一阶导数连续[因 $P'_i(1) = P'_{i+1}(0)$]。

③二阶导数矢量：$P''_i(0)=P_{i-1}-2P_i+P_{i+1}$，$P''_i(1)=P_i-2P_{i+1}+P_{i+2}=P''_{i+1}(0)$，即曲线段在端点处的二阶导数矢量等于相邻两直线边所形成的平行四边形的对角线，且两曲线段在节点处具有二阶导数连续[因 $P''_i(1)=P''_i(0)$]。

若 P_{i-1}、P_i、P_{i+1} 三个顶点位于同一条直线上，三次均匀B样条曲线将产生拐点；若 P_{i-1}、P_i、P_{i+1}、P_{i+2} 四点共线，则 $P_i(u)$ 变成一段直线；若 P_{i-1}、P_i、P_{i+1} 三点重合，则 $P_i(u)$ 过 P_i 点。

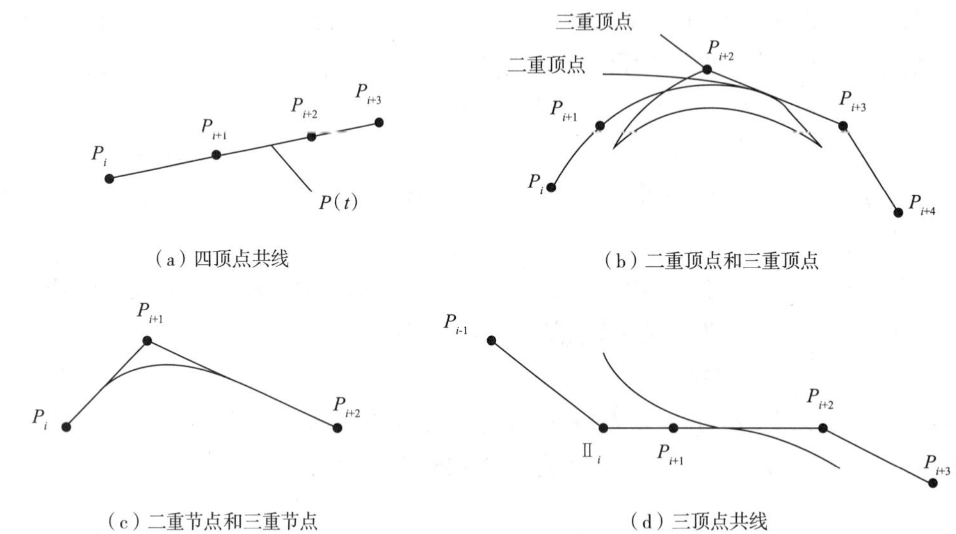

图3-23　三次B样条曲线的特例

2. B样条曲面

已知曲面的控制点 $P_{ij}(i,\ j=0,\ 1,\ 2,\ 3)$，参数 u，w，且 u，$w\in[0,\ 1]$，$k=l=3$，构造双三次B样条曲面的步骤同上述。

(1) 沿 w 向构造均匀三次B样条曲线，有：

$$\begin{cases}P_0(w)=[P_{00}\quad P_{01}\quad P_{02}\quad P_{03}\quad]M_B^TW^T\\P_1(w)=[P_{10}\quad P_{11}\quad P_{12}\quad P_{13}\quad]M_B^TW^T\\P_2(w)=[P_{20}\quad P_{21}\quad P_{22}\quad P_{23}\quad]M_B^TW^T\\P_3(w)=[P_{30}\quad P_{31}\quad P_{32}\quad P_{33}\quad]M_B^TW^T\end{cases}\tag{3-26}$$

(2) 再沿 u 向构造均匀三次B样条曲线，此时可认为顶点沿滑动，每组顶点对应相同的，当值由 0 到 1 连续变化，即形成均匀双三次 B 样条曲面。此时表达式为：

$$S(u,\ w)=UM_B\begin{bmatrix}P_0(w)\\P_1(w)\\P_2(w)\\P_3(w)\end{bmatrix}=UM_BPM_B^TW^T \tag{3-27}$$

其中 $P=\begin{bmatrix}P_{00}&P_{01}&P_{02}&P_{03}\\P_{10}&P_{11}&P_{12}&P_{13}\\P_{20}&P_{21}&P_{22}&P_{23}\\P_{30}&P_{31}&P_{32}&P_{33}\end{bmatrix}$，　$M_B=\dfrac{1}{6}\begin{bmatrix}1&3&-3&1\\3&-6&3&0\\-3&0&3&0\\1&4&1&0\end{bmatrix}$。

上式也可表达为：

对于由控制点 $P_{ij}(i=0,\ 1,\ \cdots,\ m,\ j=0,\ 1,\ \cdots,\ n)$ 组成的均匀双三次 B 样条曲面（如图 3-24 所示），其定义如下：

$$S_{i,j}(u,\ w)=[N_{0,3}(u)\quad N_{1,3}(u)\quad N_{2,3}(u)\quad N_{3,3}(u)]\begin{bmatrix}P_{i,j}&P_{i,j+1}&P_{i,j+2}&P_{i,j+3}\\P_{i+1,j}&P_{i+1,j+1}&P_{i+1,j+2}&P_{i+1,j+3}\\P_{i+2,j}&P_{i+2,j+1}&P_{i+2,j+2}&P_{i+2,j+3}\\P_{i+3,j}&P_{i+3,j+1}&P_{i+3,j+2}&P_{i+3,j+3}\end{bmatrix}\begin{bmatrix}N_{0,3}(w)\\N_{1,3}(w)\\N_{2,3}(w)\\N_{3,3}(w)\end{bmatrix} \tag{3-28}$$

即任意单张均匀双三次 B 样条曲面片 $S_{i,j}(u,\ w)$ 是由 $P_{k,l}(k=1,\ \cdots,\ i+3;\ l=j,\ \cdots,\ j+3)$ 等 16 个控制点定义而成。图 3-25 为一均匀双三次 B 样条曲面的示意图。

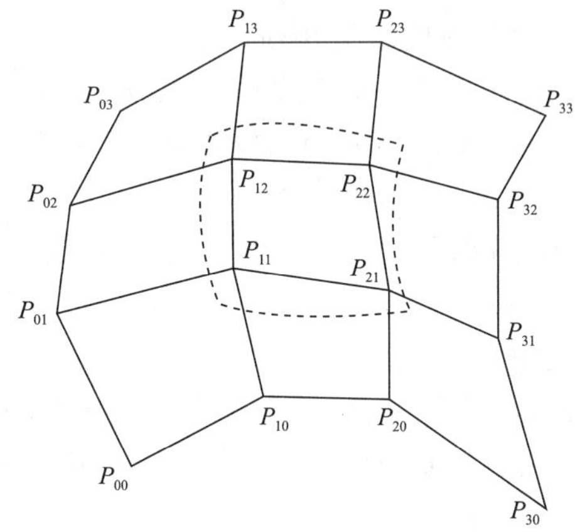

图 3-24　由控制点组成的均匀双三次 B 样条曲面

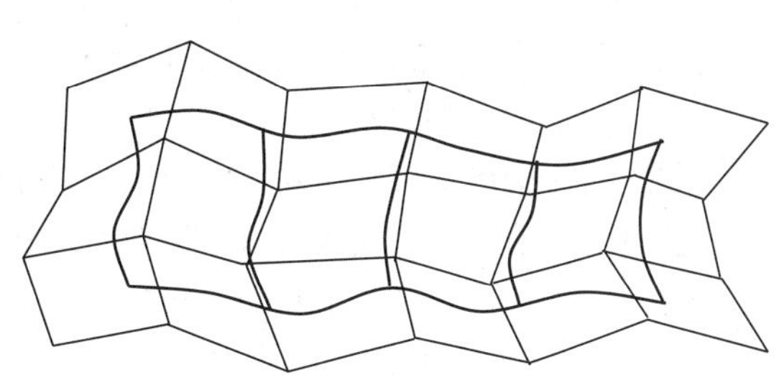

图 3-25　均匀双三次 B 样条曲面示意图

基于 B 样条曲线的定义和性质，可以得到 B 样条曲面的定义。给定 $(m+1)\times(n+1)$ 个空间点列 $P_{i,j}$，$i=0,\ 1,\ \cdots,\ m;\ j=0,\ 1,\ \cdots,\ n$，则

$$S(u,w)\ =\ \sum_{i=0}^{m}\sum_{j=0}^{n}P_{i,j}N_{i,k}(u)N_{j,l}(w) \tag{3-29}$$

定义了 $k\times l$ 次[$(k+1)\times(l+1)$阶]B 样条曲面，$N_{i,k}(u)$ 和 $N_{j,l}(w)$ 是 k 次($k+1$ 阶)和 l 次($l+1$ 阶)的 B 样条基函数，u 和 w 为 B 样条基函数 $N_{i,k}(u)$ 和 $N_{j,l}(w)$ 的节点参数，由 $P_{i,j}$ 组成的空间网格称为 B 样条曲面的特征网格。上式也可以写成如下的矩阵形式：

$$S_{r,s}(u,\ w)=U_kM_kP_{kl}M_l^TW_l^T\ r\in[0,\ m-k],\ s\in[0,\ n-k] \tag{3-30}$$

上式中 $(r+1)$ 和 $(s+1)$ 分别表示在 u 和 w 参数方向上曲面片的个数。

3.3.5 NURBS 曲线与曲面

1. NURBS 曲线

一条 k 次 NURBS 曲线定义为：

$$p(u)=\frac{\sum_{i=0}^{n}\omega_id_iN_{i,k}(u)}{\sum_{i=0}^{n}\omega_iN_{i,k}(u)} \tag{3-31}$$

其中 ω_i，$i=0$，1，…，n 称为权，与控制顶点 d_i，$i=0$，1，…，n 相联，其作用类似基函数，但比基函数更直接。令 ω_0，$\omega_n>0$，$\omega_i\geqslant 0$，可防止分母为零、保留凸包性及曲线不退化性。d_i，$i=0$，1，…，n 为控制顶点。$N_{i,k}(u)$ 是由节点 $U=[u_0,\ u_1,\ ...,\ u_{n+k+1}]$ 决定的 k 次($k+1$ 阶) B 样条基函数。

对于非周期 NURBS 曲线，两端点的重复度可取为 $k+1$，即 $u_0=u_1=\cdots=u_k$，$u_{n+1}=u_{n+2}=\cdots=u_{n+k+1}$，且在大多数实际应用里，节点值分别取为 0 与 1，因此，其曲线定义域为 $u\in[u_k,\ u_{n+1}]=[0,\ 1]$。

由于 NURBS 曲线与 B 样条曲线采用相同的基函数，因此 NURBS 曲线具有和 B 样条曲线相同的性质。除此之外，由于权因子的作用，使 NURBS 曲线具有更大的灵活性，且表达能力大大增强，NURBS 曲线能统一表达圆锥曲线，B 样条曲线和 Bezier 曲线。

①若固定所有控制顶点及除 ω_i 外的所有其它权因子不变，当 ω_i 变化时，p 点随之移动，它在空间扫描出一条过控制顶点 d_i 的一条直线。当 $\omega_i\rightarrow+\infty$ 时，p 趋近与控制顶点 d_i 重合。

②若 ω_i 增加，则曲线被拉向控制顶点 d_i；若 ω_i 减小，则曲线被推离控制顶点 d_i。

③ 若 ω_i 增加，则一般地曲线在受影响的范围内被推离除顶点 d_i 外的其它相应控制顶点；若 ω_i 减小，则相反。

图 3-26 给出了权因子对 NURBS 曲线的影响示意图。

图 3-27 给出了二次 NURBS 曲线表达圆的一种方法，图 3-38 中各顶点 V_i 的权因子 ω_i 的取值分别为(1，0.7071，1，0.7071，1，0.7071，1，0.7071，1)，其节点矢量 $T=(0,\ 0,\ 0,\ 1,\ 1,\ 1,\ 2,\ 2,\ 3,\ 3,\ 4,\ 4,\ 4)$。

2. NURBS 曲面

由双参数变量分段有理多项式定义的 NURBS 曲面是：

$$p(u,v)=\frac{\sum_{i=0}^{m}\sum_{j=0}^{n}\omega_{i,j}d_{i,j}N_{i,k}(u)N_{j,l}(v)}{\sum_{i=0}^{m}\sum_{j=0}^{n}\omega_{i,j}N_{i,k}(u)N_{j,l}(v)} \tag{3-32}$$

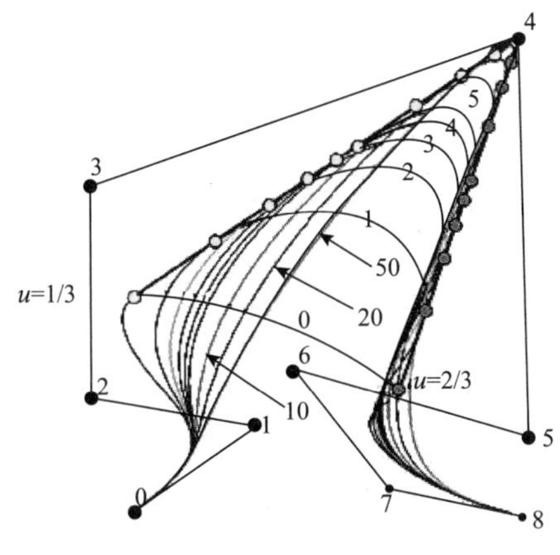

图 3-26　权因子 ω_i 对曲线的影响

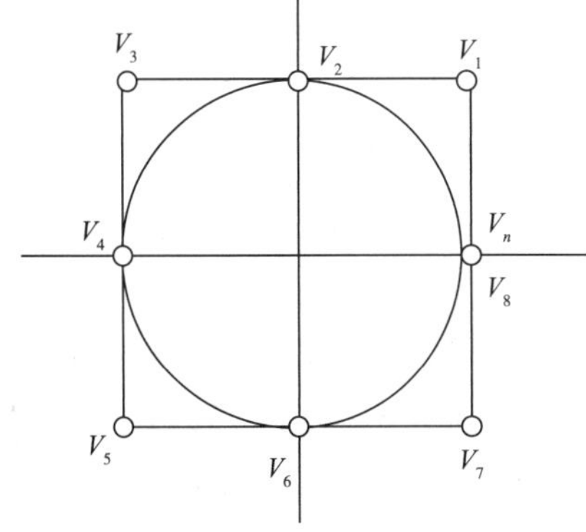

图 3-27　二次 NURBS 曲线定义圆

上式中控制顶点 $d_{i,j}$，$i=0$，1，…，m；$j=0$，1，…，n 呈拓扑矩形阵列，形成一个控制网格。

$\omega_{i,j}$是与顶点 $d_{i,j}$联系的权因子，规定四角顶点处用正权因子即 $\omega_{0,0}$，$\omega_{m,0}$，$\omega_{0,n}$，$\omega_{m,n}>0$，其余 $\omega_{i,j}\geqslant 0$；$N_{i,k}(u)(0, 1, \cdots, m)$和 $N_{j,l}(v)(0, 1, \cdots, n)$分别为 u 向 k 次和 v 向 l 次的规范 B 样条基。它们分别由 u 向与 v 向的节点矢量 $U=[u_0, u_1, \cdots, u_{m+k+1}]$与 $V=[v_0, v_1, \cdots, v_{n+l+1}]$决定。

由于 NURBS 曲面与 B 样条曲面采用相同的基函数，因此 NURBS 曲面具有和 B 样条曲面相同的性质。除此之外，由于权因子的作用，使 NURBS 曲面具有更大的灵活性，且表达能力大大增强，NURBS 曲面能统一表达二次曲面（如球面，柱面，圆环面等）、B 样条曲面和 Bezier 曲面等。

3.3.6　曲线曲面造型方法

1. CAD 系统中常见曲线生成手段

CAD 系统中常见曲线生成手段主要有：

①直接公式定义：直线、圆弧，ACIS 中的 law 等。

②输入控制点［如图 3-28（a）所示］。

③输入型值点［最常见，如图 3-28（b）所示］。

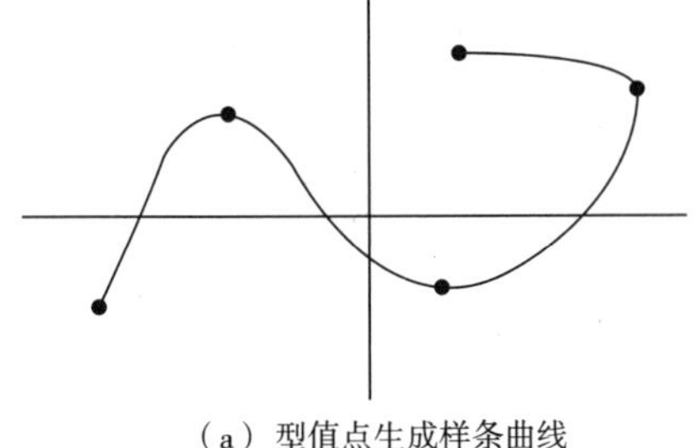

（a）型值点生成样条曲线

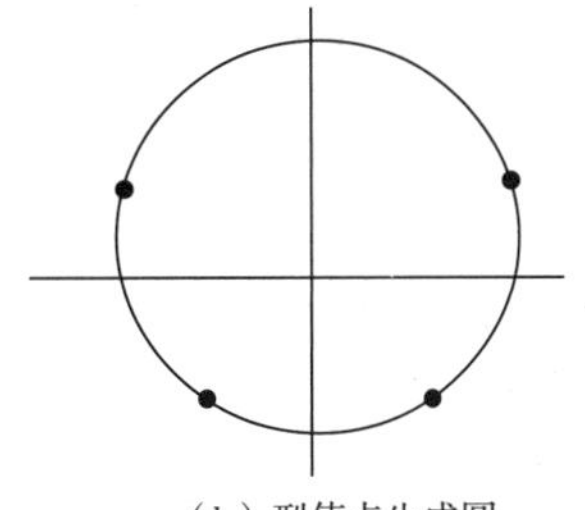

（b）型值点生成圆

图 3-28　型值点生成曲线

由设计人员输入曲线上的型值点来设计曲线，此时曲线生成就是所谓的曲线反算过程。该方法是曲线设计的主要方法，用户定义、修改直观方便。曲线反算过程一般包括以下几个主要步骤：

①确定插值曲线的节点矢量。

②确定曲线两端的边界条件。

③反算插值曲线的控制顶点。

下面以三次 B 样条曲线为例说明曲线反算过程。

(1)确定插值曲线的节点矢量

如图 3-29 所示，为了构造一条三次 B 样条曲线，需先给定一组数据点 p_i，$i=0$，1，…，n(即形成 n 段曲线段)，反算使曲线的首末数据点与对应的节点一致，使曲线的分段连接点分别依次与相应的内节点一致。因此，数据点 p_i 将依次与三次 B 样条曲线定义域内的节点一一对应，即点 p_i 有节点值 u_{3+i}，$i=0$，1，…，n。而这些节点值的确定也就是对数据点实行参数化的过程。通常对数据点实行参数化有如下方法：均匀参数化(又称等距参数化)法和积累弦长参数化(或简称弦长参数化)法，一般说来，修正弦长参数下生成的插值曲线显现出最好的光顺性。

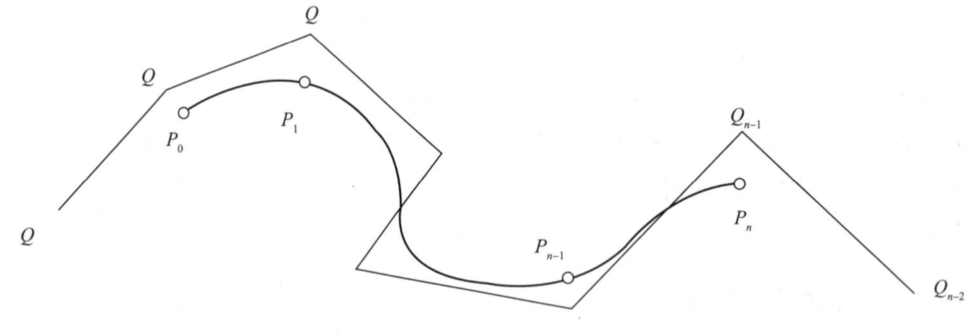

图 3-29　插值曲线

(2)确定曲线两端的边界条件

在确定了节点矢量 $U=[u_0, u_1, \cdots, u_{n+6}]$之后，就可以给出以个控制顶点为未知矢量的由个矢量方程组成的线性方程组：

$$p(u_{3+i}) = \sum_{j=0}^{n+2} Q_j \cdot N_{j,3}(u_{3+i}) = P_i \qquad i=0,1,\cdots,n \tag{3-33}$$

因方程数小于未知顶点数，故必须补充两个合适的边界条件给出的附加方程，才能联立求得。常用的边界条件及对应的附加方程有切矢条件、自由端点条件、闭曲线条件。

(3)反算插值曲线的控制顶点

下面以常用的给定切矢边界条件(即已知 p'_0，p'_n)为例。由上面的三次 B 样条曲线公式展开可得如下线性方程组：

$$\begin{bmatrix} N'_{0,3}(u_3) & N'_{0,3}(u_3) & N'_{0,3}(u_3) & & & & \\ N_{0,3}(u_3) & N_{1,3}(u_3) & N_{2,3}(u_3) & & & & \\ & N_{1,3}(u_4) & N_{2,3}(u_4) & N_{3,3}(u_4) & & & \\ & & \cdot & \cdot & \cdot & & \\ & & & N_{n-1,3}(u_{n+2}) & N_{n,3}(u_{n+2}) & N_{n+1,3}(u_{n+2}) & \\ & & & & N_{n,3}(u_{n+3}) & N_{n+1,3}(u_{n+3}) & N_{n+2,3}(u_{n+3}) \\ & & & & N'_{n,3}(u_{n+3}) & N'_{n+1,3}(u_{n+3}) & N'_{n+2,3}(u_{n+3}) \end{bmatrix} \begin{bmatrix} Q_0 \\ Q_1 \\ \cdot \\ \cdot \\ \cdot \\ Q_{n+1} \\ Q_{n+2} \end{bmatrix} = \begin{bmatrix} P'_0 \\ P_0 \\ \cdot \\ \cdot \\ \cdot \\ P_n \\ P'_n \end{bmatrix} \tag{3-34}$$

取两端点重复度 $\gamma=3$，于是三次 B 样条曲线的首末控制顶点就是首末数据点，即 $Q_0=p_0$，$Q_{n+2}=p_n$，由三次 B 样条曲线公式可推导边界切矢条件的附加方程：

$$\begin{cases} Q_1 - Q_0 = \dfrac{u_4 - u_3}{3} P'_0 \\ Q_{n+2} - Q_{n+1} = \dfrac{u_{n+3} - u_{n+2}}{3} P'_n \end{cases} \tag{3-35}$$

于是进一步简化可得如下 $n+1$ 个线性方程组：

$$\begin{bmatrix} 1 & & & & & \\ a_2 & b_2 & c_2 & & & \\ & \cdot & \cdot & \cdot & & \\ & & \cdot & \cdot & \cdot & \\ & & & \cdot & \cdot & \cdot \\ & & & a_n & b_n & c_n \\ & & & & & 1 \end{bmatrix} \begin{bmatrix} Q_1 \\ Q_2 \\ \cdot \\ \cdot \\ \cdot \\ Q_n \\ Q_{n+1} \end{bmatrix} = \begin{bmatrix} e_1 \\ e_2 \\ \cdot \\ \cdot \\ \cdot \\ e_n \\ e_{n+1} \end{bmatrix} \tag{3-36}$$

其中：$\Delta_i = u_{i+1} - u_i$

$$a_i = \frac{(\Delta_{i+2})^2}{\Delta_i + \Delta_{i+1} + \Delta_{i+2}}$$

$$b_i = \frac{\Delta_{i+2}(\Delta_i + \Delta_{i+1})}{\Delta_i + \Delta_{i+1} + \Delta_{i+2}} + \frac{\Delta_{i+1}(\Delta_{i+2} + \Delta_{i+3})}{\Delta_{i+1} + \Delta_{i+2} + \Delta_{i+3}}$$

$$c_i = \frac{(\Delta_{i+1})^2}{\Delta_{i+1} + \Delta_{i+2} + \Delta_{i+3}} \qquad i=1,\ 2,\ \cdots,\ n$$

$$e_1 = p_0 + \frac{\Delta_3}{3} p'_0, \qquad e_{n+1} = p_0 - \frac{\Delta_{n+2}}{3} p'_0$$

$$e_i = (\Delta_{i+1} + \Delta_{i+2}) p_{i-1}, \qquad i=2,\ 3,\ \cdots,\ n$$

求解上述线性方程组，即可求出全部未知控制顶点。

此外还有许多其它常见的曲线定义和编辑手段，具体见 CAD 系统(注：不同的系统操作方式略有不同。)

2. 常见曲面生成手段

下面以一些实例来描述。

（1）延伸（Extrude），如图 3－30 所示。

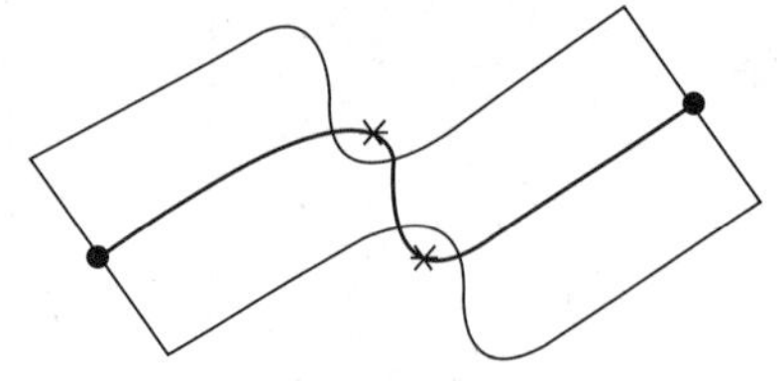

（a）延伸轨迹

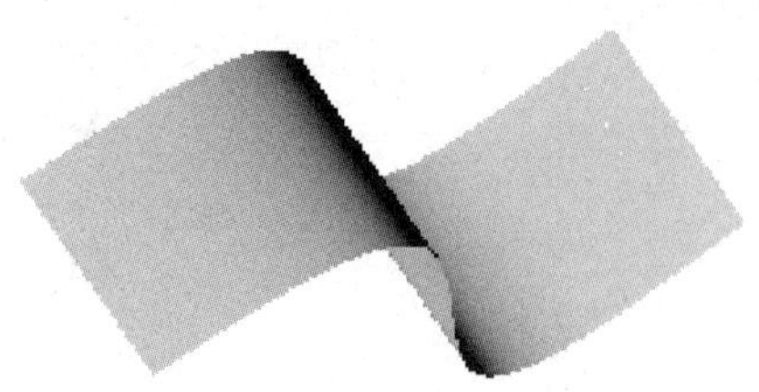

（b）延伸面

图 3－30　延伸

（2）回转（Sweep），如图 3－31 所示。

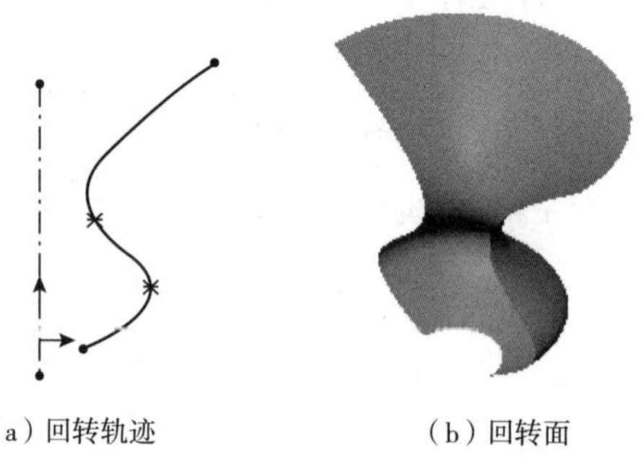

（a）回转轨迹　　（b）回转面

图 3－31　回转

（3）放样（Loft），如图 3－32 ~ 图 3－33 所示。

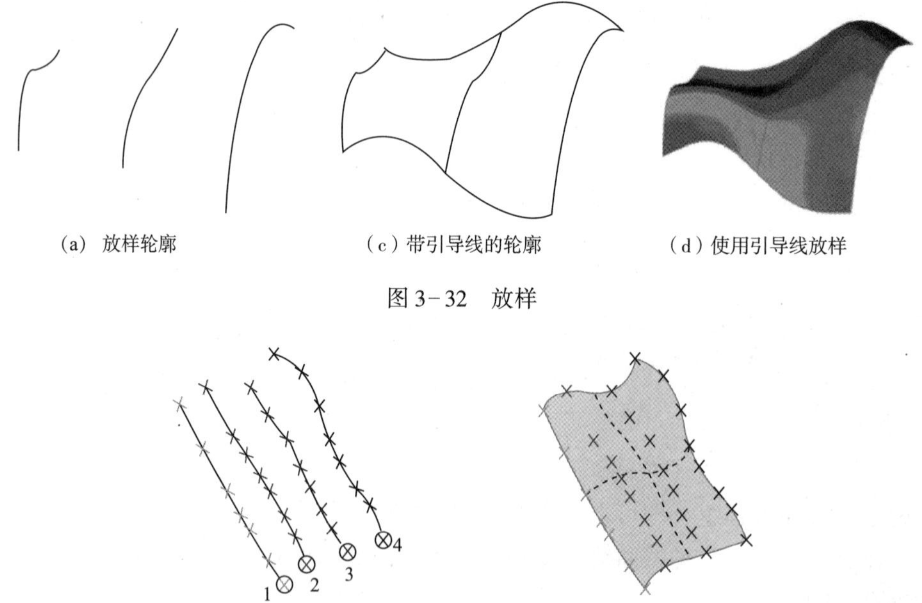

（a） 放样轮廓　　（c）带引导线的轮廓　　（d）使用引导线放样

图 3－32　放样

（a）轮廓曲线　　（b）放样曲面

图 3－33　由轮廓曲线通过放样生成曲面

(4) 封闭边界覆盖 (Cover), 如图 3-34 所示。

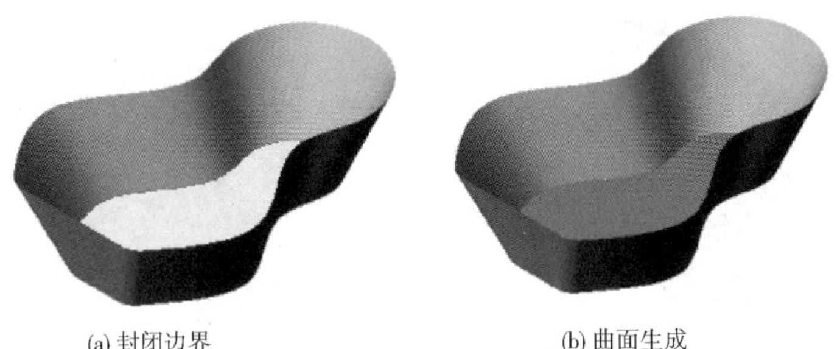

(a) 封闭边界　　(b) 曲面生成

图 3-34　封闭边界覆盖生成曲面

(5) 广义扫曲面, 如图 3-35、图 3-36 所示。

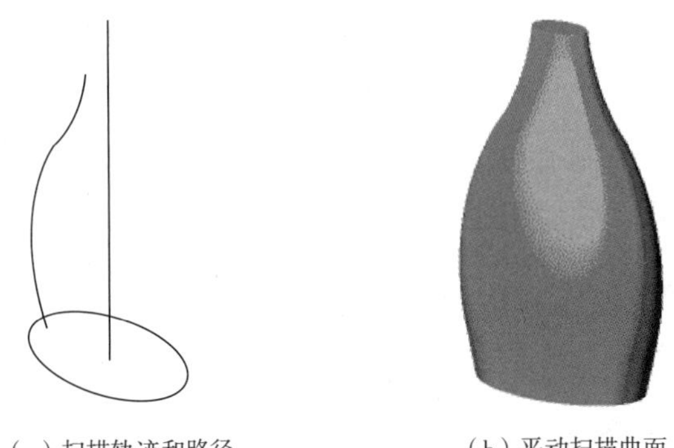

(a) 扫描轨迹和路径　　(b) 平动扫描曲面

图 3-35　平动扫描曲面

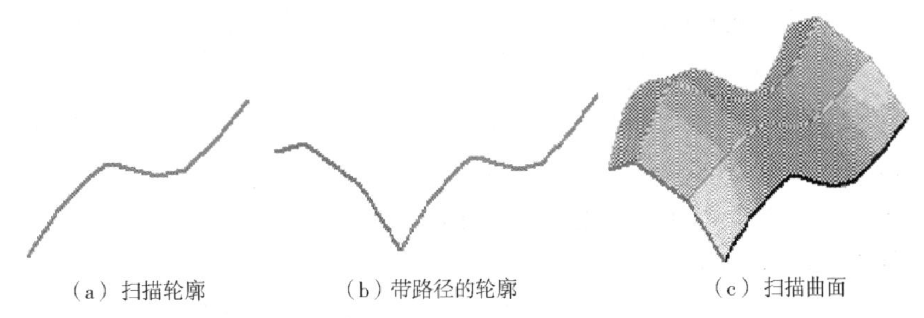

(a) 扫描轮廓　　(b) 带路径的轮廓　　(c) 扫描曲面

图 3-36　截面垂直扫描曲面

(6) 过渡, 如图 3-37 所示。

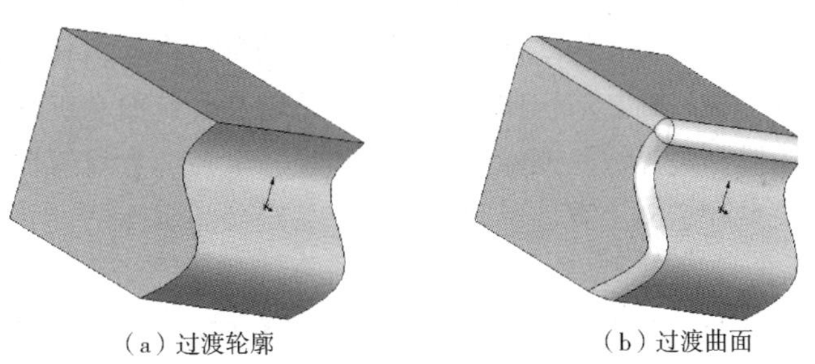

(a) 过渡轮廓　　(b) 过渡曲面

图 3-37　过渡曲面

(7) 等距，如图 3-38 所示。

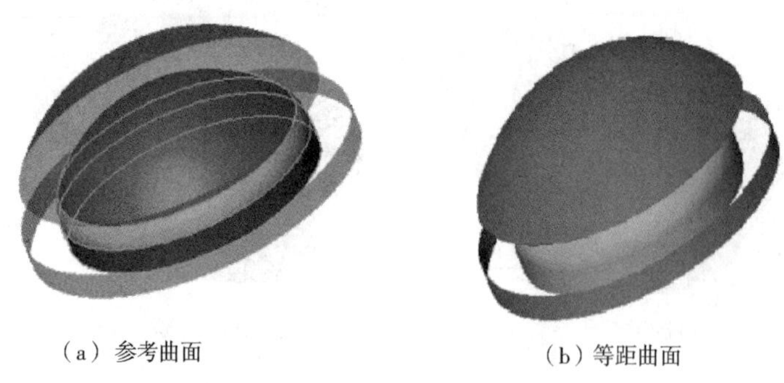

(a) 参考曲面　　(b) 等距曲面

图 3-38　等距曲面

3.4　产品数据交换标准

为了满足数字化设计与制造技术中数据的交换，提高数据交换的速度，保证数据传输的完整、可靠和有效，则必须使用通用的数据交换标准。在数据交换标准的统一下进行设计与制造的数据交换。

3.4.1　IGES 标准

IGES 是在美国国家标准局的倡导下，由美国国家标准协会(ANSI)公布的美国标准，是 CAD/CAM 系统之间图形信息交换的一种规范。它由一系列产品的几何、绘图、结构和其它信息组成，可以处理 CAD/CAM 系统中大部分信息，是用来定义产品几何形状的现代交互图形系统。

IGES 的 1.0 版本，偏重于几何图形信息的描述。IGES2.0 版本扩大了几何实体范围，并增加了有限元模型数据的交换 1987 年公布的第三版本，能处理更多的制造用非几何图形信息。1989 年公布的第四版本，增加了实体造型的 CSG 表示，1990 年公布的第五版本，又增加了实体造型的 B-rep 表示。

1. IGES 描述

IGES 用单元和单元属性描述产品几何模型。单元是基本的信息单位，分为几何、尺寸标注、结构、属性等四种单元。IGES 的每一单元由两部分组成，第一部分称为分类入口或条目目录，具有固定长度；第二部是参数部分，是自由格式，其长度可变。

几何单元包括点、线、圆、二次曲线、参数样条以及直纹面和旋转面等。标注尺寸单元有：字符、箭头线段和边界线，能标注角度、直径、半径、直线等尺寸。结构单元用来定义各单元之间的关系和意义。属性单元是描述产品定义的属性。

2. IGES 文件格式

IGES 的文件格式分为 ASCII 格式与二进制格式。ASCII 格式便于阅读，二进制格式适于传送大容量文件。ASCII 格式已分为定长和压缩两种形式。

固定行长的格式中，每行为 80 个字符，由若干行组成一个文件。文件分成开始段、全局参数段、条目目录段、参数数据段、结束段、标志段。第 1 行的第 73 列如果是 B，则是二进制文件，如果是 C，则是压缩二进制文件。下面以固定行长的 ASCII 文件的格式为例作一说明。

开始段提供人们阅读文件的序言。每行的第 73 列有字母 S，第 74 至 80 列为序号。全局参数段包括描述前置处理与置处理的有关信息。例如参数界符、文件名、前置处理文本、接受系统标识符以及作者、版本等。所有记录的第 73 列均有字母 G，74 至 80 列为序号。

条目目录段为文件提供一个索引。每行的第 73 列为字母 D，第 74 ~ 80 列为序号。文件的每个实体都在目录中占有一个条目。条目占两行。每 8 个字母组成一个域，共 20 个域。每个域的内容是：(1)实体类型号；(2)指向本实体参数数据记录第 1 行的指针；(3)指向结构的指针；(4)线型模型；(5)层；(6)视图；(7)变换矩阵；(8)与标号显示有关的指针；(9)状态号；(10) 序号；(11)同域；(12)线宽加权值号；(13)颜色号；(14)实体参数数据记录行数；(15) 格式号；(16)和(17)保留；(18)实体标号；(19)实体下标；(20)同域(10)。

参数数据段列出实体的参数数据。每行的第 73 列有字母 P。数据按自由格式排列，第 1 个域含有实体类型。

结束段标志文件的结束占一行。第 73 列为 T。该行分为 10 个域，第 10 域为结束段，该域中填 T0000001。

3. IGES 的前后处理程序

IGES 是一种中性文件。下面通过图 3-39 所示的图形介绍 IGES 接口数据文件中的实例。将某种 CAD/CAM 系统的输出转成 IGES 文件时需经前置处理程序处理。IGES 文件传至另一种 CAD/CAM 系统时则需经过后置处理程序处理。因此要求各种应用系统必须具备相应的前后置处理程序，以便利用 IGES 文件的传递产品的信息。

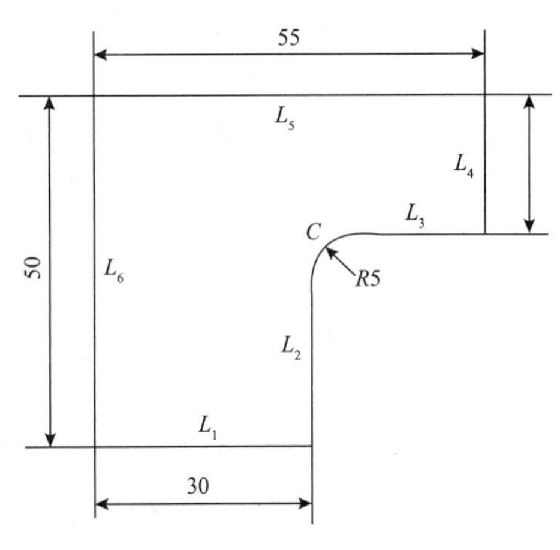

图 3-39　二维图形

4. IGES 标准的缺点

IGES 标准的缺点主要表现在以下几个方面：首先 IGES 中定义的实体主要是几何图形方面的信息，而不是产品定义的全面信息。它的目的是为在屏幕上显示图形或用绘图机绘出图形、尺寸标注和文字注释。所有这些都是供人理解的，而不是面向计算机的，所以不能满足 CAD/CAM 集成的要求。其次，IGES 对数据传输不可靠，往往一个 CAD 系统只有一部分数据能转换成 IGES 数据，在读入 IGES 数据时，也经常有部分数据被丢失。此外 IGES 的一些语法结构有二义性，不同的系统会对同一个 IGES 文件给出不同的解释，这可能导致数据交换的失败。第三个缺点是它的交换文件所占的存储空间大，影响数据文件的处理速度和传输效率。

3.4.2 STEP 标准

STEP 标准是一个关于产品数据的计算机可理解的表示和交换的国际标准。其目的是提供一种不依赖于具体系统的中性机制，能够描述产品整个生命周期中的产品数据。产品生命周期包括产品的设计、制造、使用、维护、报废等整个周期。这种描述不仅适合于中性文件转换，而且是实现和共享产品数据库以及存档的基础。产品在生命周期的各个过程产生的信息既多又复杂，而且分散在不同的部门和地方。这就要求产品信息应以计算机能理解的形式表示，而且在不同的计算机系统之间进行交换时保持一致和完整。产品信息的交换包括信息的存储、传输、获取和存档。产品数据的表达和交换，构成了 STEP 标准。STEP 把产品信息的表达和用于数据交换的实现方法区别开来。STEP 标准包括以下五个方面的内容：①标准的描述方法；②集成资源；③应用协议；④实现形式；⑤一致性测试和抽象测试。

1. 标准的描述方法

STEP 的体系结构是应用层、逻辑层、物理层三个层次构成。最上层是应用层，包括应用协议及对象的抽象测试集，这是面向具体应用的一个层次。第二层是逻辑层，包括集成通用资源和集成应用资源及由这些资源建造的一个完整的产品模型。它从实际应用中抽象出来，并与具体实现无关。最低层是物理层，包括实现方法，给出具体在计算机上的实现形式。

STEP 采用参照模型和形式定义语言进行模型的描述。参照模型可以用来构造其它的模型。不论是应用层还是逻辑层，均由许多参照模型组成。高层次的参照模型可以由低层次的参照模型构成。

EXPRESS 语言是 IPO(IGES/PDES Organization)专门开发的形式定义语言。采用形式化数据规模规范语言的目的是保证产品描述的一致性和无二义性，同时也要求它具有可读性及能被计算机所理解。EXPRESS 语言就是根据这些要求制订的，它是一种信息建模语言，它提供了对集成资源和应用协议中产品数据进行标准描述的机制。

EXPRESS 语言的基础是模式(Schema)，每种模型由若干模式组成，其重点是定义实体，包括实体属性和这些属性上的约束条件，而属性可以是简单数据类型，EXPRESS 不仅用来描述集成资源和应用协议，而且也用来描述中性文件实现方式的数据模型和标准访问接口 SDAI 实现方式中的所有数据。用这种形式语言描述标准，使标准在计算机上的实现提供了良好的基础。

EXPRESS 语言类型丰富，有简单数据类型、聚合数据类型、实体数据类型、定义数据类型、枚举数据类型和选择数据类型等。实体内有属性、局部规则，还有超类与子类的说明等。EXPRESS 语言的表达式除一般算术、逻辑、字符等表达式外，还有实体的实例运算。EXPRESS 语言是定义对象、描述概念模式的形式化建模语言，而不是一种程序设计语言，它不包含输入/输出、信息处理等语句。

2. 集成资源

ISO 10303—41～48，ISO 10303—101～105STEP 标准中定义逻辑层统一的概念模型为集成的产品信息模型，又称集成资源。它是 STEP 标准的主要部分，采用 EXPRESS 语言描述。集成资源提供的资源是产品数据描述的基础。集成资源分为通用资源和应用资源两类，通用资源在应用上有通用性，与应用无关；而应用资源则描述某一应用领域的数据，它们依赖于通用资源的支持。通用资源部分有产品描述与支持的原理、几何与拓扑表示、结构表示、产品结构配置、材料、视图描绘、公差和形状特征等。应用资源部分有制图、舶体结构和有限元分析等。

产品描述与支持的基本原理包括通用产品描述资源、通用管理资源及支持资源三部分。应用资源部分有制图、舶体结构和有限元分析等。产品描述与支持的基本原理包括通用产品描述资源、通用管理资源及支持资源三部分。

几何与拓扑表示包括几何部分、拓扑部分、几何形体模型等，用于产品外形的显示表达。其中几何部分只包括参数化曲线、曲面定义以及与此相关的定义，拓扑部分涉及物体的连通关系。几何形状模型提供了物体的一个完整外形表达，在很多场合，都要包括产品的几何和拓扑数据，它包含了 CSG 模型和 B－rep 模型这两种主要的实体模型。

结构表示描述是几何表示的结构和这些结构的控制关系。它包括表面模式和扫描实体表示模式两方面内容。形状特征分为通道、凹陷、凸起、过渡、域和变形 6 大类。并由此派生出具有各种细节的特征，有相应的模式、实体及属性定义。应用资源内容包括有关制图信息的资源，有图样定义模式、制图元素模式和尺寸图模式等。

3. 应用协议

STEP 标准支持广泛的应用领域，具体的应用系统很难采用标准的全部内容，一般只实现标准的一部分，如果不同的应用系统所实现的部分不一致，则在进行数据交换时，会产生类似 IGES 数据不可靠的问题。为了避免这种情况，STEP 计划制订了一系列应用协议。所谓应用协议是一份文件，用以说明如何用标准的 STEP 集成资源来解释产品数据模型文本，以满足工业需要。也就是说，根据不同的应用领域的实际需要，确定标准的有关内容，或加上必须补充的信息，强制要求各应用系统在交换、传输和存储产品数据时应符合应用协议的规定。

应用协议（AP）包括应用的范围、相关内容、信息需求的定义，应用解释模型（AIM）、规定的应用方式、一致性要求和测试意图。应用范围的说明可描述过程、信息流、功能需求的图示化应用活动模型（AAM）来支持，而 AAM 可以作为应用协议的附录。应用相关内容的信息要求和约束由一组功能和应用对象来定义，定义的结果是一个应用参考模型（ARM）。ARM 是一个形式化信息模型，它也作为应用协议的附录——非标准知识性附录。应用解释模型（AIM）表示应用的信息要求。AIM 中的资源从定义在集成资源中的资源构件选取。资源构件的解释，就是通过修改、增加构件上的约束、关系、属性等方式来满足应用协议规定领域内的信息要求。

4. 实现形式

STEP 标准将数据交换的实现形式分为四级：第一级为文件交换；第二级为工作格式(Working form)交换；第三级为数据库交换；第四级为库交换。对于不同的 CAD/CAM 系统，可以根据对数据交换的要求和技术条件选取一种或多种形式。

文件交换是最低一级。STEP 文件有专门的格式规定，利用明文或二进制编码，提供对应用协议中产品数据描述的读和写操作，是一种中性文件格式 STEP 文件含有两个节：首部节和数据节。首部节的记录内容为文件名、文件生成日期、作者姓名、单位、文件描述、前后处理程序名等。数据节为文件的主体，记录内容主要是实体的例子及其属性值，实例用标识号和实体名表示，属性值为简单或聚合数据类型的值或引用其它实例的标识号。各应用系统之间数据交换是经过前置处理或后置处理程序处理为标准中性文件进行交换的 。某种 CAD/CAM 系统的输出经前置处理程序映射成 STEP 中性文件，STEP 中性文件再经后置处理程序处理传至另一 CAD/CAM 系统。在 STEP 应用中，由于有统一的产品数据模型，由模型到文件只是一种映射关系，前后处理程序比较简单。工作格式交换是一种映射关系，前后处理程序比较简单。

工作格式交换是一种特殊的形式。它是产品数据结构在内存的表现形式，利用内存数据管理系统使要处理的数据常驻内存，对它进行集中处理，即利用内存数据管理系统产生一个数据管理环境，利用这个数据环境对工作格式(WF)中的数据进行操作，产生 STEP 文件。其特点是待处理的数据常驻内存，可对它集中处理，故提高了运行速度；另外，不必考虑数据的存储方式、指针、链表的维护，减轻了设计人员的负担。

数据库交换方式是通过共享数据库实现的。如图 3-40 所示，产品数据经数据库管理系统 DBMS 存入数据库，每个应用系统可以从数据库取出所需的数据，运用数据字典，应用系统可以向数据库系统直接查询、处理、存取产品数据。

知识库交换是通过知识库来实现数据交换的。各应用系统通过知识库管理向知识库存取产品数据，它们与数据库交换级的内容基本相同。

在 STEP 中还有一个标准数据方问接口。在目前的计算机工程应用环境中，数据存取方式采用专用数据访问接口。对现有的应用软件，若要改用另一种数据存储技术或数据存取方法，则必须修改原有应用软件。如果所有存储数据技术采用标准的数据访问接口，则应用软件的编写可独立于数据存储技术与系统无关，这就使得接口具有柔性，也使新的存储系统更方便地与现有应用软件集成起来。STEP 标准正是基于这个因素而采用标准数据访问接口 SDAI。它规定以 EXPRESS 语言定义其数据结构，应用程序用此接口来获取和操作数据。应用软件的开发者不必关心数据存储系统以及其它应用软件本身的数据定义形式和存取接口。数据库交换方式示意图见图 3-40。

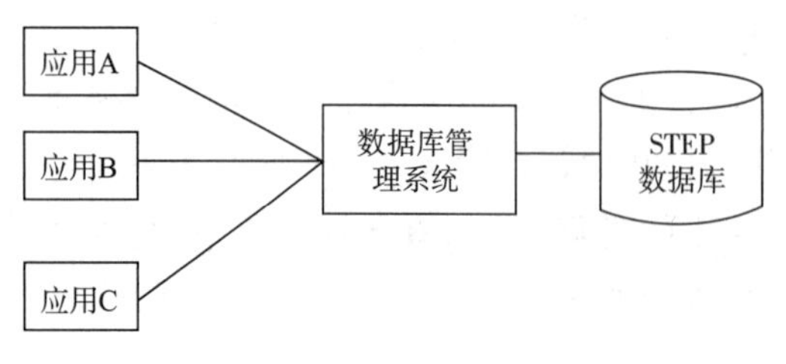

图 3-40 数据库交换方式示意图

5. 一致性测试和抽象测试

即使资源模型定义非常完善，但经过应用协议，在具体的应用程序中，其数据交换是否符合原来意图，还需经过一致性测试。STEP 标准订有一致性测试过程、测试方法和测试评估标准。

一致性测试中分为结合应用程序实例的测试与抽象测试。前者根据定义的产品模型在应用程序运行后的实例，检查其数据表达、传输和交换中是否可靠和有效；后者作为标准的抽象测试，则用一种形式定义语言来定义抽象测试事例，每一个测试事例提出一套用于取得某项专门测试目标的说明。一致性测试的要求以及测试过程由应用协议加以规定。

3.4.3　现有转换标准遇到的困难

建立统一的产品数据交换标准是实现 CAD/CAM 技术集成化的必要条件。

复杂机械产品的生产需要不同企业、部门的分工协作完成。由于产品信息是在不同的地点、不同的计算机和不同的 CAD/CAM 系统中产品，造成同一产品的信息表达差异。产品信息在各系统之间的集成现在主要采用标准格式交换法，如 IGES 标准、PDDI 标准、PDES 标准和 STEP 标准等。但是在朝着集成化目标发展的过程中，尤其是在解决面向 CAD/CAE/CAPP/CAM、CIM、CE 等的集成(信息交换、语义集成、功能集成)方面，遇到了很大的困难：

①以 IGES 为代表的产品数据交换标准，尽管在支持几何数据的交换方面已达到实用程度，但它只支持物理层上的数据交换，难以满足信息集成的需要。

②发展中的 STEP 尽管克服了 IGES 的不足，从理论上解决了同时支持物理层和逻辑层的数据交换，即实现信息交换的方法，但由于其刚刚起步，在其资源的定义、程序实现、面向具体应用领域的参照模型的建立、特征造型的实施以及对象库的管理和使用等许多方面还远没有达到实用程度。

③难以进行产品信息的统一管理、同步性维护、冗余控制和全局优化。

④靠数据交换难以实现建立在满足下游开发活动约束及特定外部过程约束的智能决策支持机制。尽管许多著名的计算机软、硬件产品厂商都声称在产品中支持 IGES、STEP 等产品数据交换标准，但结果并非如此。世界上各种 CAD/CAM 集成软件(如 CATIA，Euclid，Pro/Engineer，CADDS5，UGII 及 I - DEAS 等)，都只是某些方面具有特长，故大型企业往往同时使用几种 CAD/CAM 软件系统才能满足自己的需要，结果导致软件之间进行数据交换时丢失信息。因此，一般大型企业都选择一种 CAD/CAM 软件作为主流软件，再加上其它软件作为补充，从而尽量减少不同软件间的数据交换，统一产品数据交换标准。

思考题及习题

1. 工程数据常用的类型有哪些？各有什么优缺点？
2. 常用的工程数据数字化处理方法有哪些？每种方法各有什么特点。
3. 运用于数字化设计制造的工程数据库应该满足什么样的性能要求。
4. 试采用 C + + 语言对下表所示的数据进行程序化处理。

带传动的弯曲影响系数 K_b

类型	O	A	B	C	D	E	F
K_b	0.293×10^{-3}	0.773×10^{-3}	1.99×10^{-3}	5.63×10^{-3}	20×10^{-3}	37.4×10^{-3}	96.1×10^{-3}

5. 简述数据库系统的基本概念。
6. 什么是链表，堆栈，树形结构？各有什么特点？
7. 什么是规则曲线和曲面？什么是自由曲线和曲面？试给出具体实例。
8. 曲线和曲面的表示方法有几种？各有什么优缺点？
9. 试论述 Bezier、B 样条、NURBS 曲线和曲面的特点、区别和联系。
10. 试分析数据转换标准 IGES 和 STEP 之间的共同点及区别。

第4章　计算机辅助工艺设计(CAPP)

在机械制造过程中，工艺设计是产品设计与车间生产的纽带，是重要的技术准备工作，工艺设计所生成的工艺文档不仅指导生产过程，而且是制订生产计划与调度的依据。工艺设计随企业加工资源及工艺习惯不同而有很大差别，在同一资源及约束条件下，不同的工艺设计人员可能制订出不同的工艺规程。这是一个经验性很强且影响因素很多的决策过程。随着计算机集成制造系统(CIMS)、并行工程(CE)、智能制造系统(IMS)、虚拟制造系统(VMS)、敏捷制造(AM)等先进制造系统的发展，传统的工艺设计已不适用机械制造过程。计算机辅助工艺设计(Computer Aided Process Planning，简称CAPP)是通过向计算机输入被加工零件的原始数据，加工条件和加工要求，由计算机自动地进行编码，编程直至最后输出经过优化的工艺规程卡片的过程。CAPP是实现数字化设计与制造技术的桥梁。

4.1　CAPP的设计概念

4.1.1　CAPP的基本概念

20世纪80年代中后期，CAD、CAM的单元技术日趋成熟。随着机械制造业向CIMS(Computer Integrated Manufacturing System)和IMS(Intelligent Manufacturing System)方向的发展，CAD/CAM的集成化要求是亟待解决的问题。CAD/CAM集成系统实际上是CAD/CAPP/CAM集成系统。

在集成化CAD/CAPP/CAM系统中，由于设计时在公共数据库中所建立的产品模型不仅仅包含了几何数据，也记录了有关工艺需要的数据，以供计算机辅助工艺设计利用。CAPP从CAD系统中获得零件的几何拓扑信息、工艺信息，并从工程数据库中获得企业的生产条件、资源情况及企业工人技术水平等信息，进行工艺设计，形成工艺流程卡、工序卡、工步卡及NC加工控制指令，在CAD、CAM中起纽带作用，如图4-1所示。

计算机辅助工艺设计的设计结果也存回公共数据库中供CAM的数控编程。集成化的作用不仅仅在于节省了人工传递信息和数据，更有利于产品生产的整体考虑。从公共数据库中，设计工程师可以获得并考察他所设计产品的加工信息，制造工程师可以从中知道产品的设计需求。全面地考察这些信息，可以使产品生产获得更大的效益。

CAPP利用计算机来进行零件加工工艺过程的制订，把毛坯加工成工程图纸上所要求

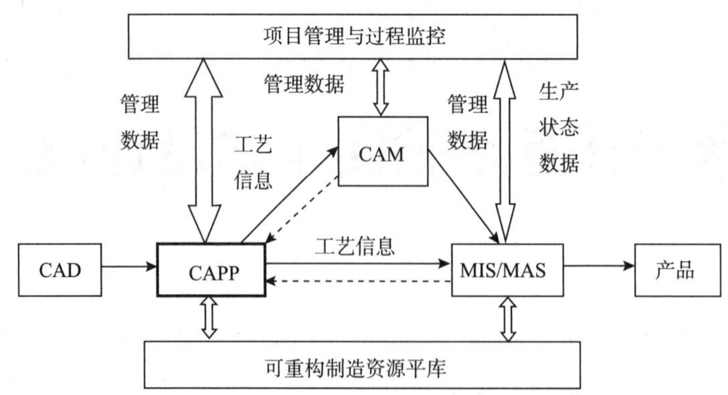

图 4-1 现代信息集成的制造系统体系结构

的零件，向计算机输入被加工零件的几何信息(形状、尺寸等)和工艺信息(材料、热处理、批量等)，由计算机自动输出零件的工艺路线和工序内容等工艺文件的过程。用 CAPP 系统代替传统的工艺设计方法具有重要的意义，主要表现在：

①可以将工艺设计人员从繁琐和重复性的劳动中解放出来，转而从事新工艺的创新性工作。

②可以大大缩短产品制造周期，提高产品对市场的响应能力。

③有助于对工艺设计人员的宝贵经验进行总结和传承。

④有利于产品工艺设计的最优化和标准化。

⑤有助于实现 CIMS/FMS 等先进的生产模式。

4.1.2 CAPP 的基本技术

1. 成组技术(Group Technology)

成组工艺是把尺寸、形状、工艺相近似的零件组成一个个零件族，按零件族制定工艺进行生产制造，这样就扩大了批量，减少了品种，便于采用高效率的生产方式 从而提高了劳动生产率，为多品种、小批量生产提高经济效益开辟了一条途径。

零件在几何形状、尺寸、功能要素、精度、材料等方面的相似性为基本相似性。以基本相似性为基础，在制造、装配的生产、经营、管理等方面所导出的相似性，称为二次相似性或派生相似性。因此，二次相似性是基本相似性的发展，具有重要的理论意义和实用价值。

成组工艺的基本原理表明，零件的相似性是实现成组工艺的基本条件。成组技术就是揭示和利用基本相似性和二次相似性，是工业企业得到统一的数据和信息，获得经济效益，并为建立集成信息系统打下基础。

2. 零件信息的描述与获取

CAPP 与 CAD、CAM 一样，其单元技术都是按照自己的特点而各自发展的。零件信息(几何拓扑及工艺信息)的输入是首当其冲的，即使在集成化、智能化、网络化、可视化的 CAD/CAPP/CAM 系统，零件信息的生成与获取也是一项关键技术。

输入零件信息是进行计算机辅助工艺过程设计的第一步，零件信息描述是 CAPP 的关键，其技术难度大、工作量大，是影响整个工艺设计效率的重要因素。

零件信息描述的准确性、科学性和完整性将直接影响所设计的工艺过程的质量、可靠性和效率。因此，对零件的信息描述应满足以下要求：

①信息描述要准确、完整。所谓完整是指要能够满足在进行计算机辅助工艺设计时的需要，而不是要描述全部信息。

②信息描述要易于被计算机接受和处理，界面友好，使用方便，工效高。

③信息描述要易于被工程技术人员理解和掌握，便于被操作人员运用。

④由于是计算机辅助工艺设计，信息描述系统(模块或软件)应考虑计算机辅助设计、计算机辅助制造、计算机辅助检测等多方面的要求，以便能够信息共享。

3. 工艺设计决策机制

其中核心为特征型面加工方法的选择，零件加工工序及工步的安排及组合，故其主要决策内容如下：

①工艺流程的决策。

②工序决策。

③ 工步决策。

④工艺参数决策。

为保证工艺设计达到全局最优化，系统把这些内容集成在一起，进行综合分析，动态优化，交叉设计。

4. 工艺知识的获取及表示

工艺设计是随设计人员、资源条件、技术水平、工艺习惯不同而变化。要使 CAPP 在企业内得到广泛有效的应用，必须总结出适应于本企业的零件加工的典型工艺及工艺决策的方法，按 CAPP 系统的开发要求，用不同的知识表示形式和推理策略来描述这些经验及决策逻辑。

5. 工序图及其它文档的自动生成

6. NC 加工指令的自动生成及加工过程动态仿真

7. 工艺数据库的建立

4.1.3　CAPP 发展趋势

随着 CAD、CAPP、CAM 单元技术的日益成熟，同时又由于 CIMS 及 IMS 的提出和发展，促使 CAPP 向智能化、集成化和实用化方向发展。当前，研究开发 CAPP 系统的热点问题有：

①产品信息模型的生成与获取。

②CAPP 体系结构研究及 CAPP 工具系统的开发。

③并行工程模式下的 CAPP 系统。

④基于分布型人工智能技术的分布型 CAPP 专机系统。

⑤人工神经网络技术与专家系统在 CAPP 中的综合应用。

⑥面向企业的实用化 CAPP 系统。

⑦CAPP 与自动生产调度系统的集成。

4.2 CAPP 的系统设计方法

4.2.1 CAPP 的基础系统

自从 Niebel 于 1965 年首次探讨用计算机来辅助工艺设计，以及 1976 年第一个变异式 CAPP 系统诞生以来，世界各国对工艺规程的自动设计方法进行了大量的研究，先后出现了在工作原理上不同的工艺规划方法，即派生式方法、创成式方法和人工智能方法等。

1. 交互型 CAPP 系统

交互型 CAPP 系统是按照不同类型零件的加工工艺要求，编制一个人机交互软件系统。工艺设计人员根据屏幕上的提示，进行人机交互操作，在系统的提示引导下，回答工艺设计中的问题，对工艺过程进行决策及输入相应的内容，形成所需的工艺规程。因此，这种 CAPP 系统工艺过程设计的质量对人的依赖性很大，且因人而异。

2. 变异型 CAPP 系统

变异型 CAPP 系统是利用成组技术原理将零件按几何形状及工艺相似性分类、归族，每一族有一个主样件，根据此样件建立加工工艺文件，即典型工艺规程，存入典型工艺规程库中。当需设计一个新的零件工艺规程时，根据其成组编码，确定其所属零件族，由计算机检索出相应零件族的典型工艺规程，再根据当前零件的具体要求，对典型工艺进行修改，最后得到所需的工艺规程。变异型 CAPP 系统又可称作派生型、修订型 CAPP 系统。

3. 创成型 CAPP 系统

创成型 CAPP 系统可以定义为一个能综合加工信息，自动为一个新零件制订出工艺规程的系统。即根据零件信息，系统能自动提取制造知识，产生零件所需要的各个工序和工步的加工内容；自动完成机床、工具的选择和加工过程的最优化；通过应用决策逻辑，可以模拟工艺设计人员决策过程。在创成型 CAPP 系统中，工艺规程是根据工艺数据库的信息在没有人工干预的条件下从无到有创造出来的。

4. 综合型 CAPP 系统

综合型 CAPP 系统也称为半创成型 CAPP 系统，它将变异型与创成型结合起来，即采取变异与自动决策相结合的工作方式。如需对一个新零件进行工艺设计时，先通过计算机检查它所属零件族的典型工艺，然后根据零件的具体情况，对典型工艺进行修改，工序设计则采用自动决策产生，这样较好的体现了变异型与创成型相结合的优点。

5. 智能型 CAPP 系统

智能型 CAPP 系统是将人工智能技术应用在 CAPP 系统中而形成 CAPP 专家系统。与创成型 CAPP 系统相比，虽然二者都可自动生成工艺规程，但创成型 CAPP 系统是以逻辑算法加决策表为特征；而智能型 CAPP 系统是以推理加知识为特征。作为工艺设计专家系统的特征是知识库及推理机，其知识库由零件设计信息和表示工艺决策的规则集所组成。而推理机是根据当前的事实，通过激活知识库的规则集，而得到工艺设计结果，专家系统中所具备的特征在智能 CAPP 系统中都应得到体现。

6. 智能型工艺设计系统(专家系统)

工艺设计专家系统不同于一般诊断型专家系统。它是一个复杂的设计型专家系统。它要求除具有一般专家系统所具有的知识获取、表示和推理求解策略外，尚需具有解决在工艺设计及决策中特殊知识的获取和描述。如零件信息(几何拓扑信息、工艺信息、检测信息、表面质量信息等)的获取和表示、加工资源信息(设备及工具、人员及技术水平等)的获取和表示，以及图形、NC 加工指令、加工过程动态模拟的表示与生成等。如果不借助专用工具，要想建立一个实用的工艺设计专家系统是需要花费大量的人力、物力及较长的开发周期。随着专家系统在机械制造生产过程中的广泛应用，CAPP 专家系统需求日益加大。为了缩短专家系统开发周期，国内外研制了多种类型的专家系统开发工具，从不同的层次、不同角度来解决专家系统中的共性问题，如知识表示方式、知识获取、知识检验、知识求解和推理解释等。以便开发者把主要精力集中在知识选取和整理方面，建立相应的知识库，较少考虑甚至不考虑专家系统中的其它问题，这样，就可以集中精力考虑工艺设计中的有关问题，发挥工艺设计人员之所长，避其所短，缩短开发时间，在质量及速度上都得到充分保证。

4.2.2　CAPP 系统的设计理论

CAPP 系统的设计理论研究的根本出发点在于实现 CAPP 的实用性和通用性。目前归纳为以下四个方面：

1. 建立系统模型，分离系统与数据

CAPP 的数据模型一般包括零件定义模型、工艺决策模型、制造资源模型等。首先通过信息建模技术建立 CAPP 系统的数据模型。然后把系统程序建立在数据模型的基础之上。从而使数据的表达与数据本身相分离。这样当外部数据发生变化时，并不需要更改系统程序。

2. 采用智能技术，分离知识与决策方法

工艺知识具有多变的持点，必须根据生产企业的零件类型、制造环境和工艺习惯进行相应的更改与扩充。通过建立基于抽象的知识表达的知识库和一整套基于知识库的推理决策方法，使知识的表达与知识本身相分离，这样当知识更新时，相应的决策方法并不需要改变。

3. 分解系统功能，建立柔性的软件结构

软件结构的设计主要有三种方法：

①综合各种功能，即把派生式、创成式和交互式系统的方法组合起来构成综合式

CAPP 系统。

②采用模块化设计，系统的功能可以选择与扩充。

③采用先进的软件编程方法提高软件的可重用性和扩展性。系统的各种功能是通过软件结构来体现的，如果提高软件自身的柔性，也会相应提高 CAPP 系统的应用水平、扩大系统的适用范围。

4. 建立动态的工艺规划方法，适应制造环境的实时变化

当零件处于生产期时，设备的运行状况和负荷情况均可能发生变化，而基于静态环境的工艺规程则有可能不一定是较好的，甚至有时是不可行的。为了适应动态的制造环境，目前主要采用两种方法：

①提供可供选择的多种工艺规程，根据实际情况决定采用其中的某一种。

②在进行工艺规划时就同时考虑实时的现场情况。

4.2.3 CAPP 系统的开发模式

CAPP 系统的开发模式可划分为专用型 CAPP 系统和工具型 CAPP 系统两大类。

专用型 CAPP 系统是专为特定加工对象、特定制造环境和特定工艺习惯开发的，目前这类系统基本都采用了数据建模、知识抽象、功能分析等系统设计理论。其程序与数据、知识是分离的，但其制造资源数据、工艺决策方法和其它系统功能仍是针对具体的应用背景而设计的，其应用范围受到一定的限制。

工具型 CAPP 系统是基于成组技术的原理而实际的。对于众多的 CAPP 系统，看似多种多样，实则大同小异，故而可以把 CAPP 系统内具有共性的实现机制抽取出来形成若干工具，使其独立于制造环境和加工零件的具体情况。至于个性部分，则提供一个友好的开发环境，由用户使用系统提供的工具来构造具体的 CAPP 系统。根据体系结构的不同，工具型 CAPP 系统又可细分为三种形式：

①外壳型 CAPP 系统。这种系统向用户提供一个固定的 CAPP 框架，由基本的推理机、控制策略和知识表达方式三部分构成。

②语言型 CAPP 系统。采用一种比一般程序语言更高级的程序设计语言。

③模块组合型 CAPP 系统。将 CAPP 系统的功能分解成许多相对独立的子功能，形成各种通用模块，用户可以根据需要选择模块进行组合，以构成实用的 CAPP 系统。

4.2.4 CAPP 的系统结构

工艺设计就是以零件信息模型为输入，以制造环境模型为支撑，在工艺约束模型的控制下，最终输出满足用户要求的零件工艺规程，即将零件离散为若干加工单元(特征)，将加工单元映射为一系列的加工方法，再将无序的加工方法组织为有序的工艺路线的过程。

系统的体系结构反映了系统的研发理念和主导思想。随着 CAPP 本身和企业信息化技术的不断深入发展、信息技术的不断提升，CAPP 的体系结构应体现以下几个特点：

1. Client/Server(C/S)模式与 Browser/Server(B/S)模式相结合

随着企业信息化工程的不断深入，企业对工艺管理越来越重视，更多地需要企业全局的工艺信息查询管理、网络化的工艺工作协同和过程控制、工艺资源的优化配置和利用等。目前，大多 CAPP 系统采用单机模式或 C/S 模式，不能实现跨平台的数据共享、信息集成和过程集成，现代 CAPP 必须解决这方面问题，采用 B/S 系统模式实现工艺信息、过程的管理与控制。另外，计算机技术在网络化工作、Web 方面得到进一步发展，包括 J2EE/EJB、ASP、NET 等方面，为现代 CAPP 采用 B/S 结构提供了条件。但对于工艺设计、工序图编辑等工作采用 C/S 结构更加合适，因此现代 CAPP 系统应是 C/S 模式与 B/S 模式有机结合，各取所长。

2. 广泛采用组件技术、面向对象技术、数据库和知识库技术的层次化结构

企业工艺工作情况各种各样、应用环境千差万别、工艺技术标准各不相同，要求 CAPP 系统能够适应这种变化，快速定制形成企业实用化 CAPP 系统，现代 CAPP 应广泛采用组件技术、对象处理技术及数据库技术，实现数据层/对象层、对象操作层、事务处理层、功能层的严格分离，并且还实现应用服务器、数据库服务器、文件服务器的独立，实现 CAPP 系统的组件化，保证系统的开放性和可扩充性。

3. 基于三维 CAD/PDM 系统进行开发，实现信息、功能及过程的集成

信息集成是 CAPP 永久关注的焦点，基于二维 CAD 开发、信息模型驱动的 CAPP 系统难以完全满足 CAD/CAPP/CAM 集成的需要，如三维产品模型不能用于工序图编辑，二维工序图信息不能为 CAM 进行数控编程使用；另外，三维的装配部件图也提高了装配工艺的质量和实用性。因此，基于三维 CAD 开发和应用 CAPP 是现代 CAPP 技术发展的一个重要方向。PDM 系统是企业信息化工程的集成框架，这一认识得到了普遍的认同和实践。PDM 在电子文档的管理、产品 BOM 的管理、工作流程管理等方面具有较为完善的机制和功能，同时作为企业信息化工程工作平台，要求相关应用系统包括 CAD、CAPP、CAM 等与 PDM 系统紧密集成。利用 PDM 作为工作平台、利用 PDM 现有机制和功能，进行紧密集成开发，是现代 CAPP 的又一重要方向。

4.3　成组技术

4.3.1　成组技术的基本原理

成组技术(Group Technology，GT)是一门生产技术科学。利用事物相似性，把相似问题归类成组，寻求解决这一类问题相对统一的最优方案，从而节约时间和精力以取得所期望的经济效益。在生产系统中，成组技术可以应用于不同领城。对零件设计来说，由于许多零件具有类似的形状，可将它们归并为设计族，设计一个新的零件可以通过修改一个现有同族典型零件而形成。应用这个概念，可以确定出一个主样件作为其它相似零件的设计基础，它集中了全族的所有功能要素。通常，主样件是人为综合而成。一般可选择结构复

杂的零件为基础，把没有包括同族其它零件的功能要素逐个叠加上去，即可形成该族的假想的零件，即主样件。

对加工来说，GT所发挥的作用有更进一步的发展，形状不同的零件也有可能要求类似的加工过程。由于同族零件要求类似的工艺过程，可以组建一个加工单元来制造同族零件，对每一个加工单元只考虑类似零件，就能使生产计划工作及其控制变得容易些。所以GT在工艺设计中的核心问题就是充分利用零件上的几何形状及加工工艺相似性组织生产，以获得最大的经济效益。

4.3.2 零件分类编码规则

零件分类编码系统是按一定的规则选用一定数列的字码，对零件有关特征进行描述和识别，编码系统是由代表零件的设计和(或)制造的特征符号所组成，这些符号代码可以是数字，也可以是字母，或者两者部有。在一般情况下，大多数分类编码系统只使用数字，在成组技术实际应用中，有三种基本编码结构：

1. 层次结构

如图4-2所示，在层次结构中，每一个后级符号的意义取决于前级符号的值，这种结构亦称为单码结构或树状结构。由层次代码组成的层次结构具有相对密实性，能以有限位数传递大量有关零件信息。

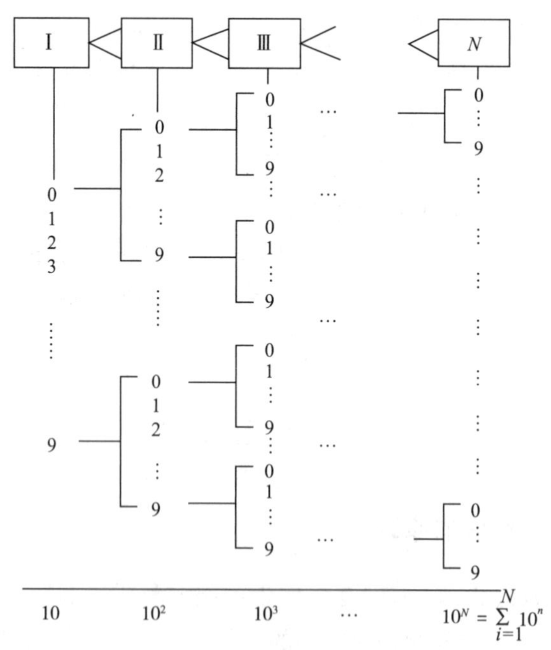

图4-2 层次结构

2. 链式结构

如图4-3所示，在链式结构中，有序符号的意义是固定的，与前级符号无关，这种结构亦称为多码结构。它要复杂些，因而可以方便地处理具有特殊属性的零件，有助于识别具有工艺相似要求的零件。

3 混合结构

如图 4-4 所示，工业上大多数商业零件编码系统都是由上述两种编码系统组合而成的，形成混合结构。混合结构具有单码结构和多码结构共同的优点。典型的混合结构都由一系列较小的多码结构构成，这些结构链中的数字都是独立的，但整个混合代码中，需要有一个或几个数字用来表示零件的类别，这和层次结构一样。混合结构能最好地满足设计和制造的需要。

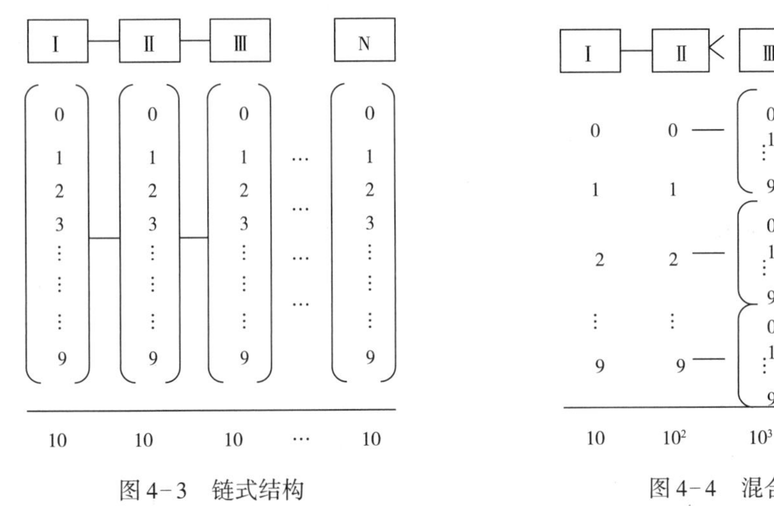

图 4-3　链式结构　　　　图 4-4　混合结构

4.3.3　零件分类编码系统

目前世界上有上百种零件分类编码系统，有以零件形状结构特征为基础的编码系统；有同时以零件形状结构和加工工艺为基础的编码系统。不同编码系统供不同类型的企业使用。在现有的零件编码系统中，比较著名的有德国的 OPTIZ 系统，瑞士的 SULZER 系统，前苏联的的米特洛凡诺夫系统，日本的 KK－3 系统和我国的 JLBM－1 系统。

1. OPTIZ 编码系统

OPTIZ 系统是一个十进制 9 位代码的混合结构分类编码系统，是由德国 Achen 工业大学 H. Optiz 教授提出的，在成组技术领域中，它具有开创性意义，是最著名的分类编码系统。OPTIZ 编研系统使用下列数字序列：

12345　　　　6789　　　　ABCD

前 9 位数字码用来传送设计和制造信息，前 5 位数(1，2，3，4，5)称为形状代码，用于描述零件的基本设计特征；后 4 位数(6，7，8，9)构成增补代码，用来描述对制造有用的特征(尺寸、原材料、毛坯形状和精度)。最后 4 位 A B C D 用于识别生产操作类型和顺序，称为辅助代码，由各单位根据特殊需要来设计安排。

(1)类型码。OPTIZ 分类编码系统的第一位是类型码，用于描述零件的总体类型。对于回转类零件，第一位数的代码用于 1 ~5 表示回转类零件的长径比范围，即回转类零件的长径比 L/D 分类(L 表示零件的最大长度，D 表示零件的最大直径)，代码具体的含义如表 4-1 所示：

表 4-1　OPTIZ 回转类零件类型码

代码	L/D	零件类型
0	<0.5	用于表示盘形件
1	$0.5<L/D<3$	用于表示短轴件
2	≥3	用于表示长轴件
3	<2	用于表示短形偏异回转体
4	>2	用于表示长形偏异回转体
5		备用

对于非回转类零件，第一位的代码是 6~9，它们是按零件长、宽、高的不同比例加以区分的。若长宽高分别用 A、B、C 表示，则用 A/B 与 $A/C(A>B>C)$ 来区分杆状、板状和块状类零件。

(2)形状码。OPTIZ 编码系统第一位码是对零件进行了粗略分类，第二~第五码用于对零件各主要形状特征作进一步的描述。

回转体零件第二位的代码用于描述零件外部的主要形状，如零件外表面是否带有台阶，是一端有台阶还是两端都有台阶，是否带有圆锥表面，台阶表面上是否还有其它形状要素等。第三位数字表示零件的内表面形状，其内容与外表面的内容大致相似，即是否有台阶孔、台阶孔的方向以及是否有圆锥孔等。第四位数字表示零件是否有平面和键槽。第五位数字表示零件上是否有辅助孔和齿形等。至于非回转体零件的第二、三、四、五位数字，分别用来表示零件的外形、主要孔及其它回转表面、平面加工、辅助孔及齿形加工等特征。

(3)辅助码。OPTIZ 编码系统的第六位至第九位数字是辅助码。第六位数字用来表示零件的基本尺寸，它有 10 个代码(0~9)，分别代表 10 个由小到大排列的尺寸间隔。第七位数字表示零件的材料(10 类)、第八位数字表示零件毛坯的形状(10 类)、第九位数字表示零件上高精度加工要求(IT7 和 Ra0.8 以上)所在的形状码位。

下面举例说明如何用 OPTIZ 分类编码系统对零件进行分类编码。图 4-5(a)是一个回转类零件，图 4-5(b)是一个非回转类零件。图 4-6 是所示零件的编码结果。

OPTIZ 分类编码系统的特点可以归纳如下：

①系统的结构较简单，便于记忆和手工分类。

②系统的分类标志虽然形式上偏重零件结构特征，但是实际上隐含着工艺信息。例如，零件的尺寸标志，既反映零件在结构上的大小，同时也反映零件在加工中所用的机床和工艺设备的规格大小。

③虽然系统考虑了精度标志，但只用一位码来标识是不够充分的。

④系统的分类标志尚欠严密和准确。

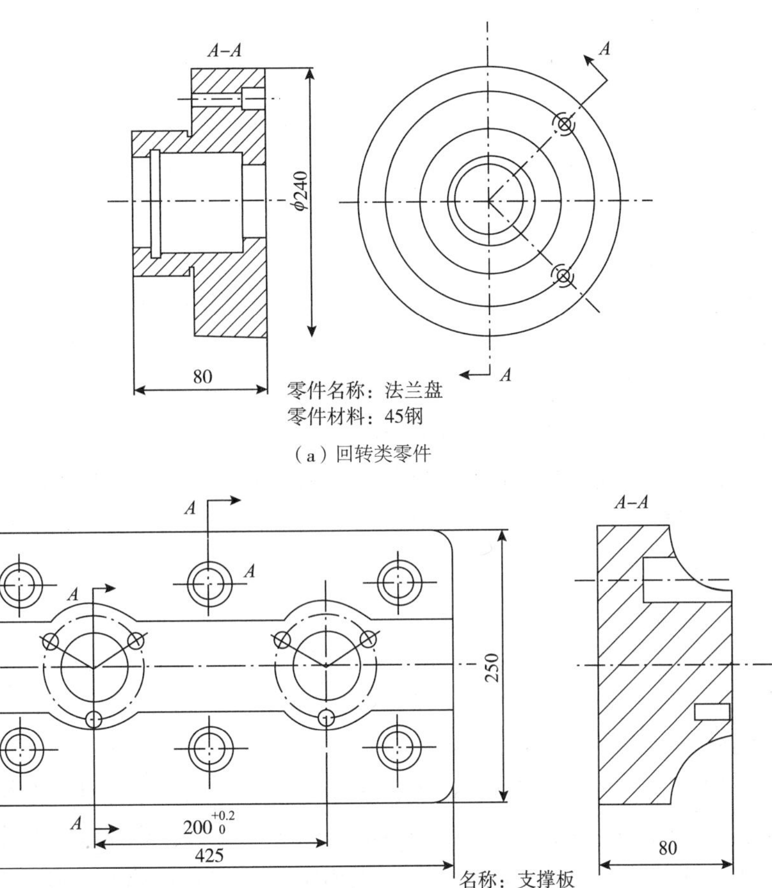

（a）回转类零件

（b）非回转类零件

图 4-5　分类编码示例零件

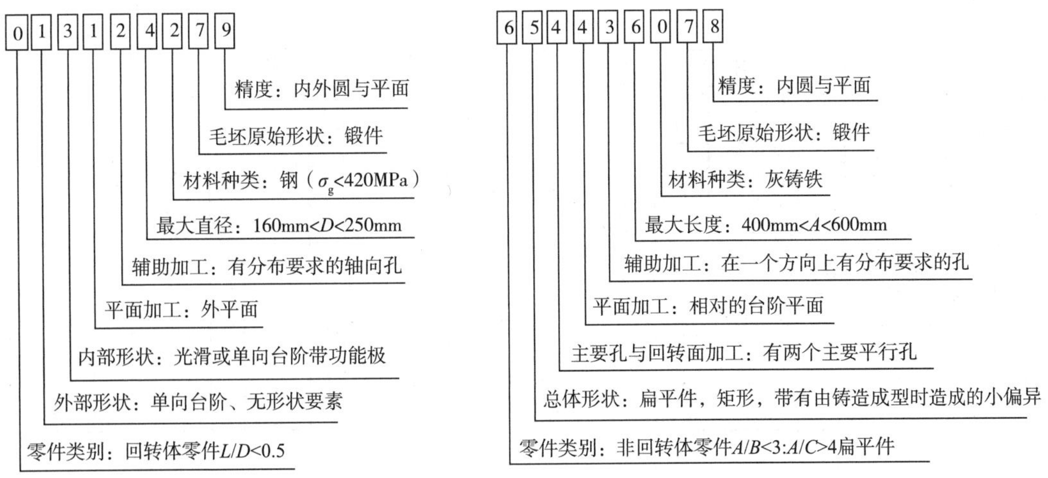

（a）回转体类零件　　（b）非回转体类零件

图 4-6　回转和非回转类零件编码

⑤系统从总体结构上看，虽属简单，但从局部结构看，则仍旧十分复杂。

2. KK-3 编码系统

KK-3 编码系统是由日本通产省机械技术研究所提出的草案，经日本机械振兴协会成组技术研究会下属的零件分类编码系统分会多次讨论修改而成，是一个供大型企业使用的十进制 21 位代码的混合结构系统。

KK-3 系统的特点：

①在位码先后顺序安排上，基本上考虑到各部分形状加工顺序关系，是一个结构—工艺并重的分类编码系统。

②系统前 7 位代码作为设计专用代码，这便于设计部门使用。

③在分类标志配置和排列上，便于记忆和应用。

④采用了按零件功能和名称作为分类标志，特别便于设计部门检索用。

⑤系统的主要缺点是环节多，在某些环节上，零件出现率极低，这意味看有些环节设置不当。

3. JLBM-1 编码系统

如图 4-7 所示，JLBM-1 系统的结构是 OPTIZ 系统和 KK-3 系统的结合，它克服了 OPTIZ 系统分类标志不全和 KK-3 环节过多的缺点。JLBM-1 系统是一个十进制 15 位代码的混合结构分类编码系统，结构基本上和 OPTIZ 系统相似。为弥补 OPTIZ 系统的不足，系统增加了形状加工的环节，把 OPTIZ 系统的开头加工码予以扩充，把 OPTIZ 系统的零件类别码改为零件功能名称码，把热处理标志从 OPTIZ 系统中的材料、热处理码中独立出来，主要尺寸码也由一个环节扩大为两个环节。系统采用零件功能名称码，又吸取了 KK-3 系统的特点。因次 JLBM-1 系统在总体组成上简单，易于使用。

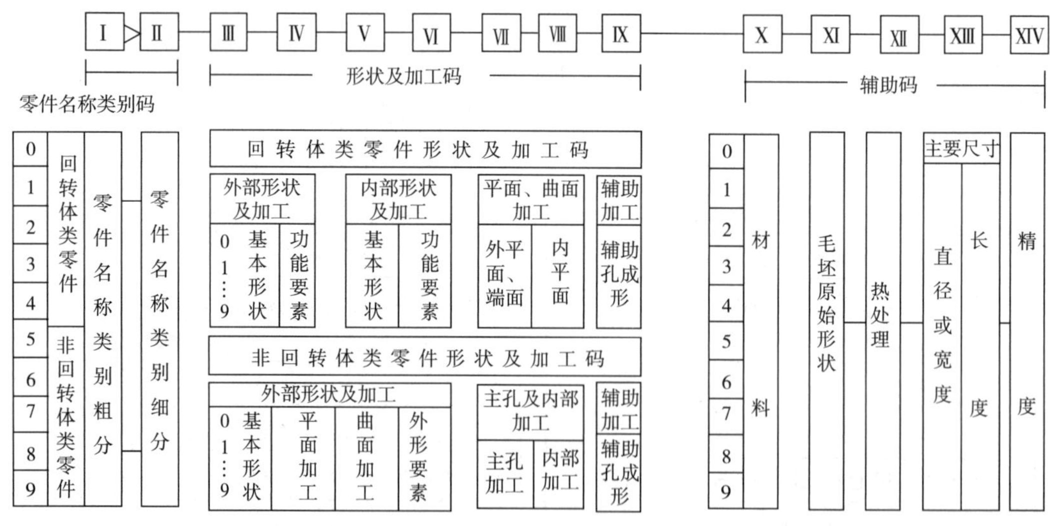

图 4-7　JLBM-1 编码系统

4. 柔性编码系统

OPTIZ、KK-3、JLBM-1 等是刚性分类编码系统，存在着刚性码固有的缺点：

①最致命的缺点是不能完整、详尽地描述零件结构特征和工艺特征。

②存在高代码掩盖低代码的问题。

③描述存在着多义性。

④不能满足生产系统中不同层次、不同方面的需要。

但刚性分类编码也有其明显的优点：

①系统结构较简单，便于记忆和分类。

②便于检索和辨识。

刚性分类编码系统所存在的缺点，用传统分类编码的概念和理论是无法解决的。所以，柔性编码系统的概念和理论也就应运而生了。柔性分类编码的概念是相对于传统的刚性分类编码概念提出来的，它是指分类编码系统横向码位长度可以根据描述对象的复杂程度而变化。

柔性编码系统既要克服刚性编码系统的缺点，又要继承刚性编码的优点，所以，零件的柔性编码结构模型为：柔性编码 = 固定码 + 柔性码

柔性编码由固定码和柔性码组成。固定码用于零件分类、检索和描述零件的整体信息，基本上起传统编码的作用。柔性码详细地描述零件各部分的结构特征和工艺信息，用于加工、检测等环节。因此，在设计编码时，力求简单明了，突出反映零件分类、零件整体结构和零件综合信息，如材料、毛坯、热处理等。

4.3.4　零件分类成组方法

成组技术基本原理既然要充分和利用客观存在着的有关事物的相似性。所以，按一定的准则将有关事物分类成组是实施成组技术的基础。

成组技术在研究零件分类时，常采用零件族这一概念。零件族是具有某些共同属性的零件集合。采用不同的相似性标准，可将零件划分为具有不同属性的零件族。例如，根据零件几何形状、加工工艺、材料、毛坯类型、加工尺寸、加工设备和工艺装备相似特征，可以将零件分类以组成加工族；同样，可按照其它相应的分类的相似性标准，可将零件分类以组成设计族，管理族等。

目前，零件分类成组方法主要有：目测法，生产流程分析法和编码分类法。编码分类法首先要建立零件编码系统，然后将零件编码与预先确定的零件族特征矩阵比较后，才能确定其所属零件族。

1. 目测法

该方法是由人直接观测零件图或实际零件以及零件的制造过程，并依靠人的经验和判断，对零件进行分类成组。这种方法十分简单，在生产零件品种不多的情况下，容易取得成功。但当零件种数比较多时，由于受人的观测和判断能力的限制，往往难以获得满意的结果。

2. 生产流程分析

生产流程分析(Production Flow Analysis, PFA)包括工厂流程分析、车间流程分析和单元流程分析等，但通常指车间流程分析。PFA是以零件分类编码系统为基础，通过分析车间中零件的工艺流程(工艺过程)来确定零件族的一种零件分类成组方法。利用它将具有相同或相似工艺流程的零件归入同一组，再根据所分的零件组的特征来设计布置车间的制造环境。

应用PFA着重分析生产过程中从原材料到产品的物料流程，研究最佳的物料流程系统。因此，生产流程分析可应用于工厂规划和设计、物流科学管理等方面。由于PFA主要是根据零件的加工数据来划分零件族的，因此具备两个优点：第一，可以将基本几何数据不相同而工艺路线相同或相似的零件归入一个零件族，第二，可以将几何数据相似而工艺路线不同的零件归入一个零件族。

PFA的不足之处是，因为生产流程法所采用的数据来源于加工工艺过程，而加工工艺过程一般是不同的工艺设计师完成的，且这种加工路线不一定是最优的，结果导致了分组的不合理性，而且也导致了加工组或加工单元的分组、配置不是最合理，目前是通过CAPP来基本解决这一弊端。

3. 分类编码法

该方法是利用零件的分类编码系统对零件编码后，根据零件的代码。按照一定的准则划分零件族，因为零件的代码表示零件的特征信息，所以代码相似的零件具有某些特征的相似性。按照一定的相似性准则，可以将代码相似的零件归并成组。

实行编码分类法，首先需要对零件族零件的相似性判断标准，以便对零件进行分选、归属于相应的零件族。编码分类法实质就是让零件编码与各零件族特征矩阵逐个地匹配比较，若零件编码与某零件族特征矩阵相匹配，则该零件就归属于该族。

合理制定各零件族相似性标准是取得满意的分类结果的关键。相似性标准与分类的目的密切相关，是基于分类目的考虑零件族相似属性的内涵和相似程度的，而设计者与加工者对相似属性认识是存在差别，前者注重零件结构功能等方面；后者除结构属性以外，还考虑到加工相似属性。好的编码分类法一般是不断成熟的，应根据试分类结果，对制定的分类相似性标准进行检验，并做必要的修正。

4.4 基于成组技术的CAPP系统

4.4.1 变异型CAPP系统

1. 基本工作原理

变异型CAPP系统利用成组编码来描述零件信息，它首先要求对企业现有的所有零件进行分类归组，从而得到所谓的零件族及该零件族的主样件。对于每个零件族的主样件，有一个通用的加工制造过程，即主样件的典型工艺规程。

同时，变异型CAPP要有存储、检索、编辑主样件的典型工艺规程的功能以及具有支持编辑典型工艺规程的各种加工工艺数据库，例如加工设备、刀具、量具、夹具、切削用量等数据库。在工艺设计的时候，变异型 CAPP 进行新零件的信息输入，并自动建立该零件的成组编码，然后以该成组编码为依据，确定该零件所属的零件族及该零件族的主样件。每一个零件族的主样件对应一个典型的工艺规程，系统通过自身的匹配逻辑，找出适合当前零件的典型工艺(有时不能完全匹配，可检索出一组相近似的工艺规程供设计人员选用)，在此基础上进行编辑(添加、剔除、调整、修改)就得到了当前零件的工艺规程，在经过审核批准后，即可输出供企业使用。

2. 变异型 CAPP 系统的设计

(1)选择合适的零件编码系统

在设计系统之初，首先要选择和制定适合于本企业的零件分类编码系统，来对零件信息进行描述和对零件进行分族，从而得到零件族矩阵并制定相应的典型的工艺规程。

目前，国内外有 100 多种编码系统在各个企业中使用，每个企业可以根据本企业的产品特点，选择其中的一种，或者是在某种编码系统基础上加以改进，以适合本单位的要求。在选择系统时，主要以实用为主。

(2)零件的分类归族

如图 4-8 所示，零件的分类是对零件进行分类归族，是为了得到合理的零件族及其主样件。把具有一定相似性的零件划归到一起，就组成了一个零件族，每个相似零件或者零件族可以用一个样件来表示。该样件的制造方法，就是该零件族的公共制造方法，也就是所谓的典型工艺规程。

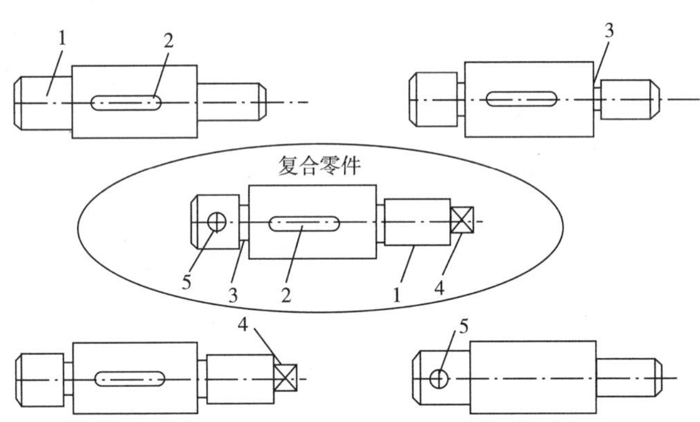

图 4-8　零件族及其复合零件

1—外圆柱面；2—键槽；3—功能槽；4—平面；5—辅助孔

在对零件进行分类归族时，有一个通用的规则就是族内所有的零件都具有相似性，对于变异型 CAPP 系统而言，一个族内的零件必须要有相似的工艺规程。就相似性而言有两种考虑：

①有的用户可能要求把那些具有绝对相同加工工序的零件归入一个族中，这样，属于该族中的零件只需要对标准的工艺规程进行极少量的修改，就能得到零件的工艺规程，但每个零件族的零件数量比较少；

②把能在同一台机床加工的相似工艺的零件划归为一族，那么要得到每个零件的工艺

规程，就需要对标准工艺规程进行较多的修改。这样，如何合理的划分零件族，是一个非常重要的问题。

(3)样件设计和标准工艺规程的制定

主样件可以是一个实际的零件，也可以是一个虚拟的零件，它是对整个零件族的一个抽象综合。设计主样件是为零件族制定的一个典型的工艺规程。在设计主样件之前，要检查每个零件族所包含零件的情况，通常一个零件族只有一个主样件。在确定主样件时，应该以该零件族中最复杂的零件为基础，尽可能覆盖该族其它零件的几何特征及工艺特征，构造一个新的零件，从而就得到了一个主样件。

零件族的典型工艺规程实际上就是主样件加工艺规程，主样件的工艺规程应该能够满足零件族中所有零件的加工工艺要求，并能满足企业资源的实际情况及加工水平，以便典型工艺规程合理可行。在制定典型工艺规程时，一般请有经验的技术人员或专家对零件族内的零件加工工艺进行分析，选择一个工序较多，加工过程安排合理的零件的工艺路线作为基础，考虑主样件的几何及工艺特征，对尚未包括在基本工艺路线之内的工序，按合理的顺序加到基本工艺路线中去，这样就得到了代表零件族的主样件的工艺路线，即典型工艺规程。

(4)工艺数据库的建立与维护

变异型 CAPP 系统与其他类型 CAPP 系统一样，它是在完善的工艺数据库支持下而运行的。工艺数据库包括设备库、工装库、工时定额库、工艺术语库、切削用量库、材料库、毛坯库等等。由于各企业加工设备和工装不同、加工习惯不一样以及加工操作人员技术水平不同，故每个企业都应有自己的工艺数据库。因而系统应提供用户定义的工艺数据库的环境，以满足各企业不同的需求。为此，系统应提供一套建立和维护工艺数据库的工具，用户通过这个特定工具，建立自己的数据库，使得系统有了更好的适应性和灵活性。

3. 变异型 CAPP 系统的基本构成

变异型 CAPP 系统构成如图 4-9 所示。该系统包括的主要功能模块如下：

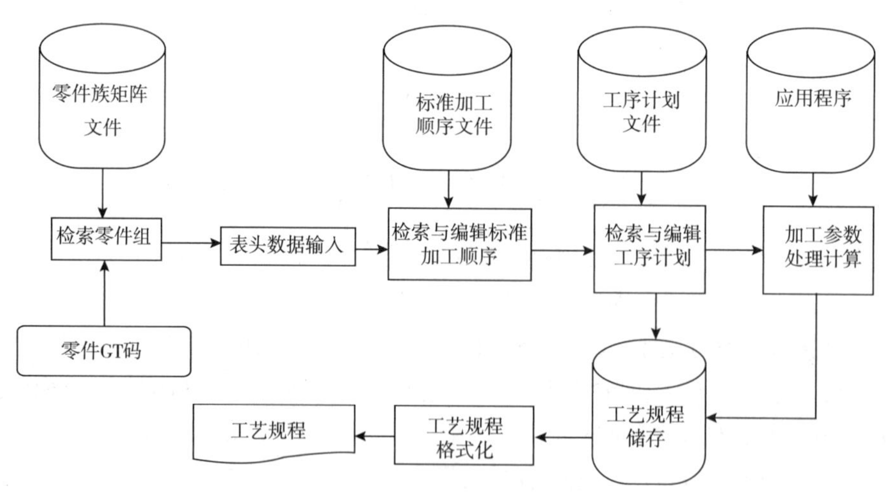

图 4-9　变异型 CAPP 系统构成

(1)零件信息检索。根据用户输入的零件图号检索数据库，将检索出来的零件的工艺路线号和成组编码显示出来；如果该零件不存在，则系统会给出提示。

(2)零件信息输入。工艺人员根据零件的具体情况，输入诸如零件图号、零件名称、工艺路线号、产品编号、材料牌号、毛坯类型和毛坯尺寸等基本信息。

(3)零件成组编码。根据选定的零件分类编码系统，对零件进行成组编码。

(4)典型工艺搜索模块。根据零件的成组编码，搜索典型工艺库，调出与当前零件相匹配的典型工艺。如果没有完全匹配的典型工艺，则系统会根据一定的筛选逻辑，找出最接近的典型工艺供用户选择。

(5)工艺编辑模块。提供用户一个集成的工艺设计环境，用户可以对调出的典型工艺进行编辑(其功能有增加和删除工序、插入工序、两工序相互对调以及补充和修改工序内容等)，得到当前零件的工艺规程、工艺设计的同时，用户还可以对每道工序的工步进行设计。

(6)工艺设计过程管理。工艺设计完成之后，需要经过审核、标准化、会签和批准 4 个过程，经过批准后的工艺就可以产生工艺文件，如工艺卡、工序卡等，用于实际生产了。

(7)工艺文件输出。生成最终的工艺文件，如工艺卡和工序卡。

(8)CAPP 相关工具。本系统主要提供数据查询、零件统计分析和工艺尺寸链的计算三种工具，用来查询各种工艺数据、统计零件编码分类归族的情况和进行工艺尺寸链的计算。尺寸链计算包括组成环的尺寸计算和封闭环的公差计算两部分。

4.4.2　网络化 CAPP 的系统

1. 基本结构

基于知识的网络化 CAPP 的典型结构如图 4-10 所示。系统反映当前 CAPP 发展的趋势，在原有 CAPP 的发展水平上增加对网络化制造、制造资源优化配置等先进的制造理念的支持，并且要解决过去一直被忽略的各个制造单元间的信息断层。从系统级别来看，CAPP 系统既独立运行，又和其它系统协同工作，共同完成制造任务，是综合性网络化、分布式的工艺规划系统。

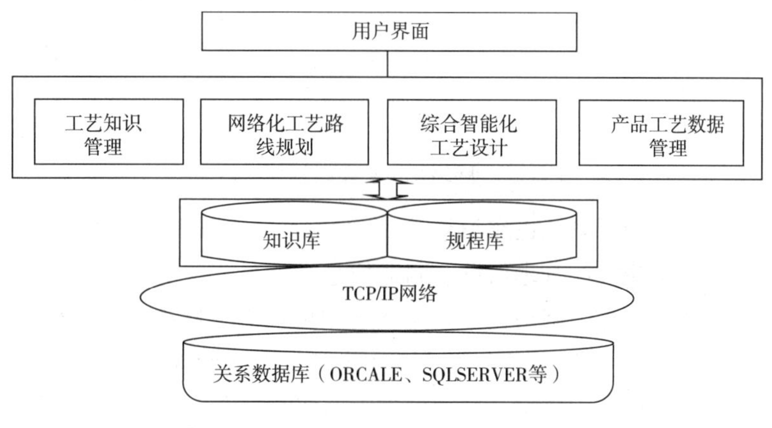

图 4-10　网络化 CAPP 系统结构

2. 网络化工艺路线规划子系统

图4-11是网络化工艺路线规划子系统结构。在网络化的环境下根据产品的原始信息和设计要求，智能化的制定产品的工艺方案。首先，根据积累的工艺知识，工艺员从逻辑意义上划分零件加工必须经过的几个阶段，然后根据制造资源库里制造单元的资源情况和工艺能力，以时间、质量、成本几个元素的组合为准则为每个加工阶段选择合适制造单元，制造单元的选择结果也可以反过来判断零件加工阶段划分的合理性和优劣性，这是一个双向的过程。最终合理的制造单元选择结果可以作为工艺分工的输入，这些工艺数据和产品的各段任务时间要求一起成为产品制造的原始数据之一，对整个产品的生产制造过程的周期和质量具有决定性的影响。

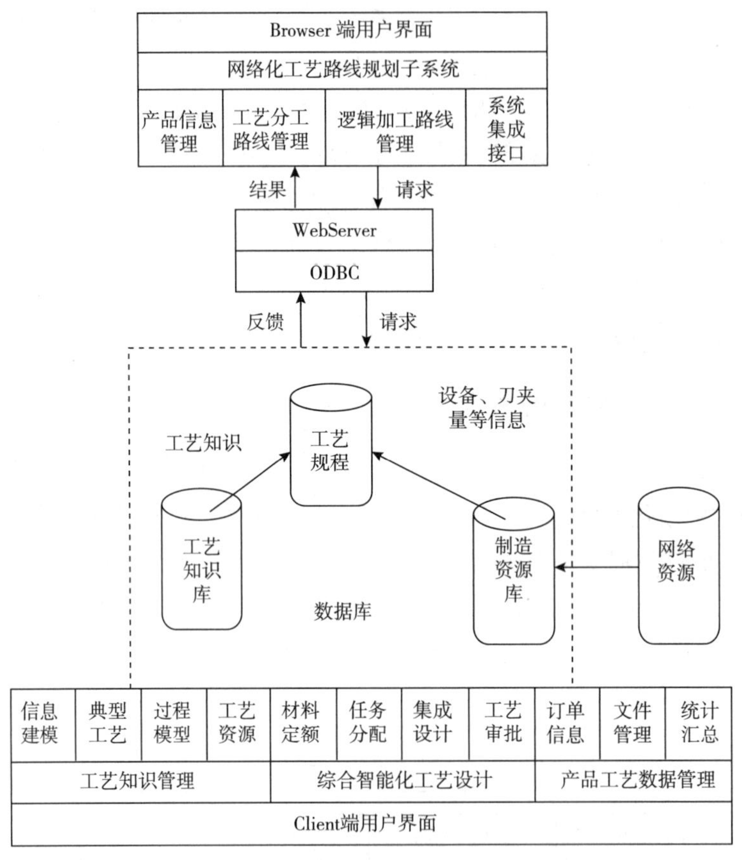

图4-11 网络化工艺路线规划子系统

网络化工艺路线规划子系统也作为整个CAPP系统的集成窗口，负责向其它系统提供工艺信息，也把其它信息，如管理信息、制造信息、资源信息传递给CAPP系统的其它子系统。所以，从功能上考虑，网络化工艺路线规划可以浏览器/服务器模式(Browser/Server，简称B/S)来实现。而工艺知识管理、综合智能化工艺设计和产品工艺数据管理三个子系统因为不太需要从外部网络接收反馈信息，即使有需求也可以通过网络化工艺规划系统这个中介和外部网络交互。所以，可以采用传统的C/S(Client/Server)模式。

3. 工艺知识管理子系统

工艺知识管理子系统如图 4-12 所示。工艺设计是典型的复杂问题，所涉及的信息量和知识量相当庞大。工艺员输入零件信息之后，计算机自动调用知识库里的知识，辅助工艺员制订逻辑加工路线，并且输入零件在每个逻辑加工段的时间、成本、和质量等要求。资源库是一个中央数据库，包括有联盟企业的制造资源信息，根据产生的逻辑加工路线，资源库匹配出多条的可执行加工路线，并根据成本、质量、时间进行单目标或者多目标原则进行优化选择，最终找出一条最优的可执行加工路线作为确定工艺分工的依据。工艺设计过程离不开工艺知识的有效支持。工艺知识管理是在对工艺知识的有效获取、工艺知识的有效表示与有机组织的基础上，提供工艺知识的录入、检索、共享、使用、一致性维护和安全性控制等管理功能，促进工艺知识的转化与再利用，创造一个能让工艺人员及其它技术人员迅速有效地掌握、学习工艺知识的环境。工艺知识管理子系统主要功能是实现信息建模工艺管理、过程模型管理、工艺资源管理。

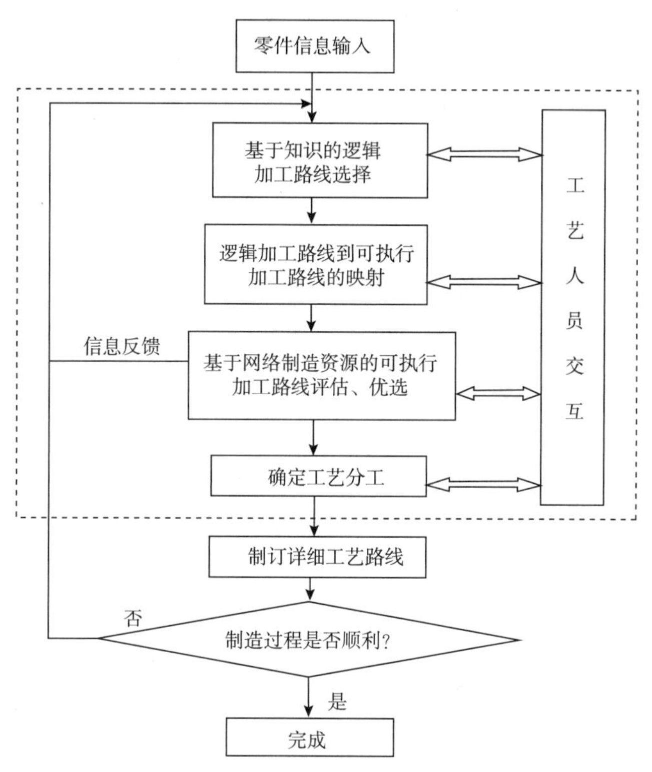

图 4-12　工艺知识管理子系统

4. 基于知识的综合智能化工艺设计子系统

工艺设计工作始终面对的是复杂多变、分布异构的应用环境，信息、资源与过程作为组成工艺设计应用环境的三要素，在工艺设计过程中始终处于动态变化之中，这使工艺设计工作在一定应用环境约束下求得最优解带来了很大的困难。基于知识的综合智能化工艺设计的综合是指综合运用交互式、检索修订式和创成式等进行工艺设计，取各方式之长，而智能体现在工艺设计的全部或部分工作可由计算机自动完成。基于知识的综合智能化工艺设计子系统包括以下功能模块：材料定额编制、工艺任务分配、工艺集成设计、工艺审批处理。

5. 产品工艺数据管理子系统

以工艺信息为基础的产品工艺数据管理的目标是实现工艺数据的有效管理，为工艺规划系统与相关系统的有机集成提供统一有效的产品工艺数据管理工具，以保证工艺数据的唯一性、实时性、有效性和安全性。产品工艺数据管理子系统包括以下功能模块：订单信息管理、工艺文件管理、工艺数据统计汇总。

思考题及习题

1. 现代集成制造系统的体系结构及CAPP在制造体系中的作用?
2. 现代CAPP系统的设计策略及系统的总体结构?
3. 简述OPTIZ编码系统的编码规则，以某一回转体零件为例，对其进行分类编码。
4. 简述变异型CAPP系统的基本构成。

第 5 章　逆向工程基本技术

逆向工程(Reverse Engineering，RE)也称反求工程。这一术语起源于20世纪60年代，但对它从工程的广泛性去研究，从逆向的科学性进行深化还是从20世纪90年代初刚刚开始。逆向工程类似于反向推理，属于逆向思维体系。它以社会方法学为指导，以现代设计理论，方法，技术为基础，运用各种专业人员的工程设计经验，知识和创新思维，对已有的产品进行解剖，分析，重构和再创造，在工程设计领域，它具有独特的内涵，可以说它是对设计的设计。

逆向工程技术是测量技术，数据处理技术，图形处理技术和加工技术相结合的一门综合性技术。逆向工程作为一门新的技术，凭借其有效的缩短产品开发周期的特性和强大的成本优势，已逐渐被国内各工业领域所接受和推广，由于它和传统设计方式相比所具有的多方面优势，在汽车、冲压模具、注塑模具、航空等领域已经逐渐成为了产品开发的主流方法。

5.1　逆向工程的研究内容及基本步骤

5.1.1　逆向工程研究内容

1. 逆向工程定义

逆向工程的正向工程是泛指按常规的从概念(草图)设计到具体模型设计再到成品的生产制造过程。正向工程与逆向工程的本质区别在于设计是从哪里开始的。

(1)广义定义：在已知某种产品的有关信息(包括硬件、软件、照片、广告、情报等)的条件下，以方法学为指导，以现代设计理论、方法、技术为基础，运用各种专业人员的工程设计经验、知识和创新思维，回溯这些信息的科学依据，即寻求这些信息的先进性、积极性、合理性、改进的可能性等，达到充分消化和吸收，然后在此基础上改进、挖潜进行再创造。

(2)狭义定义：根据实物模型的坐标测量数据，构造实物的数字化模型(CAD模型)，使得能利用CAD/CAM、RPM、PDM及CIMS等先进技术对其进行处理或管理，主要指几何形状的反求。

2. 逆向工程问题的提出

①由于零件形状十分复杂，很难准确地在CAD软件上设计出实体模型。

②通过手绘或手工捏塑来设计产品，其原型很难完全在 CAD 软件中展现。

③在没有图样和参数情况下，用传统方法仿制产品困难也不够准确。

④计算机模型比实体模型缺少"真实感"和可"触摸性"。

⑤市场上的许多三维 CAD 软件可能对某些产品造型设计而言，并不十分适用。

⑥计算机模型本身也需要检验。

逆向工程的提出，很好的解决了以上的问题，它可以从实物样件获取产品数据模型并制造得到新产品的相关技术，已经成为 CAD/CAM 系统中一个研究及应用热点，并发展成为一个相对独立的领域。

3. 研究内容

逆向工程技术的研究对象多种多样，其研究内容也比较多，根据信息来源的不同，主要可以分为以下四大类：

(1)实物类

主要是指先进产品设备的实物本身，是在没有设计图样、设计图样不完整以及没有 CAD 模型的情况下，对现有实物产品利用各种测量技术采集数据及采用多学科综合技术重构零件原型的 CAD 模型，并在此基础上进行再设计的过程。

(2)软件类

依据先进产品图样、产品标准、设计说明书、使用说明书、产品图纸、操作与管理规范以及质量保证手册等技术软件设计新产品的过程，称为软件逆向。与实物逆向相比，软件逆向应用于技术引进的软件模式中，以增强自主创新能力为目的。通过软件逆向可以获得产品的功能、原理方案和结构组成等方面的信息，若具有产品的图纸则还可以详细了解零件的材料、尺寸和精度。

(3)影像类

既无实物又无技术软件，仅有产品照片、图片、广告介绍、参观印象和影视画面等，设计信息最少，基于这些信息来构思、想象，这种新产品开发过程称为影像逆向，这是逆向对象中难度最大、最富有创新性的逆向设计过程。

(4)局部逆向

对于破损艺术品的复原或缺乏备件的受损零件的修复等，往往不需要复制整个零件原件，而是借助逆向工程技术完成局部复原工作，也称为局部逆向技术。

5.1.2 逆向工程基本步骤

1. 逆向工程所需软硬件

逆向工程是将数据采集设备获取的实物样件表面或表面及内腔数据，输入专门的数据处理软件或带有数据处理能力的三维软件进行处理和三维重构，在计算机上复现实物样件的几何形状，并在此基础上进行原样复制，修改或重设计，该方法主要用于对难以精确表达的曲面形状或未知设计方法的构件形状进行三维重构和再设计。逆向工程所需软硬件主要是：

①测量设备，如接触式三坐标测量仪、非触式三坐标测量仪和工业CT测量机。

②逆向设计软件，包括逆向工程软件(Imageware、Raindrop、Copy CAD等)以及CAD/CAM系统类似，如UG—Unigrahics、ProE—Pro/SCAM、Cimatron90—PointCloud等。

2. 逆向工程基本步骤

利用逆向工程技术进行产品开发的基本流程图如图5-1所示，主要包括分析、再设计和制造等三个阶段。

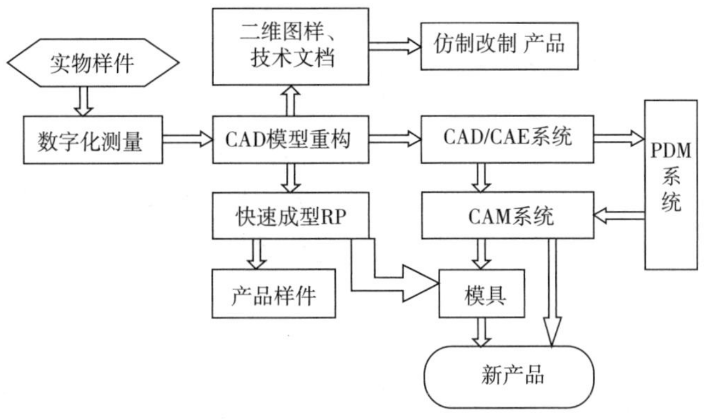

图5-1 逆向工程基本流程图

(1)分析阶段

在逆向工程中，如何根据逆向样本提供的信息，获取逆向对象的功能、原理、材料性能、加工及装配工艺、精度特征等，确定样本零件的技术指标，明确关键功能及关键技术，对于逆向工程能否顺利进行、成功与否至关重要。

分析阶段的具体研究内容包括：

①逆向对象的功能、原理分析。

分析逆向对象的设计思想、功能特点和结构组成，分析结构和功能的实现原理和方法，求取基于原产品且高于原产品的可行性方案，同时找出逆向对象在结构、功能等方面存在的不足，为创新开发打下基础。

②逆向对象材料的分析。

材料是产品功能的载体。一些在特定工况和特定环境下使用的产品，对材料有着特殊的要求。

对逆向对象材料的分析包括材料成分分析、材料组织结构分析和材料性能检测等内容。其中，材料成分分析用于弄清逆向对象元素种类、含量等，常用方法有钢种的火花鉴别法、钢种听音鉴别法、原子发射光谱分析法、红外光谱分析法、微探针分析技术等；材料组织结构分析主要是分析逆向对象材料的组织结构、晶相组织等，并可以分为宏观组织分析和微观组织分析；材料性能检测主要是检测材料的力学、电磁、声、光、热等方面性能。

③逆向对象的加工和装配工艺分析。

产品设计与其制造工艺、装配工艺之间存在着密切联系。优秀的产品设计工程师在产品设计阶段就会考虑产品的可制造性和可装配性。研究逆向对象的制造及装配工艺是逆向工程的内容之一，主要考虑采用怎样的加工和装配工艺来保证产品的性能要求，如何提高装配精度和速度等。常用的逆向对象制造及装配工艺分析的方法有：

a. 采用反判法编制工艺规程。以零件的技术要求为依据，查明设计基准，分析关键工艺，优选加工工艺方案，并依次由后往前递推得到零件的加工工序，最后编制零件的工艺规程。

b. 改进工艺方案，保证引进技术的原设计要求。在保证引进技术的设计要求和满足功能的前提下，对制造工艺进行改进。

c. 用曲线对应法拟合出工艺参数。以逆向对象的性能指标或工艺参数为基础建立第一参考系，以企业的实际条件为基础建立第二参考系，根据已知点或某些特殊点的工艺参数关系拟合出一条曲线。根据生产实际，对曲线进行适当的拓展，并从曲线中选出优化的工艺方案和参数。

d. 满足产品的基本功能要求，局部改变产品的结构。为了满足逆向对象的大批量生产要求，降低生产成本，在满足产品功能的前提下，适当的改变产品结构，降低制造和装配的难度，提高生产效率。

④逆向对象的精度分析。

产品精度直接影响到产品性能。逆向对象的精度分析时逆向分析的重要内容，主要包括逆向对象形体尺寸的确定和精度分配等。根据逆向对象形式的不同，确定形体尺寸的方法也不同。例如：实物逆向时，可以用游标卡尺、千分尺、坐标测量机等测量设备直接对产品测量；软件逆向和影像逆向可以采用参考物对比法，利用透视成像的原理和作图技术结合人机工程学和相关的专业知识，分析出形体的尺寸。

在精度分配是，要考虑产品的工作原理、精度要求、经济指标及技术条件，并综合考虑企业的加工设备能力和相关的标准等。精度分析分配的基本步骤有：明确产品的精度指标；综合考虑各方面可能误差，确定产品结构和总体布局；计算所有的误差源，确定产品精度；编写技术设计说明书，确定分配方案；在产品设计、制造和装配过程中，根据实际的生产情况，对精度的分析和分配结构做相应的调整和修改。

⑤逆向对象造型分析。

产品造型设计实产品设计与艺术设计的结合，其目的是运用工业美学、产品造型原理、人机工程学原理等对产品的外形构型、色彩设计等进行分析，以提高产品的外观质量和使用舒适度。例如，在机床设计时，要考虑机床各部分的总体布局、功能按键的造型、色彩和布局、警示装置的设置和布局、操作的方便性等问题。

⑥逆向对象系列化、模块化分析。

系列化和模块化设计有利于产品的多品种、多规格和通用化生产，有利于降低生产成本，提高产品的质量和市场竞争力。

在逆向工程的设计中，以系列化和模块化的思维来分析逆向对象，以此来确定该产品在系列化型谱中有无代表性，能否满足模块化设计的要求。

⑦逆向对象的使用和维护技术分析。

在产品开发阶段就要考虑到产品的使用、维护和回收等问题。建立绿色工程设计，从用户角度出发，考虑产品的适用人群，分别从使用者的购买能力，该产品的操作、维护及回收是否方便等方面考虑，以人为本，最终会赢得用户信任和市场。

3. 再设计阶段

在逆向分析的基础上，对逆向对象进行的再设计工作主要包括对样本模型的测量规划、模型重构、改进设计、仿制等。具体任务如下：

①根据分析结果和实物模型的几何拓扑关系，制定零件的测量规划，确定实物模型测量的工具设备，确定测量的顺序和精度等。

②对测量数据进行修正。在测量过程中不可避免的会有测量误差，需要对数据进行修正，修正的内容有剔除数据中的坏点，修正测量值中明显不合理的测量结果，按照拓扑关系的定义修正几何元素的空间位置等。

③按照修正后的测量数据以及逆向对象的几何拓扑关系，利用数字化设计软件重构逆向对象的几何模型。

④在分析逆向对象功能的基础上对产品模型进行再设计，根据实际需要在结构和功能等方面进行必要的创新和改进。

4. 逆向产品的制造阶段

根据产品的设计要求和实际特点选用合适的产品制造手段，完成产品的生产制造，然后采用一定的检测手段对逆向产品进行结构和功能检测。如果不满足设计要求可以返回分析阶段或再设计阶段进行必要的修改和再设计。

5.2　逆向工程的关键技术

实物逆向工程是应用最为广泛的逆向工程形式。实物逆向工程的关键技术主要包括逆向对象的坐标数据采集、实物逆向的数据处理及模型重构。为了设计的准确性，关键技术中还应该包括坐标配准和误差分析两个方面。

5.2.1　逆向对象的坐标数据采集

坐标数据采集由测量规划和实物模型数据化的方法两部分组成。

1. 测量规划

在进行测量之前，要认真分析实物模型的结构特点，做出可行的测量规划。主要内容有：

（1）基准面的选择及定位。确定定位基准是，要考虑测量的方便性和获取数据的完整性。因此，所选定的定位面不仅要便于测量，还要保证在不变换基准的前提下，能获取所有数据，尽量避免测量死区。在实施逆向工程时，要尽可能的通过一次定位完成所有数据的测量，避免在不同的基准下测量同一零件不同部位的数据，减少定位误差。在装夹时，要注意使测量部位处于自然状态，避免因为受力使测量部位产生过大的变形，影响测量的准确性。一般可选择逆向对象的底面、端面或对称面作为测量基准。

（2）测量路径的确定。确定测量路径至关重要，它决定了采集数据的分布规律和走向。在逆向工程中，通常需要根据测量的坐标数据，由数据点拟合得到样条曲线，再由样条曲线构造曲面，最后重建样件模型。在用三坐标测量仪测量时，一般采用平行截面的数据提取路径，路径控制有手动、自动和可编程控制三种类型。

（3）测量参数的选择。测量参数主要有测量精度、测量速度和测量密度等。其中，测量精度由产品的性能及使用要求来确定，测量密度的选定要根据逆向设计的对象形状和复杂程度确定。其原则是要使测量数据充分反映被测量件的形状，做到疏密适当。

（4）特殊及关键数据的测量。对于精度要求较高的零件或形状比较特殊的部位，应该增加测量数据的密度、提高测量精度，并将这些数据点作为三维模型重构的精度控制点。对于变形或破损部位，应在破损部位的周边增加测量数据，以便在后续的造型中较好的复原该部位。

2. 实物模型数据化的方法

(1)数字化测量方法分类

数字化测量是逆向工程的基础，是对实物模型进行数据化处理的过程。数据的测量质量直接影响最终模型的质量。根据逆向对象的复杂程度和测量设备的情况，采用机械接触式坐标测量设备测量。采用激光、数字成像、声学等非接触式坐标测量设备。常用的数字化测量方法如图 5-2 所示。

(2)测量方法的比较

对于接触式测量，其优点有：

● 接触式探头发展已有几十年，其机械结构和电子系统已相当成熟，故有较高的准确性和可靠性。

● 接触式测量探头直接接触工作表面，与工件表面的反射特性、颜色及曲率关系不大。

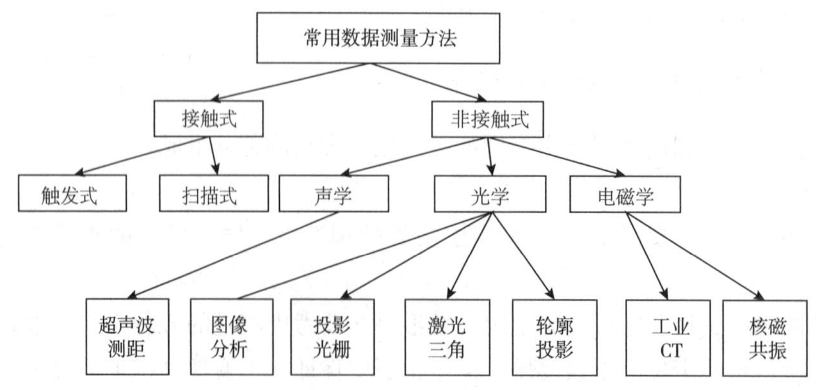

图 5-2　常用数据测量方法

对于接触式测量，其缺点有：

●为了确定测量基准点而使用特殊的夹具，不同形状的产品可能会要求不同的夹具，因此导致测量费用较高。

●球形的探头易因接触力造成磨损，为了维持测量精度，需要经常校正探头的直径，不当的操作还会损坏工件表面和探头。

●测量数度较慢，对于工件表面的内形检测受到触发探头直径的限制。

●对三维曲面的测量，探头测量到的点是探头的球心位置，欲求得物体真实外型需要对探头半径进行补偿，因而可能引入修正误差。

对于非接触式测量，其优点有：

●不必作半径补偿，因为激光光点位置就是工件表面的位置。

●测量速度非常快，不必像接触式探头那样逐点进出测量。

●软工件、薄工件、不可接触的高精密工件可直接测量。

对于非接触式测量，其缺点有：

●测量精度较差，因接触式探头大多使用光敏位置探测器来检测光点位置，目前其精度仍不够。

●因非接触式探头大多是接收工件表面的反射光或折射光，易受工件表面反射特性的影响，如颜色、曲率等。

●非接触式测量只做工件轮廓坐标点的大量取样，对边线处理、凹孔处理以及不连续形状的处理较困难。

从三维数据的采集方法上来看，非接触式的方法由于同时拥有速度和精度的特点，因而在逆向工程中应用最为广泛。

5.2.2　逆向的数据处理及模型重构

1. 测量数据的预处理

(1)处理原因

产品外形数据是通过坐标测量机来获取的，一方面，无论是接触式的数控测量机还是非接触式的激光扫描机，不可避免地会引入数据误差，尤其是尖锐边和产品边界附近的测量数据，测量数据中的坏点，可能使该点及其周围的曲面片偏离原曲面。另外，由于激光扫描的应用，曲面测量会产生海量的数据点，这样在造型之前应对数据进行精简。

(2)包含内容

●坏点去除：

坏点又称跳点，通常由于测量设备的标定参数发生改变和测量环境突然变化造成的，对于手动人工测量，还会由于误操作是测量数据失真。坏点对曲线、曲面的光顺性影响较大，因此测量数据预处理首先就是要去除数据点集中的坏点。实例如图5-3所示。

去除坏点的常用方法有直观检查法、曲线检查法、弦高差法。

• 点云精简：

当测量数据过密，不但会影响曲面的重构速度，而且在重构曲面的曲率较小处还会影响曲面的光顺性。因此，在进行曲面重构前，需要建立数据的空间邻域关系和精简数据。

实例一：在均匀精简方法中，通过以某一点定义采样立方体，求立方体内其余点到该点的距离，再根据平均距离和用户指定保留点的百分比进行精简，最终保留每个子立方体中距中心点最近的点，如图 5-4 所示。

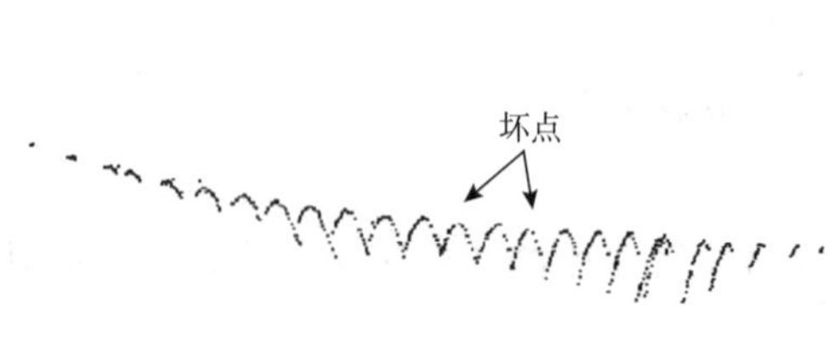

图5 3　坏点

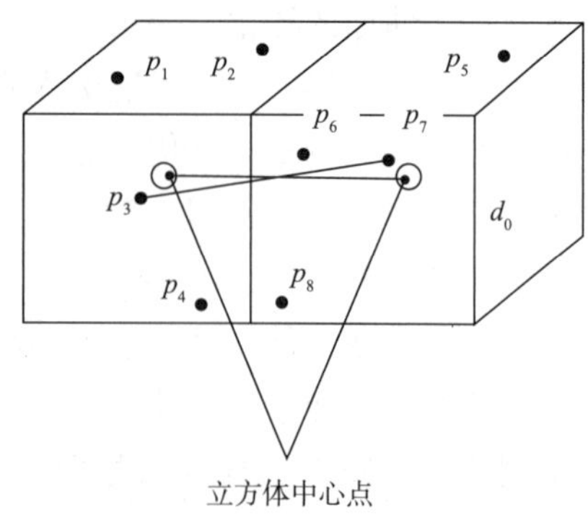

图5 4　中心点精简

实例二：给出点云精简原则为：精简距离为 2mm，精简后的点云在空间分布均匀，适合数据的后续处理，处理前后如图 5-5 所示。

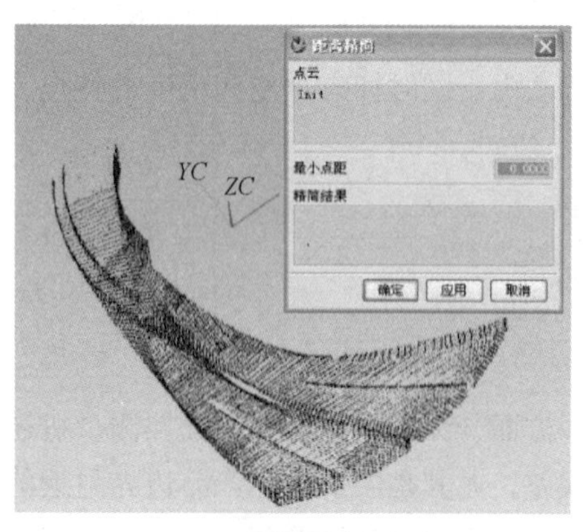

(a) 测量数据（24500个）

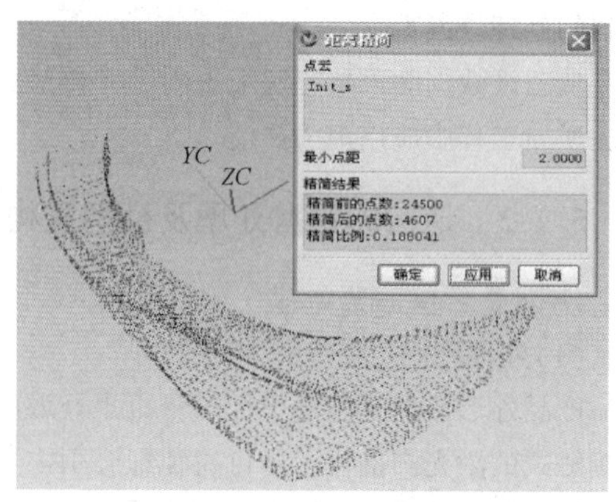

(b) 处理后的数据（ 4607个 ）

图 5-5　数据精简前后

• 数据插补：

由于实物拓扑结构以及测量机的限制，一方面在实物数字化时会存在一些探头无法测到的区域，另一种情况则是实物零件中存在表面凹边、孔及槽等，使曲面出现缺口，这样在造型时就会出现数据空白现象，影响曲面的逆向建模。

目前应用于逆向工程的数据插补方法主要有实物填充法、造型设计法以及曲线、曲面插值补充法。数据插补处理实例如图 5-6 所示。

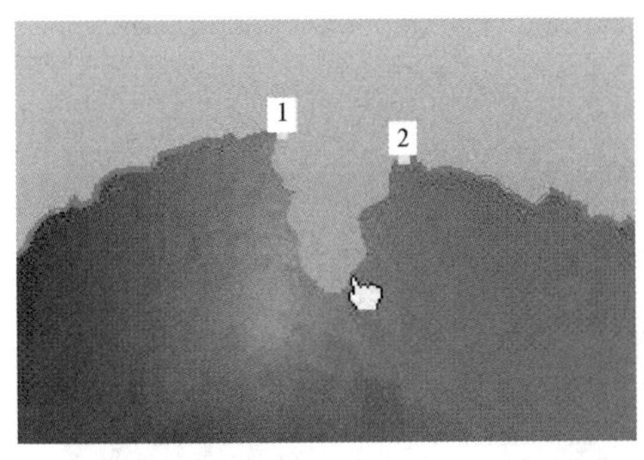

图 5-6　数据插补

• 数据平滑：

由于在数据测量过程中受到各种人为和随机因素的影响，使得测量结果包含噪声，为了降低或消除噪声对后续建模质量的影响，需要对数据进行平滑滤波。数据平滑主要针对扫描线数据，如果数据点是无序的，将影响平滑的效果。

通常采用的滤波算法有标准高斯(Gaussian)法、平均(Averaging)法、中值(Median)法。数据平滑处理实例如图 5-7 所示。

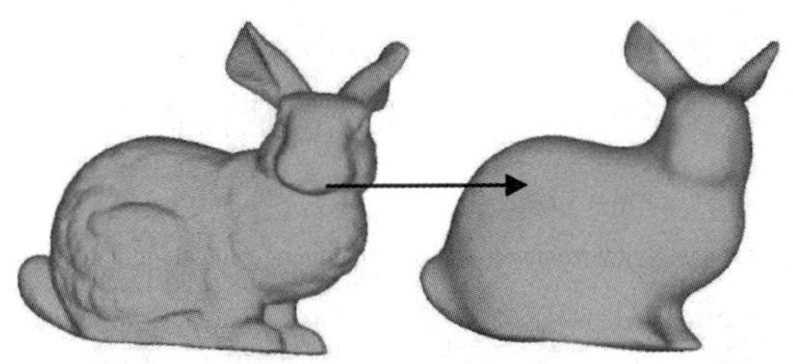

图 5-7　数据平滑

• 数据分割：

数据分割是根据组成实物外形曲面的子曲面类型，将属于同一子曲面类型的数据成组，这样全部数据将划分成代表不同曲面类型的数据域，为后续的曲面模型重建提供方便。

数据分割的常用方法有基于测量的分割及自动分割。如图 5-8 所示，根据形状分析，将仪表盘原始点云分割为三部分：左端面，中间面，右端面。

2. 三维模型重构

在逆向工程中，模型重构是利用数字化测量仪所获得的点云数据，通过插值或者拟合构建一个近似实体原型的模型。模型重构是整个逆向工程中最关键、最复杂的环节。因为无论采取什么先进的加工制造手段都要以重构的 CAD 模型为基础。整个逆向工程技术的最终目的就是通过模型重构技术来生成实物样件的 CAD 模型。只有具备了产品的三维几何模型，才能在此基础上运用数控技术、快速成型技术或者生成模具等来完成产品的生产以及结合正向设计思路完成产品的再设计。模型重构技术就是

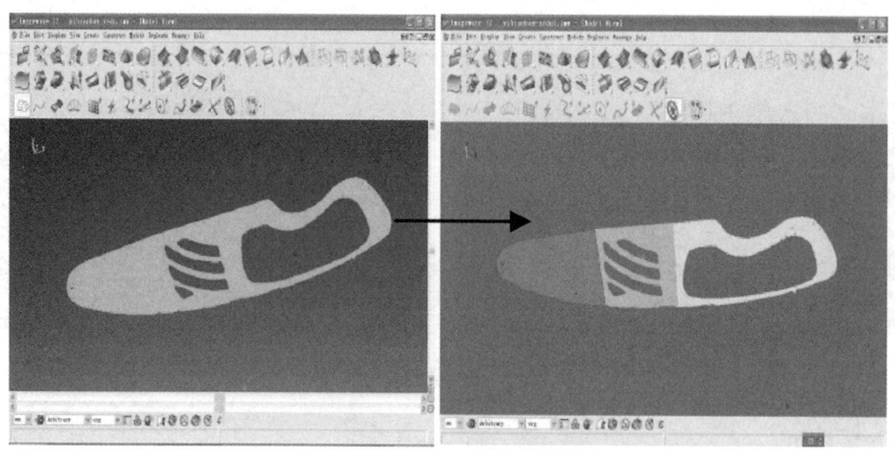

图 5-8　数据分割

运用相关的逆向工程软件对测量得到的点云模型转换成曲线曲面模型和实体模型。这就涉及一系列的工作，包括逆向工程软件的选取、点云的预处理、选取合适的模型重构方法、点云数据的特征提取、曲线曲面的拟合与编辑修改、实体的重构等。模型重构是整个逆向工程中最关键、最复杂的环节 。模型重构是先将数据点通过插值或逼近拟合成曲线，再利用造型工具将曲线构建成曲面，或是对测量数据点进行曲面片拟合再经过对曲面片的过渡、拼接、裁剪等操作完成曲面模型的构建。如图 5-9 所示为模型重建过程。

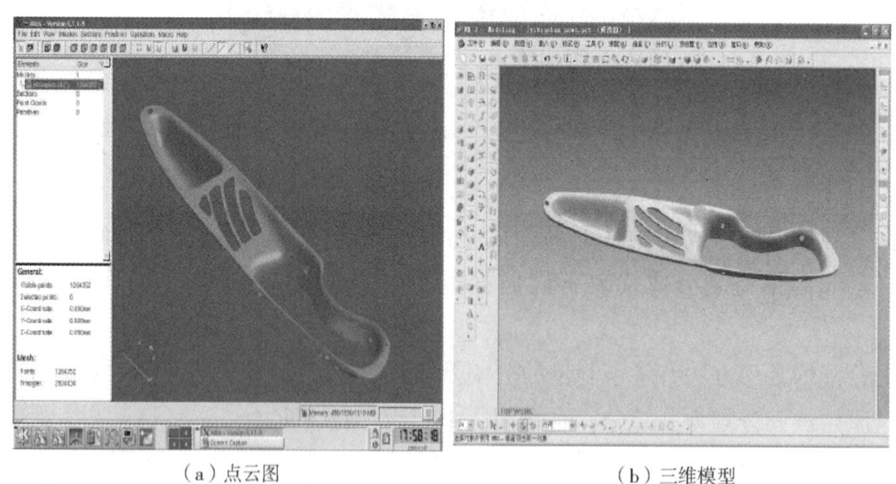

（a）点云图　　（b）三维模型

图 5-9　模型重建过程

一般而言，CAD 模型是由多不同的几何形状所合成，而每一种几何形状都有其特性。因此，若要反求出产品模型的原 CAD 模型，根据实物外形的几何特性，在曲面重建的过程中了解其曲面的特性及其曲面的模式，正确选用曲面构建方案，可以提高计算效率。目前 CAD/CAM 系统中常用到的曲面重建基本方法主要分为两类：

(1)基于曲线的模型重建

基于曲线的模型重建就是先由测量得到的点云数据提取出特征扫描线，然后根据特征扫描线生成构造曲线，再通过对构造曲线进行混合(blend)、放样(loft)、扫掠(sweep)、旋转(rotation)、拉伸、桥接等功能完成曲面造型，最后通过加厚、抽壳、布尔运算、倒角、合并等实体造型功能完成最后的实体模型。该方法的具体流程如图 5-10 所示。基于曲线的模型重构主要涉及一下几个问题：

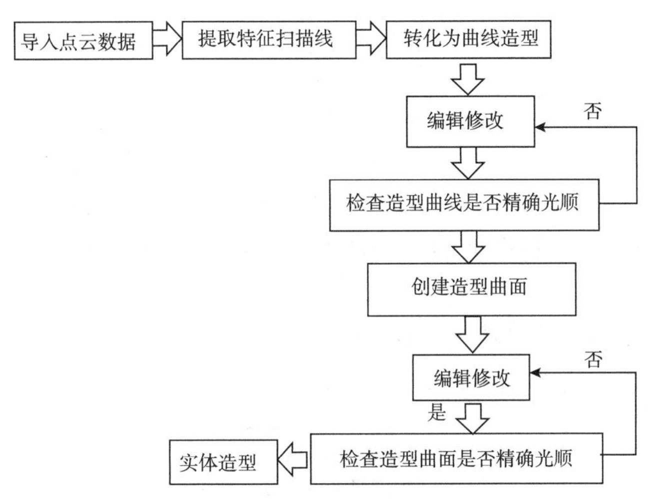

图 5-10　基于曲线的模型重构流程图

①特征扫描线的提取

所谓特征曲线是指那些决定着产品表面形状的关键曲线，如产品表面的边界线、曲面的重要截面线和回转面的母线、轴线等。这些特征曲线是曲面重构的关键，它们直接决定着生成曲面的表面质量。特征曲线的获得一般是通过平行截面(planar section)功能用平面去截图点云。实际操作中，采用纵横两个方向的密集截面同时提取两个方向的特征曲线，这时候获得两个方向的扫描线，然后可以从中选取轮廓清晰、质量较好的曲线作为特征曲线。

②生成构造曲线

通过生成扫描线功能生成的特征曲线并不能直接用来生成曲面，而且直接生成特征扫描线往往也需要编辑修改才能达到满意的精度。特征曲线的生成方法有两种：一是直接将生成的扫描线转化成构造曲线，该方法完全忠实于测量得到的扫描点，适用于测量数据精确度比较高的情形。二是通过草图编辑器的曲线创建功能直接草绘曲线去逼近生成的扫描线。通过这种方式生成的构造曲线更加灵活，方便进行编辑、修改，易于控制生成曲线的精度。

曲线处理过程的具体流程图如图 5-11 所示。曲线处理过程包括：规划要创建曲线的类型；由已经存在的点创建曲线；检查和修改曲线。

③生成造型曲面

有了构造曲线，就可以用来生成曲面。曲面的生成有很多方法，如混合(blend)、放

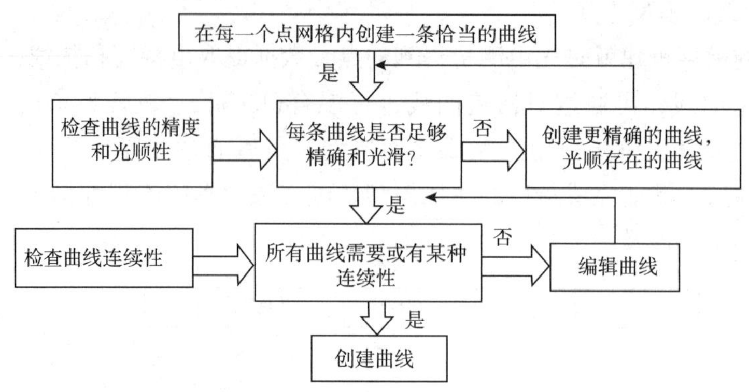

图 5-11　曲线处理流程

样(loft)、扫掠(sweep)、旋转(rotation)、拉伸、桥接等。在实际操作中,必须根据曲面的特征和构造曲线的特点选择合适的曲面造型的方法。如对于直纹面,可以通过拉伸来完成。

曲面处理过程包括:规划要创建的曲面的类型;由已经存在的曲线或者点云创建曲面;检查和修改曲面。其流程图如图 5-12 所示。

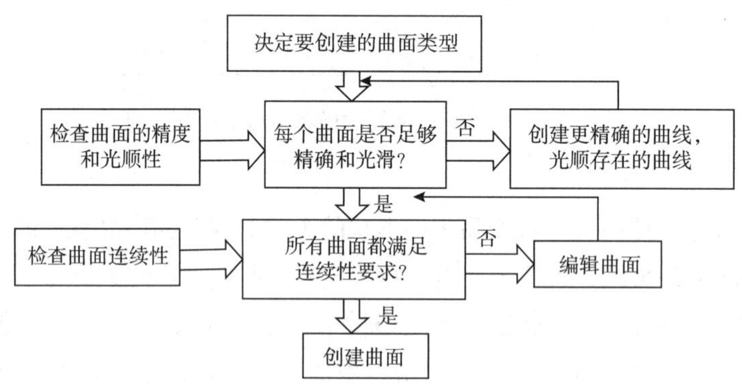

图 5-12　曲面处理流程

④实体造型

完成曲面重构之后就可以进行实体造型了。实体造型也是要考虑选择合适的造型方法。比如在用增厚功能进行实体造型时,要充分考虑到曲面的圆角,以及曲率较大的地方,避免在增厚之后出现自相交的情况。

综上所述,基于曲线的造型方式是一个由点到线再到面和实体的点-线-面的过程,这种方式在逆向工程中使用最广泛,因为它的造型精度比较高,但是相对来说,效率比较低,其中要进行太多的人工干预,尤其是对于曲线的编辑修改。此方法适用于简单的几何曲面(如二次曲面、圆柱圆锥曲面等回转面)以及曲面形状较简单、曲率变化较平缓的曲面。

(2)基于曲面的直接拟合

基于曲面的直接拟合就是利用强大拟合(power fit)功能直接将数据点云拟合成曲面。

这种方法适合曲面形状比较复杂的非规则曲面，但是对曲面的精度要求不是很高的情况下。因为这样的曲面很难进行特征提取，或者根本没有特征结构。如果对于石膏像、玩具和铸件等都可以采用此种方法。其具体流程如图5-13所示。运用基于曲面的直接拟合进行模型重构具体有两种方法：

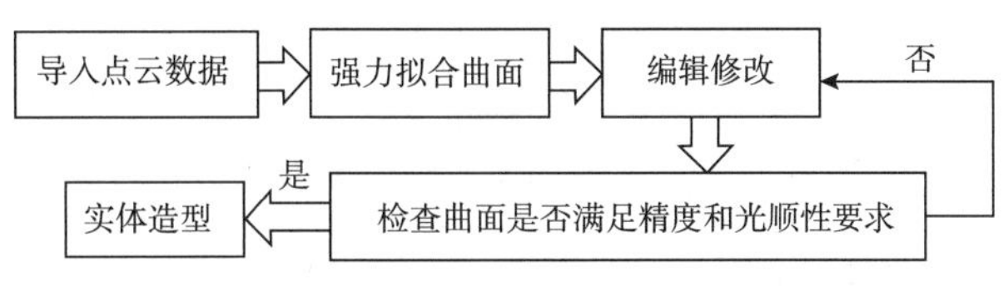

图5-13 基于曲面的直接拟合流程图

①近似法(approximation)

该方法是用构建的曲面来逼近点云所在的曲面。其原理是：首先创建网格(mesh creation)面，该网格面通过每个数据点，利用它更直观的观察产品表面的形态。然后利用曲面构建功能创建曲面来逼近先前的网格面。创建完曲面之后，通过拖动曲面的控制点或控制多边形来对它进行编辑修改。通过对曲面的编辑修改，可以提高曲面的精度和光顺度。以近似法来重建曲面，首先必须先指定一个容许误差值(tolerance)，并在U、V方向建立控制点的起始数目，以最小平方法来拟合出(fit)一个曲面后将量测之点投射到曲面上并分别求出点到面的误差量，控制误差量至指定的容许误差值内以完成曲面的建立，如果量测的数据很密集或是指定的容许误差很小，则运算的时间会相当的久。以近似法来拟合曲面的优点是拟合的曲线不需要通过每个量测点，因此对于量测时的噪声将有抑除的作用。使用近似法时通常是点云数据点多且含噪声较大的情况下。

②插补法(interpolation)

该方法是利用点云数据直接进行插值，所形成的曲面必然经过曲面上的每个数据点，因此也更加忠实于原始数据。但是此方法影响曲面的精度，操作灵活性比较差。在点云数据量比较大的情况下，如果按照此方法进行拟合势必会影响曲面的光顺性。以插补的方式来进行曲面的建立，则是将每个截面的点数据，分别插补得到通过这些点的曲线，再利用这些曲线来建立一个曲面。以插补的方式进行曲面数据建立，其优点在于得到曲面一定会通过测量之数据点，因此，如果数据量大的话，所得到的曲面更近似于原曲面模型，但是如果测量时点数据含大量的噪声则在重建曲面时大量的噪声将产生相当大的误差。以插补法来重建曲面对于数据量少且所含噪声较小的点群数据适用。

对于激光扫描所得到的大量数据点若以插补法来重建曲面，则有在扫描时所夹带的噪声点与误差将随着曲面的建立而被包含在曲面之中的缺点。因此，对于扫描点数据而言，由于点数据量大以近似法来重建曲面比插补法节省控制点的储存空间，而且对于扫描时所渗入的误差有抑除的效果。然而，以近似法来建立曲面，则会耗费大量的计算机内存及较多时间在曲面的计算上，因此，在建立曲面的过程中应配合所测量得的数据点数目及精度来决定曲面重建所使用的方法。

5.2.3 坐标配准和误差分析

1. 坐标配准

实现测量数据和被测物设计模型的坐标配准，为误差分析做准备，配准精度直接影响后续整体误差结果的可靠性。测量数据模型与 CAD 模型间的配准重点包括选择基准和坐标变换。选择基准时应注意：

- 测量时，标定基准点，配准时，基准定位点和被测件上的设计点重合。
- 根据被测物的几何特性自定义。

坐标配准的实例如图 5-14 所示，此图为通过几何运算得到特殊几何约束的实例。

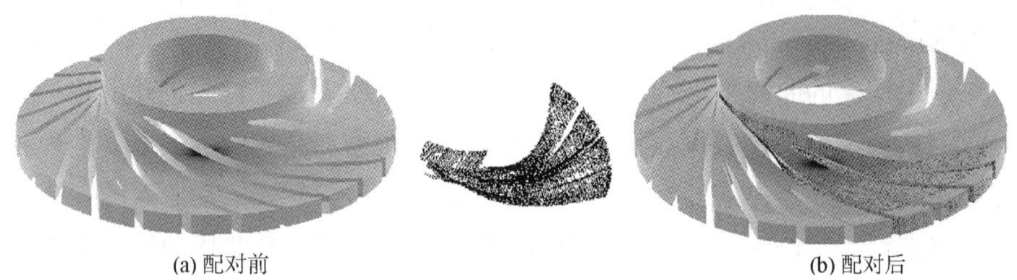

(a) 配对前　　(b) 配对后

图 5-14　模型坐标配准前后

2. 误差分析

影响误差的主要要素有产品原型误差、数据采集误差、曲面重构时产生的误差、模型配准误差。

(1)产品原型误差

由于逆向工程是根据实物原型如图 5-15 所示，依据测量点云如图 5-16 所示，来重构模型。但原产品在制造时会存在制造误差，使实物几何尺寸和设计参数之间存在偏差，如果原型是使用过的还存在磨损误差，原型误差一般较小，其大小一般在原设计的尺寸公差范围内。

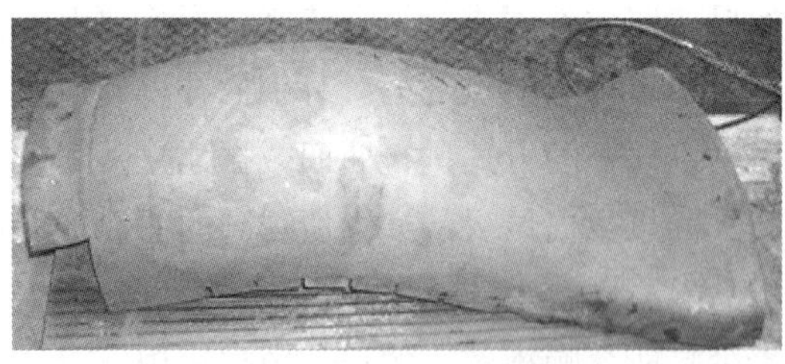

图 5-15　产品原型

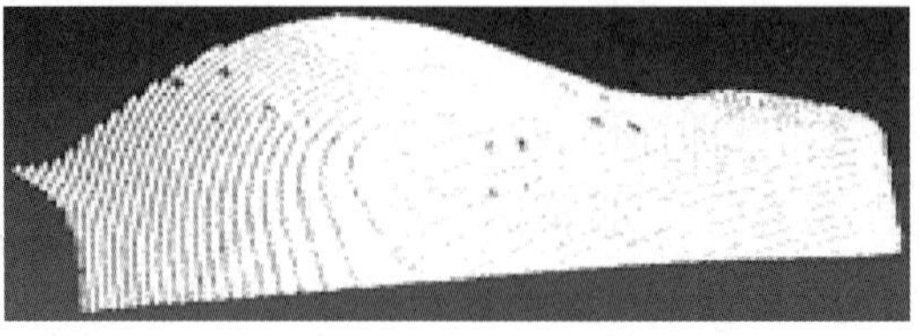

图 5-16　测量点云

(2)数据采集误差

测量误差包括测量设备系统误差、测量人员视觉和操作误差、产品变形误差和测头半径补偿误差等。测量路径规划误差受测量人员的经验影响。图 5－17 为模型的测量路径规划。

(3)曲面重构时产生的误差

主要是在逆向工程软件中进行模型重构时，曲线、曲面的拟合误差，目前的软件常采用最小二乘法函数逼近来进行样条曲线、曲面拟合，因此会存在一个允差大小控制的问题。图 5－18 为测量实物，图 5－19 为所测点云，图 5－20 为点云处理。

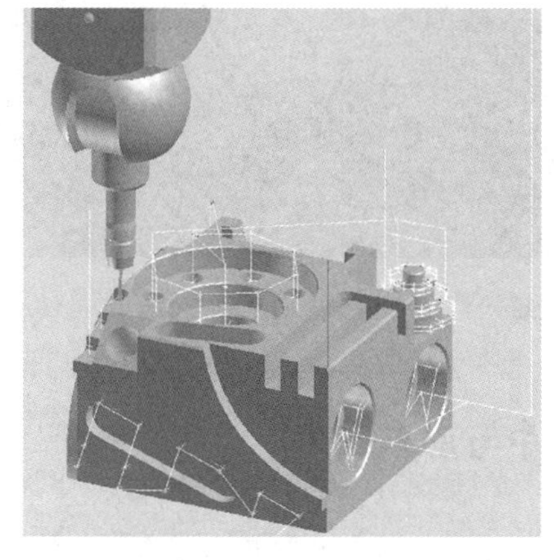

图 5－17　模型测量路径规划

图 5－18　蒙皮面板激光测量

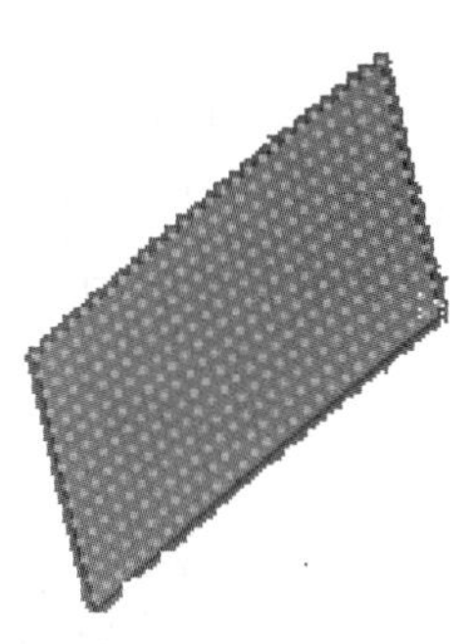

图 5－19　测量点云

图 5－20　点云处理

(4)模型配准误差

在模型配准过程中，为保证轮廓边界的贴合和共线，配合零件的测量边界轮廓必须调整为一条配合线，这样对配合零件表面造型时会带来误差，为减小误差，轮廓线测量和曲线拟合时要求精确。数据匹配就是实现测量数据和被测物设计模型的坐标配准，其匹配精度直接影响后续整体误差结果的可靠性。图 5－21 为模型整体误差分析。

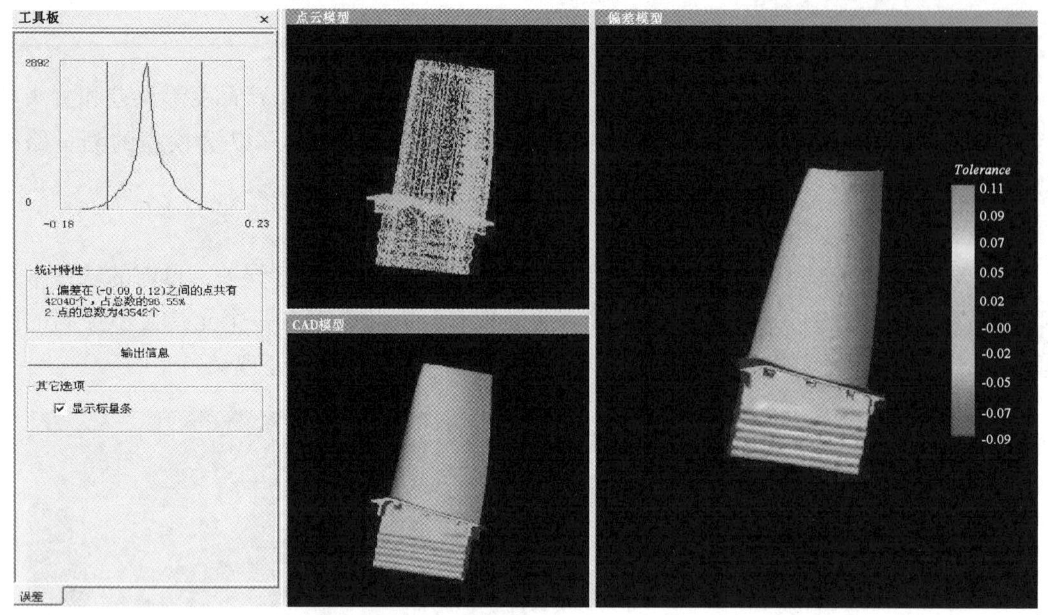

图 5-21　误差分析结果

5.3　UG/Imageware 软件与逆向工程

逆向工程在软件方面的环节主要分为两个阶段。首先是对点云测量设备采集来的点云进行处理和分析，这方面目前应用比较多的软件有 Imageware、Geomagic studio 等。然后就是运用 UG、CATIA、Pro-E 等软件进行逆向建模。从目前的实际应用来看，Imageware 与 UG 软件的组合还是占了绝大部分的比例。UG 和 Imageware 软件目前都属于 UGS 公司，两者之间具有良好的数据共享性。特别是在逆向工程中，使用 Imageware 软件处理过的点云等数据可以直接被 UG 所使用。Imageware 的点云处理能力结合 UG 的强大三维模型功能，很好的解决了逆向工程在软件部分的需求。二者的结合使用已经成为目前逆向工程中的主流方法。

5.3.1　UG NX 软件

UG NX 软件(UG)是 Unigraphics Solutions 公司推出的集 CAD/CAM/CAE 于一体的三维参数化设计软件，目前世界上 CAID/CAD/CAE/CAM 方面的主流软件之一，在概念设计、工业设计、机械设计、工程仿真、数字化制造等工业领域被广泛的应用。作为一款面对数字化设计与制造技术的高端软件，UG 以其人性化的操作界面、强大的三维设计、良好的 CAE/CAM 功能，以及高集成性和可靠性赢得了航空、汽车、消费电子、通用机械等主要工业行业的青睐，同时凭借其强大的自由曲面功能，以及和其它三维软件间良好的数据共享在逆向工程中得到了普遍的应用。

UG软件具有统一的数据库，实现了CAD、CAE、CAM之间无数据交换的自由转换。UG软件是由多个模块组成的，主要包括CAD、CAM、CAE、注塑模、钣金件、Web、管路应用、质量工程应用、逆向工程等应用模块，每个功能模块都以Gateway环境设计为基础(Gateway是执行其它交互应用模块的先决条件)，它们之间既有联系又相互独立。其主要模块有：

1. CAD模块

(1)实体建模

实体建模是集成了基于约束的特征建模和显性几何建模两种方法，提供符合建模的方案，使用户能够方便地建立二维和三维线框模型、扫描和旋转实体、布尔运算及其表达式。实体建模是特征建模和自由形状建模的必要基础。

(2)特征建模

UG特征建模模块提供了对建立和编辑标准设计特征的支持，常用的特征建模方法包括圆柱、圆锥、球、圆台、凸垫及孔、键槽、腔体、倒圆角、倒角等。为了基于尺寸和位置的尺寸驱动编辑、参数化定义特征，特征可以相对于任何其它特征或对象定位，也可以被引用复制，以建立特征的相关集。

(3)自由形状建模

UG自由形状建模拥有设计高级的自由形状外形、支持复杂曲面和实体模型的创建。它是实体建模和曲面建模技术功能的合并，包括沿曲线的扫描，用一般二次曲线创建二次曲面体，在两个或更多的实体间用桥接的方法建立光滑曲面。还可以采用逆向工程，通过曲线/点网格定义曲面，通过点拟合建立模型。还可以通过修改曲线参数，或通过引入数学方程控制、编辑模型。

(4)工程制图

UG工程制图模块是以实体模型自动生成平面工程图，也可以利用曲线功能绘制平面工程图。在模型改变时，工程图将被自动更新。制图模块提供自动的视图布局(包括基本视图、剖视图、向视图和细节视图等)，可以自动、手动尺寸标注，自动绘制剖面线、形位公差和表面粗糙度标注等。利用装配模块创建的装配信息可以方便地建立装配图，包括快速地建立装配图剖视、爆炸图等。

(5)装配建模

UG装配建模是用于产品的模拟装配，支持“由底向上”和“由顶向下”的装配方法。装配建模的主模型可以在总装配的上下文中设计和编辑，组件以逻辑对齐、贴合和偏移等方式被灵活地配对或定位，改进了性能和减少存储的需求。参数化的装配建模提供为描述组件间配对关系和为规定共同创建的紧固件组和共享，使产品开发并行工作。

2. Mold Wizard模块

Mold Wizard是UGS公司提供的运行在Unigraphics NX软件基础上的一个智能化、参数化的注塑模具设计模块。Mold Wizard为产品的分型、型腔、型芯、滑块、嵌件、推杆、镶块、复杂型芯或型腔轮廓创建电火花加工的电极及模具的模架、浇注系统和冷却系统等提供了方便的设计途径，最终可以生成与产品参数相关的、可用于数控加工的三维模具模型。

3. CAM 模块

UG/CAM 模块是 UG NX 的计算机辅助制造模块，该模块提供了对 NC 加工的 CLSFS 建立与编辑，提供了包括铣、多轴铣、车、线切割、钣金等加工方法的交互操作，还具有图形后置处理和机床数据文件生成器的支持。同时又提供了制造资源管理系统、切削仿真、图形刀轨编辑器、机床仿真等加工或辅助加工。

4. 产品分析模块

UG 产品分析模块集成了有限元分析的功能，可用于对产品模型进行受力、受热后的变形分析，可以建立有限元模型、对模型进行分析和对分析后的结果进行处理。提供线性静力、线性屈服分析、模拟分析和稳态分析。运动分析模块用于对简化的产品模型进行运动分析。可以进行机构连接设计和机构综合，建立产品的仿真，利用交互式运动模式同时控制 5 个运动副，设计出包含任意关于注塑模中对熔化的塑料进行流动分析，以多种格式表达分析结果。注塑模流动分析模块用于注塑模中对熔化的塑料进行流动分析。具有前处理、解算和后处理的能力，提供强大的在线求解器和完整的材料数据库。

5.3.2 Imageware 软件

Imageware 由美国 EDS 公司出品，是最著名的逆向工程软件，正被广泛应用于汽车、航空、航天、消费家电、模具、计算机零部件等设计与制造领域。Imageware 可谓逆向工程的先驱软件，是第一个完整支持逆向工程的商业软件，也是在逆向工程领域应用最为广泛的软件。但由于其非参数化、对实体无法操作等方面的局限，目前在逆向工程中大部分只被应用于逆向建模前期的点云处理、复杂曲面的构建等方面。Imageware 主要用来做逆向工程，它处理点云数据的流程遵循，点—曲线—曲面的原则，整个流程简单清晰明了，而且软件操作容易，对系统性能要求也不高。

Imageware 作为 UG 中专门的逆向工程设计的模块，具有强大测量数据处理、曲面造型和误差检测的功能；可以处理几万至几百万的点云数据；根据这些数据构造的曲面具有良好的品质和连续性，其模型检测功能方便、直观的显示所构造的曲面模型与实际测量数据之间的误差及平面度、圆度等几何公差。其主要模块功能是：

(1) Imageware 基础模块

基础模块(Imageware Base)包含诸如文件存取、显示控制及数据结构。

(2) Imageware 点处理模块

Imageware 点处理模块(Imageware Point Processing)它完成在数字化设备中读取点云数据，这是一个非常独特的能力，是逆向工程中的首项任务。

(3) Imageware 评估模块

Imageware 评估模块(Imageware Evaluation)包含定性和定量地评定模型总体质量的工具。

①定量评估

这些工具提供关于实物与模型精确的数据反馈。实例包括对相邻曲线和曲面位置、相切及曲率连续的检查工具，还有偏差检查工具以检查不同实物之间的精确差别。

②定性评估

这里强调评价部件模型的美学质量。有效的评估类型包括环境映像工具——将图像包裹到零件表面以获得实际效果。图像通过环境及建筑物的数字化照片获得。软件中包含了大量的预先输入的环境样本。用这种方法可以在模拟的实际环境中观察模型，以取代昂贵的物理模型。除了环境映像外，也可以使用工具预先显示跨整个模型的光流线的情况。这种方法同样可以发现曲面片构造中细微的误差。定性评估对于工业设计以及汽车设计这样要求很高质量和技艺的行业而言有着绝对的需求。

（4）Imageware 曲面模块

Imageware 曲面模块（Imageware Surfacing）提供完整的曲线与曲面建立和修改的工具。这包括扫掠、放样及局部操作用到的圆角、翻边及偏置等曲面建立命令。通过直接编辑曲线及曲面的控制点，对于初始的黑屏设计、输入的遗留数据或有小局部需要修改数据编辑补充，Imageware 曲面模块也提供功能强大的曲面匹配能力。可允许将临近的曲面片在边界线或内部点上进行曲面位置、相切及曲率连续的处理。同时提供丰富的匹配选项以精确控制结果。

（5）Imageware 多边形造型模块

Imageware 多边形造型（Imageware Polygona Modeling）模块完美地适合棋格及三角形数据的处理。数据源为 ST 数据类型（数字化设备中读取的数据）；VRM 有限元数据类型；功能性方面允许执行下列操作：由密集的点云建立多边形、修补多边形网格、偏置多边形用于包装及切割多边形数据剖面 、通过布尔操作增加或减少多边形数据、快速加工应用、多边形雕刻及编辑、多边形可视化、完成逆向工程中的 Nurbs 曲面快速生成。

（6）Imageware 调整和修改功能

因测量有误差及样件表面不光滑等原因，连成 spline 的曲率半径变化往往存在突变，对以后的构面的光顺性有影响。因此曲线必须经过调整，使其光顺。但必须注意的是，无论用什么命令调整曲线都会产生偏差，调整次数越多，累积误差越大。误差允许值视样件的具体要求决定。

5.3.3　UG/Imageware 软件运行流程

UG/Imageware 的逆向工程设计遵循：点→线→面→体的一般原则。具体过程如下：

1. 点过程

确定实体件在数字化设备（三坐标测量机）中的特征空间坐标、扫描剖面、测量分型线以及轮廓线。再根据实体件曲面特征提出曲面打点的要求。一般原则是在曲率变化比较大的地方打点要密一些，平滑的地方则可以稀一些。在实体件测点时要做到有的放矢，除了扫描剖面、测分型线外，测轮廓线等特征线也是必要的，它会在构面的时候带来方便。

2. 连线过程

(1)点整理 连线之前先整理好点，包括去误点、明显缺陷点。

①读入点云数据，将分离的点云对齐在一起(如果有需要)。有时候由于实体零件形状复杂，一次扫描无法获得全部的数据，或是零件较大无法一次扫描完成，这就需要移动或旋转零件，这样会得到很多单独的点云。Imageware 软件可以利用诸如圆柱面、球面、平面等特殊的点信息将点云对齐。

②对点云进行判断，去除噪音点(即测量误差点)。由于测量工具及测量方式的限制，有时会出现一些噪音点，Imageware 软件有很多工具来对点云进行判断，去掉噪音点，以保证结果的准确性。

③通过可视化点云观察和判断，规划如何创建曲面。一个实体零件，是由很多单独的曲面构成，对于每一个曲面，可根据特性判断用什么方式来构成，例如，如果曲面可以直接由点的网格生成，就可以考虑直接采用这一片点云；如果曲面需要采用多段曲线蒙皮，就可以考虑截取点的分段。提前作出规划可以避免以后走弯路。

④根据需要创建点的网格或点的分段。Imageware 软件能提供很多种生成点的网格和点的分段工具，这些工具使用起来灵活方便，还可以一次生成多个点的分段。

(2)点连线 连分型线点尽量做到误差最小并且光顺。因为在许多情况下分型线是产品的装配结合线。对汽车、摩托车中一般的零件来说，连线的误差一般控制在 0.5mm 以下。连线要根据样品的形状、特征大致确定构面方法，从而确定需要连哪些线条，不必连哪些线条。连线可用直线、圆弧、样条线(spline)。最常用的是样条线，选用“through point”方式。选点间隔尽量均匀，有圆角的地方先忽略，做成尖角，做完曲面后再倒圆角。遵循如下步骤：

①判断和决定生成哪种类型的曲线。曲线可以是精确通过点云的、也可以是很光顺的(捕捉点云代表的曲线主要形状)、或介于两者之间。

②创建曲线。根据需要创建曲线，可以改变控制点的数目来调整曲线。控制点增多则形状吻合度好，控制点减少则曲线较为光顺。

③诊断和修改曲线。可以通过曲线的曲率来判断曲线的光顺性，可以检查曲线与点云的吻合性，还可以改变曲线与其它曲线的连续性(连接、相切、曲率连续)。

3. 构面过程

运用各种构面方法建立曲面，包括 Though Curve Mesh、Though Curves、Rule、Swept、From point cloud 等。构面方法的选择要根据实体件的具体特征情况而定。可以参考如下步骤。

①决定生成哪种曲面。同曲线一样，可以考虑生成更准确的曲面、更光顺的曲面，或两者兼顾。根据产品设计需要来决定。

②创建曲面。创建曲面的方法很多，可以用点云直接生成曲面(Fit free form)，可以用曲线通过蒙皮、扫掠、四个边界线等方法生成曲面，也可以结合点云和曲线的信息来创建曲面。还可以通过其它例如圆角等生成曲面。

③诊断和修改曲面。比较曲面与点云的吻合程度，检查曲面的光顺性及与其它曲面的

连续性，同时可以进行修改，例如可以让曲面与点云对齐，可以调整曲面的控制点让曲面更光顺，或对曲面进行重构等处理。

4. 构体过程

当外表面完成后，下一步就要构建实体模型。可以将 Imgerware 中的数据导入 UG 中，在 UG 中生成体特征。当模型比较简单且所做的外表面质量比较好时，用缝合增厚指令就可建立实体。但大多数情况却不能增厚，所以只能采用偏置(Offset)外表面。用 Offset 指令可同时选多个面或用窗口全选，这样会提高效率。对于那些无法偏置的曲面，要学会分析原因。一种可能是由于曲面本身曲率太大，偏置后会自相交，导致 Offset 失败。还有一些曲面看起来光顺性很好，但就是不能 Offset，遇到这种情况可用 Extract Geometry 成 B 曲面后，再 Offset，基本会成功。偏置后的曲面有的需要裁剪，有的需要补面，用各种曲面编辑手段完成内表面的构建，然后缝合内外表面成一实体(solid)。最后再进行产品结构设计，如加强筋、安装孔等。

UG/Imageware 软件具体操作流程

(1)一般的设计流程

①打开。输入扫描点数据，并用“文件”→“打开”命令从 CAD 系统中将其它必要的曲线或曲面输入到 Imageware 中。

②显示。用“显示”命令将输入的数据在视图中以适当的方式显示出来。

③分析。根据对目的曲面的分析，用“修改”→“延伸”→“圆 - 点选择”命令将点云分割成易处理的截面(点云)。

④构造剖切面。从点云截面中构造新的点云。以便构造曲线，这一步通常是由“构建”→“剖面截取点云”中的一个指令完成；或是创建一条曲线后，用“构建”→“点”→“曲线投影到点云”命令将曲线投影到点云；或是用“构建”→“点”中的命令从已有的点云中手工拾取点(新的点云在使用之前，需要先去除杂点)。

⑤构造曲线。从上一步创建的点云构造曲线。用“创建”→“3D 曲线”或者“构建”→“由点云构建曲线”中的命令构造新曲线。

⑥检测曲线。用“测量”→“曲线”→“点云偏差”评估曲线的品质。如果曲线不能达到用户需求的精度，则在利用曲线构造曲面之前，还要用“修改”中的命令将其修正。

⑦构造曲面。由曲线和点云构造出曲面，并从起点处建立与邻近元素的连续性。

⑧评估曲面。利用“评估”和“修改”中的命令工具评估曲面的品质。如果曲面不能达到用户需求的精度，用“修改”中的命令将其修正。

⑨保存并输出。通过 IGES、DXF 或 STL 等格式，将最终的曲面和构造的实体输出至 CAD 系统。

(2)高品质曲面构造

高品质曲面构造与一般流程有所不同，具体流程如下：

①输入扫描数据点和其它必须的曲线或曲面数据至 Imageware。

②在视图中以适当的方式显示输入的数据。

③根据对目的曲面的分析，将点云分割成易于处理的截面(点云)。

④从点云中构造曲面，并和前面的邻近元素建立连续性。

⑤利用曲面显示和误差测量工具对曲面进行检测，如有必要，对误差外的区域进行修正。

⑥通过 IGES、DXF 或 STL 等格式，输出最终的曲面和构造的实体至 CAD 系统。

⑦快速构造曲面

并非所有的设计任务都需要高精度的曲面，如包装研究或其它立体分析等，这时 Imageware 就可用于快速构造曲面。

可以用 Imageware 中的"修改"→"点云整体变形"等命令，来操作低品质的曲面，这些命令，使用户可以直接把 NURBS 曲面模型作为一个连续的 skin 来编辑，而同时保持在曲面间已有的连续性，用户对模型的修改结果，几乎是同时显示出来的。

5.3.4 UG/Imageware 逆向设计过程实例

通过对鼠标逆向设计实例，具体说明 UG/Imageware 逆向设计过程。

1. 获取表面点数据

在三坐标机上用非接触激光扫描测头测量鼠标得到点资料模型如图 5-22 所示。

2. 测量数据预处理

测量数据的预处理包括：测量数据的拼合、噪声点消除、坐标校正、截面数据点获取、数据点重新取样、截面数据点重新排序等步骤，如图 5-23 ~ 图 5-28 所示。

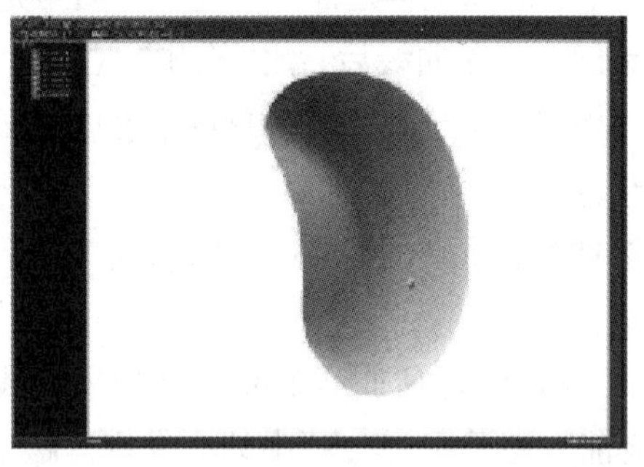

图 5-22 完整嵌合的点资料模型

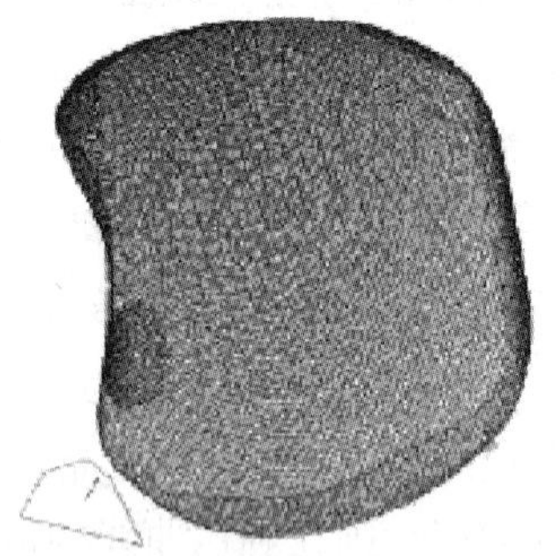

图 5-23 删除周围杂点

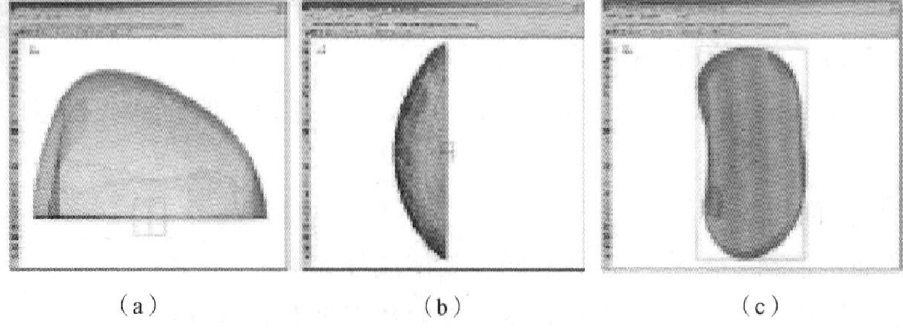

(a) (b) (c)

图 5-24 坐标校正后的点云

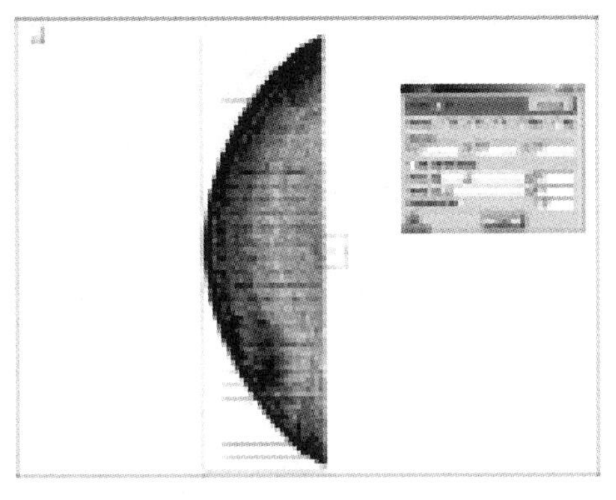

图5-25　获取的点云截面

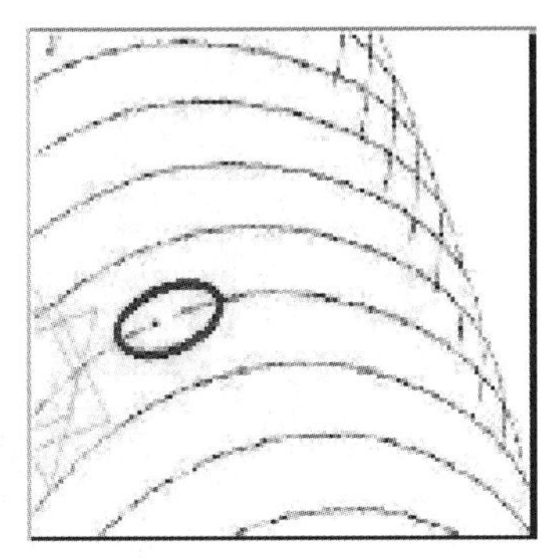
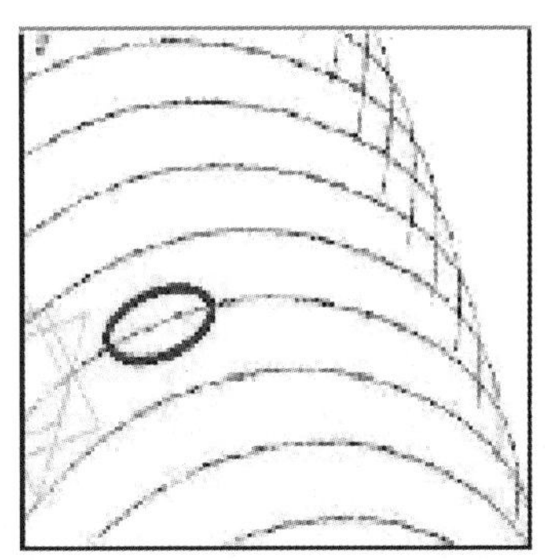

图5-26　点云修补前后(局部放大)

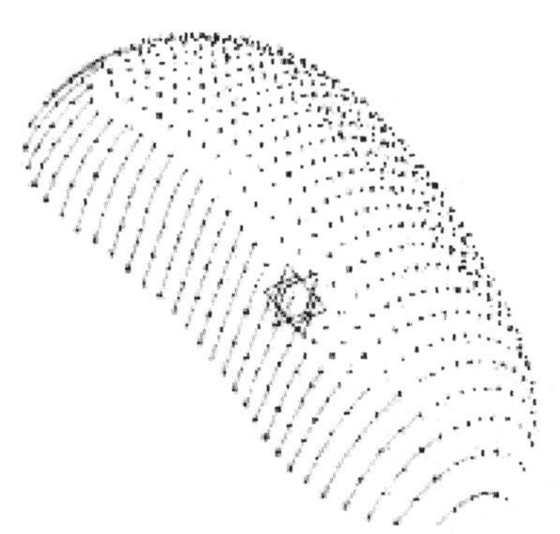

图5-27　截面数据点重新排序

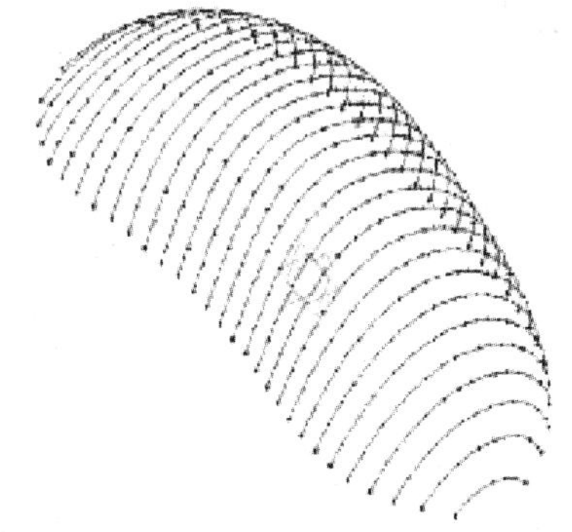

图5-28　曲线拟合

3. 曲线拟合、曲面构建

通过设定控制点数目和曲线平滑值，软件自动进行曲线拟合，如图5-28所示。曲面创建如图5-29所示。

4. 曲面编辑与曲面检测

曲面编辑过程如图5-30，最终生成的完整曲面如图5-31所示。

用Imageware检测曲面的平滑度。如图5-32所示。

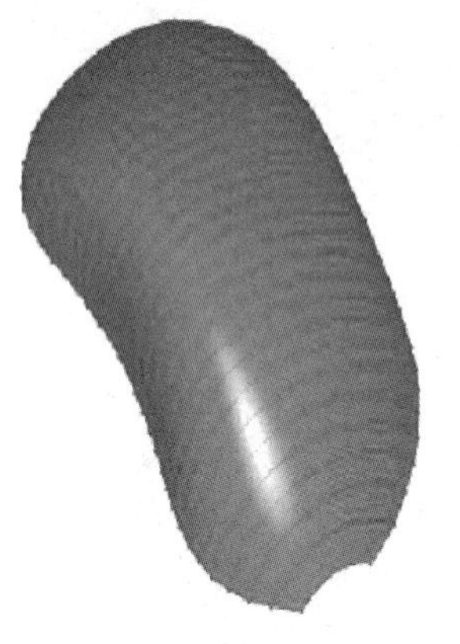

图 5-29　创建的曲面

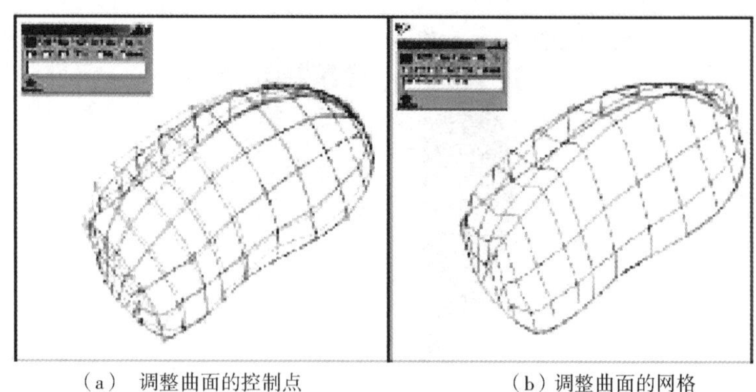

（a）　调整曲面的控制点　　（b）调整曲面的网格

图 5-30　调整曲面

图 5-31　完整曲面

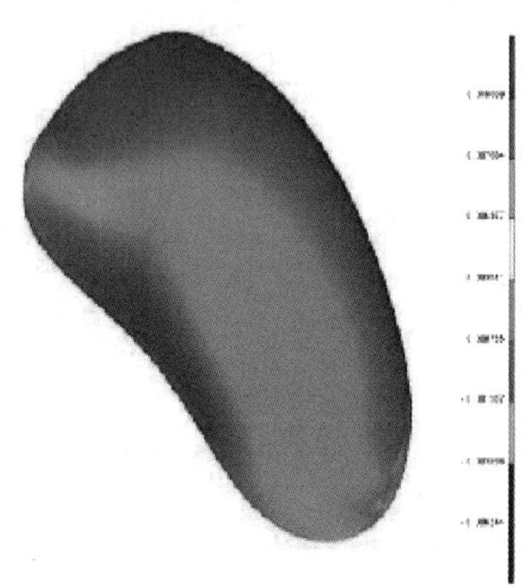

图 5-32　利用高斯曲率检测曲面平滑度

5. 三维曲面创建

将 Imageware 中创建的曲面模型导入 UG 中，最终建立出三维模型如图 5-33 所示。

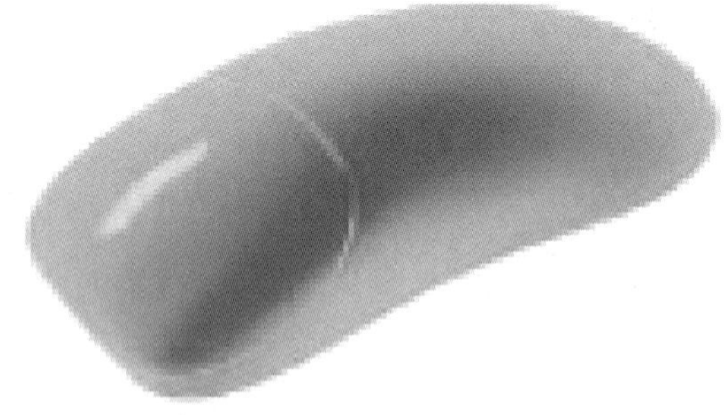

图 5-33　鼠标三维实体模型

5.4　逆向工程的应用展望

5.4.1　逆向工程与知识产权

任何一项新技术、新产品，应该受到有关保护法(如专利法、知识产权法、商标法等)的法律保护，这是国际性的共同行为规范，这才能引导正常的市场竞争和贸易。逆向工程绝不等于偷技术，它是在科技道德和法律制约下，从学术、工程、技术方面来促进科技的发展。这是因为：①任何产品的设计、开发，总要借鉴、继承已有的知识和技术，市场上的产品总要被别人借鉴，关键要划清产权的界限。②青出于蓝而胜于蓝是发展规律，通过逆向来发展新产品，起点高，周期短，成效快，决非照抄照搬。③科学的逆向，有助于促进技术革新，扩大眼界，有助于尽快培养新人。

但应该强调，作为一个国家、民族，为发展科技和振兴经济，不能全靠逆向来生存。鼓励独立的创造性永远是主旋律或主题。

5.4.2　逆向工程应用展望

逆向工程是一门开拓性、综合性和实用性很强的技术。随着计算机技术在制造领域的广泛应用，特别是数字化测量技术的迅猛发展，基于测量数据的产品造型技术成为逆向工程技术关注的主要对象。通过数字化测量设备(如坐标测量机、激光测量设备等)获取的物体表面的空间数据，需要经过逆向工程技术的处理才能获得产品的数字模型，进而输送到 CAM 系统完成产品的制造。因此，逆向工程技术可以认为是“将产品样件转化为 CAD 模型的相关数字化技术和几何模型重建技术”的总称。

应该看到，逆向工程有其独特的共性技术和内容，还是一门新兴的交叉学科分支，正如高新技术层出不穷，解密技术亦要相应发展。在工程专业领域，需有设计、制造、试验、使用、维修、检测等方面知识；在现代设计法领域，应有系统设计、优化、有限元、价值工程、可靠性、工业设计、创新技法等知识；在计算机方面，需有硬件和软件的基本知识；等等。总之，现行产品中的各种复杂、高新技术，在逆向工程中都会遇到如何消化吸收问题。

现代设计理论和方法包括通用的(不针对具体工程专业)和专用的(针对工程专业)的两大范畴。科技发展日新月异，如果说早期的逆向活动偏于模仿性、经验性、粗略近似的技术活动，用传统的、常规的方法基本可以胜任，那么对现代产品中高新技术和复杂多样的技术就无能为力。例如用断裂力学设计的产品，使用中出现裂纹是正常的，要想用经典力学去逆向是无法解释的；高次方组合曲线或曲面的零件断面，不掌握优化技术就难以消化；引进产品某些零件寿命可精确地给出多少小时多少分，如不掌握疲劳和可靠性设计方法就会是个谜，等等。

逆向工程包含的内容和知识面很广，不同专业产品又有不同领域。诸如原理、方案、功能、性能、参数、材质、结构、表面状况、精度和公差、工艺过程、油品、试验和检测、使用规范、维修、运输、可靠性、经济性、贮存等等都要寻究“为什么”的答案，要找出其先进科学的和落后不足的细节。引进产品不一定都先进，盲目吸收掩盖了落后，不适合国情是虚假的先进，最后都要吃大亏，都不是真正的逆向的目标。逆向过程中，如何用现代设计理论、方法和技术去寻求符合国情的适用技术，是提高国产化零件质量的核心问题。寻找适用技术就是再创造，一旦突破，成效显著，有时可使产品上水平、上档次。

顺便指出，开展逆向工程的研究和应用，有助于人才培养。人们需要通过学习、创造、发明去发现新事物，而逆向本身既是学习又可尽快掌握高新技术，缩小差距。发达国家重视逆向，正在发展中国家更要重视和掌握这种艺术和技术。要完成一项逆向任务，进而再创造，需学习和掌握众多知识和经验，促使人们不断去探讨“为什么这样做”，进而深化提高到“应该怎样做”。特别是中外合资和技术引进后的国产化，有大量逆向工作。国产化就要创新，逆向本质就是再创造，没有相应技术的人才就很难胜任。

思考题及习题

1. 分析正向工程和逆向工程的特点、区别和联系。
2. 实物逆向中，逆向工程的基本步骤，分析每个步骤的主要研究内容。
3. 实物逆向工程的关键技术是哪些?
4. 测量数据的预处理原因及内容有哪些?
5. 分析当前市场上主流的逆向工程软件及其特点。
6. 分析 Imageware 和 UG 软件的关系和它们分别的特点。
7. 简述 UG/Imageware 软件的运行流程。

第6章　数字化测量技术

机械设计、制造及检测是机械工程领域的三大技术支柱及研究内容。随着数字化设计与制造技术的发展，检测系统已经发生了很大的变化。从测量原理上来看，检测技术已经由当初的接触式测量扩展到非接触以及复合式测量。从被动走向主动，从单一走向多样，从点到面，扩展到空间，进而构建一个检测数字化的网络。检测系统正朝着数字化、网络化、柔性化、精密化方向发展，从离线走入在线和实时，形成全时、全程的全天候检测态势。各种数字化的检测工艺及系统推陈出新，如激光扫描测量、影像测量、照相测量等等。以三坐标测量机为主的数字化检测系统，作为提高产品质量的重要手段以及逆向工程技术必备条件，为数字化设计与制造技术的提供了一种先进的、全新的解决方案。

6.1　数字化测量技术基本概念

6.1.1　基本概念

传统的机械测量如游标卡尺、千分尺、螺旋测微仪等工具是手工检测机械零件或装配件的主要工具。这种检测方式的优点是成本低、检测方便、易学易用，但缺点是检测精度不高、检测效率低、对于复杂零件的检测无能为力。

数字化检测技术就是利用各种物理化学效应，选择合适的方法和装置，将生产、科研、生活中的有关信息转变为可以度量的数字、数据，再以这些数字、数据建立起适当的数字化模型，通过计算机进行处理，赋予定性或定量结果的过程。

数字化检测技术是综合利用机电技术、计算机技术、控制及软件技术而发展起来的一项新技术，其特点是测量精度高、测量柔性好、测量效率较高，尤其是对复杂零件的检测，更是传统测量方法所无法比拟的。

6.1.2　测量方法

数字化检测技术从测量原理上来看，分为笛卡尔坐标测量法和柔性坐标测量法。从检测方法上分为接触式测量、非接触以及复合式测量。

接触式检测就是指检测过程通过与被测工件的表面接触获取被测件表面的信息。接触式检测的典型产品是三坐标测量机。

非接触式检测是指利用工业 CCD 镜头或激光对物体表面进行测量从而获得物体三维

坐标信息的测量工具。目前此类系统主要有激光测量仪、影像(视频)测量仪、照相(摄影)测量 仪等。

复合式测量则是指在同一个测量工具上集成了两种以上的测量方式，如接触式的探针测头和影像测量或激光测量。

6.1.3 数字化测量技术的应用

数字化测量技术的应用十分普遍。从现代制造行业应用领域来讲，主要有质量控制和逆向工程两个方面。

1. 质量控制方面

测量技术最早是随着产品质量控制的要求逐步发展起来的。因此，它的自然应用领域首先是在产品的质量控制上。在早期的机械零部件生产中，一般使用简易的测量仪器进行产品质量的检验，比如游标卡尺、千分尺等。但随着机械零件的复杂化，尤其是汽车和航空工业的发展，传统的机械检测手段已经难以满足检测要求，三坐标测量机应运而生。

在现代制造行业中，大多数产品都是按照 CAD 数学模型在数控加工机床上制造出来的。要了解它与原 CAD 数学模型相比，确定其在加工制造过程中产生的误差，就需要使用数字化检测系统进行测量。数字化检测系统软件系统可以用图形方式显示原 CAD 数学模型，再按照可视化方式从图形上确定被测点，得到被测点的数字值及法向矢量，便可生成自动测量程序。也可与原 CAD 数学模型进行比较并以图形方式显示，生成坐标检测报告(包括文本报告和图表报告)，全过程直观快捷，而用传统的检测方法则无法完成。随着在线检测的需要，目前数字化检测系统在生产现场使用，实现在线检测，大大提高检测的效率，缩短产品的生产和检验周期。

2. 逆向工程方面

三坐标扫描测量机作为数字化的测量设备，通过曲线和曲面的测量可获取工件表面的三维坐标数据，再利用逆向工程 CAD 技术获得产品的 CAD 数学模型，进而利用 CAM 系统完成产品的制造。逆向工程技术用先进的计算机数字图形技术表达复杂的工件形状，可取代以实物为基础的传统的外形传递方法，缩短产品的开发试制周期，降低成本。

6.2 数字化测量系统

6.2.1 坐标测量法系统

坐标测量法是以点的坐标位置为基础的笛卡尔坐标测量法，它分为一维、二维和三维测量。坐标测量机是一种典型的坐标测量法测量仪器如图 6-1 所示。三坐标测量机(CMM，Coordinate Measuring Machine)是基于坐标测量的通用化数字测量设备，它是由三个运动导轨，按笛卡尔坐标系组成的具有三维测量功能的测量仪器。它的基本原理是将被测零件放入它容许的测量空间，将各被测几何元素的测量转化为对这些几何元素上一些点集坐标位置的测量，在测得这些点的坐标位置后，再根据这些点的空间坐标值，经过数学处理求出其尺寸和形位误差。精密地测出被测零件在 X、Y、Z 三个坐标位置的数值，根据这些点的数值经过计算机数据处理得出形状、位置公差及其它几何量数据。并结合数据处理软件拟合形成测量元素，如圆、球、圆柱、圆锥、曲面等。

（a）悬臂式

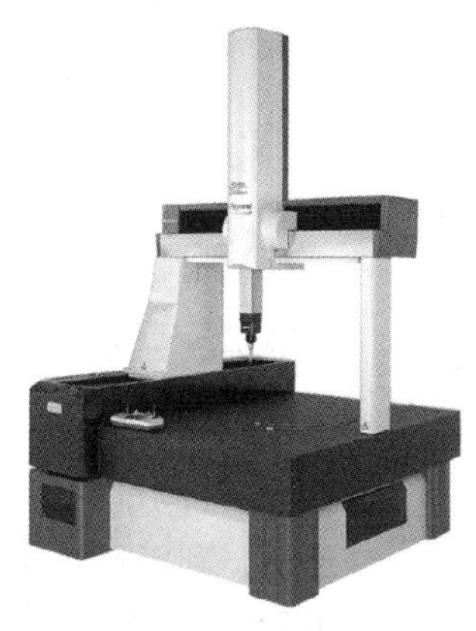

（b）龙门式

图 6-1　三坐标测量机

目前为满足大型复杂零件的测量，从坐标测量机演变研究出了如图 6-2 所示的关节测量机和极柱测量机。

（a）关节式测量机

（b）极柱式测量机

图 6-2　坐标测量机的演变

6.2.2　机器视觉测量法系统

“机器视觉”(Machine Vision)又称图像检测技术，它是将被测对象的图像作为信息的载体，从中提取有用的信息来达到测量的目的。具有非接触、高速度、测量范围大、获得的信息丰富等优点。通过 CCD(Charge Coupled Device)摄像头与光学系统、数字处理系统的结合，可实现不同的检测要求。CCD 元件可理解为一个由感光像素组成的点阵。因此，面阵 CCD 的每个像素都一一对应了被测对象的二维图像特征，即通过对像素点成像结果的分析可以间接分析对象的图像特征。

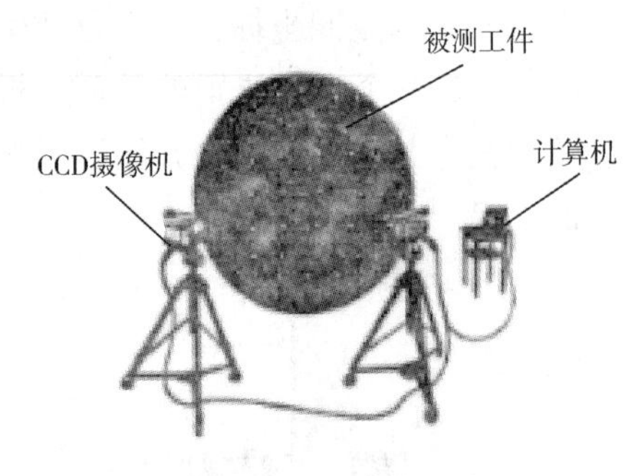

图 6-3　大孔径工件视觉测量系统

机器视觉测量是建立在计算机视觉研究基础上的一门新兴测试技术。与计算机视觉研究的视觉模式识别、视觉理解等内容不同，视觉测试技术重点研究的是物体的几何尺寸及物体的位置测量，如轿车白车身三维尺寸的测量、模具等三维面形的快速测量、大型工件同轴度测量以及共面性测量等，它可以广泛应用于在线测量、逆向工程等主动、实时测量过程。典型的视觉系统一般包括光源、镜头、CCD 照相机、图像处理单元(或图像采集卡)、图像处理软件、监视器、通信/输入输出单元等。它用视觉传感器采集目标图像，通过对图像各种特征量的分析处理，获取被测尺寸信息。如图 6-3 所示为由两台摄像机组成大孔径类工件测量系统。摄像机从不同位置依次摄取被测物体，被测点分别成像在两个 CCD 像面上，利用不同像面上的成像差异，通过特征点匹配等方法可确定被测点深度信息，采用适当的图像处理方法，求得目标在计算机图像坐标系下的准确坐标，就可以得到目标点在摄像机坐标系中的三维坐标。

多 CCD 传感器“融合”的轿车车身机器视觉检测系统的原理、组成及其工作过程。系统包含传送系统、定位系统、视觉传感器(CCD 摄像机)、可调节固定构架和计算机控制系统五个部分。如图 6-4 所示，测量系统中的所有传感器在空间形成多个特定线或特定面，由整个标定方法对其空间位置进行标定，根据整体标定结果和传感器测量信息计算出被测特征点在整体坐标系中的位置。从而实现车身三维尺寸的测量。

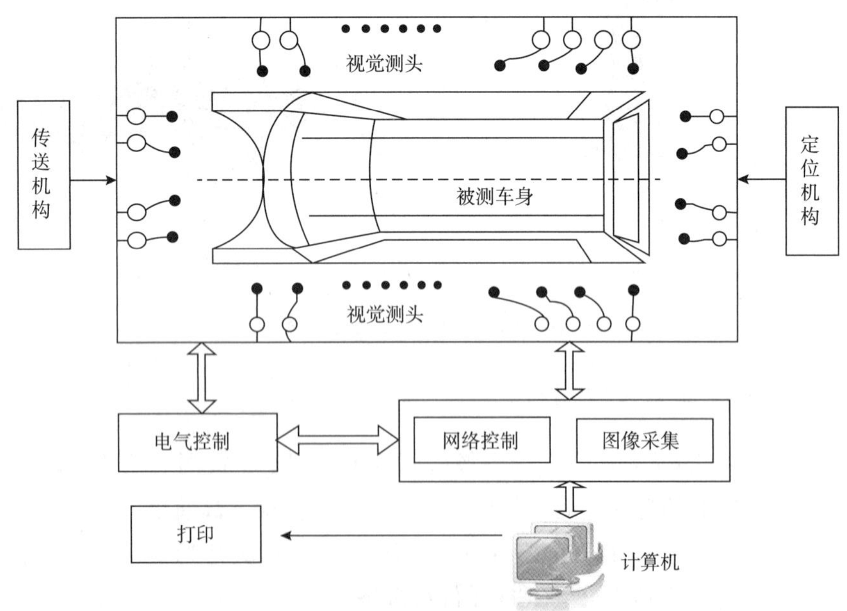

图 6-4　轿车车身机器视觉检测系统

6.2.3　激光跟踪测量法

激光跟踪测量法最初发展于机器人计量学，这种测量方法具有连续、柔性、动态、非接触和高精度的特点。

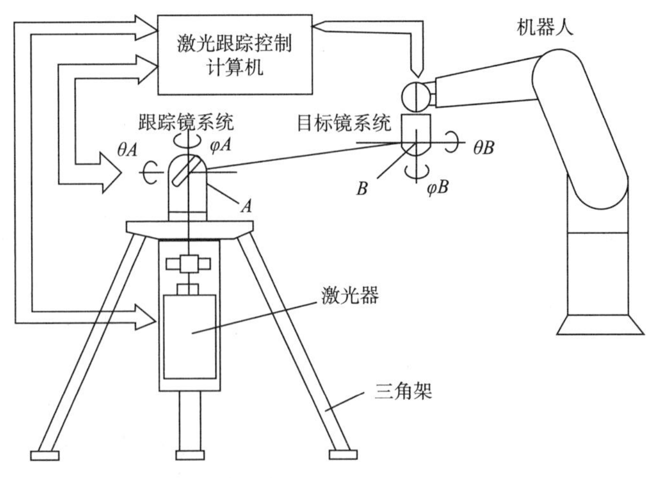

图 6-5　激光跟踪测量法

激光跟踪测量法如图 6-5 所示。激光跟踪测量仪为一球坐标测量系统，如图 6-6 所示。激光跟踪头可以绕水平轴和铅锤轴回转。两个回转角 φ_i 和 θ_i 由装在两根轴上的测角系统读出，矢量 L_i 采用激光干涉原理测量，作为测量靶镜常采用猫眼或角锥棱镜。测量时如图 6-7 所示，猫眼(或角锥棱镜)8 装在一个靶镜座 9 上，靶镜座沿被测件表面 10 移动。激光器 4 发出的光经反射镜 2、分光镜 11 与 6 射入转镜 5，经转镜 5 反射后，射到猫眼 8 上。若入射光正好通过猫眼的中心(或角锥棱镜的顶点)P 时，反射光由原路返回；只要入射光不通过 P 点，反射光束就要偏离入射光束。反射光束再经转镜 5 反射后，由分光镜 6 分成两路：一束光至分光镜 11，与由参考反射镜 7 反射回来的参考光形成干涉，干涉信号由干涉条纹计数器 1 记述，得到矢径 L_i 的测量值。另一束光射到四象限光电元件 3，若猫眼上的反射光原路返回，则光电元件 3 无信号输出(处于平衡状态)，当猫眼上的反射光偏离入射光时，光电元件 3 就有差动信号输出，该信号经放大后用于伺服电机的控制，电机带动转镜 5 旋转，直至猫眼上的入射光束通过 P 点，使光电元件 3 恢复平衡状态，由此完成了跟踪瞄准，并由测角元件测出转镜 5 绕两个垂直轴的转角，得到两个角度坐标测量值 φ_i 和 θ_i。

激光干涉仪是增量式测量系统，因无绝对零点，所以一次测量必须连续进行，光路不能中断。激光跟踪干涉仪上有一个标定座 12，猫眼及测量座置于标定座上，则仪器显示的是转镜 5 中心 A 至猫眼中心 P 之间的距离，由此设定矢径的初始值 L_0，然后再将测量座缓慢移到被测表面上。移动时一定要小心谨慎，移动速度太快或不小心断光均需要重新进行标定。

激光跟踪测量法主要用于大型物体的大型构件立体特征的数字化测量如图 6-8 所示。

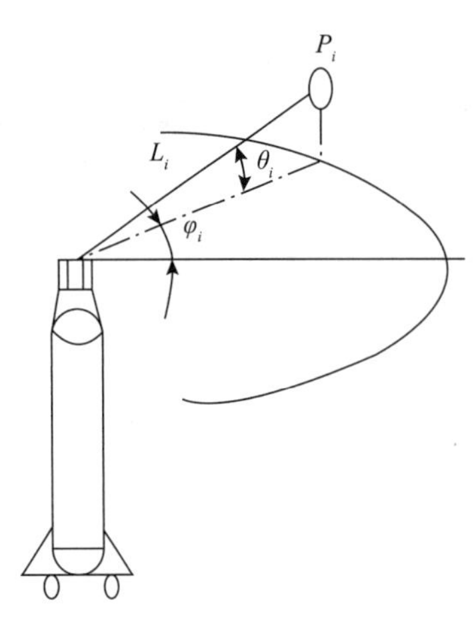

图6-6　球坐标测量系统示意图

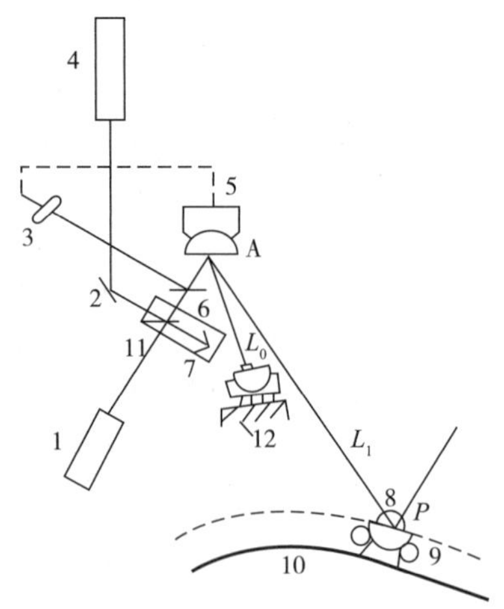

图6-7　激光跟踪测量示意图

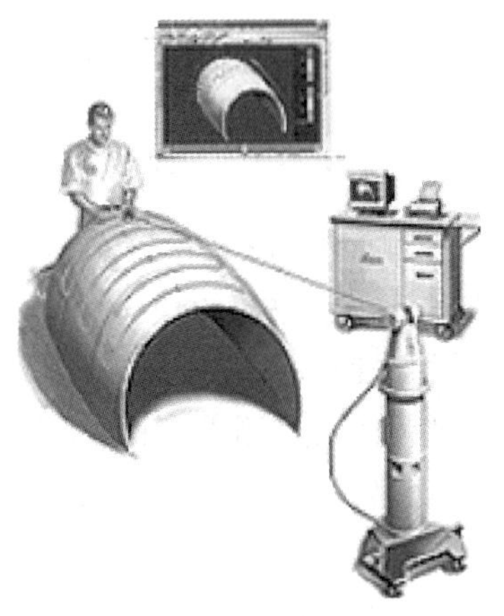

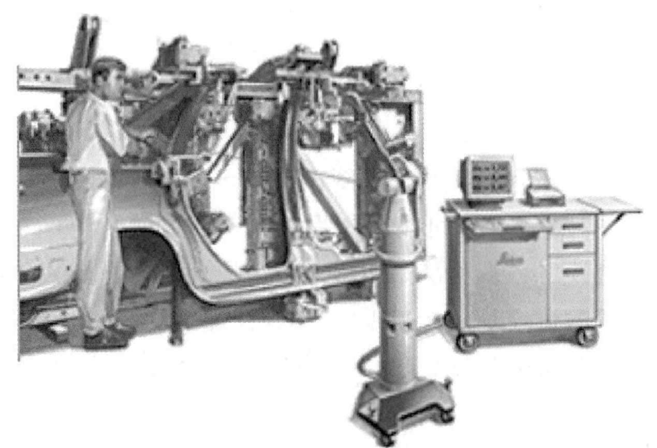

图6-8　激光跟踪仪的应用

6.2.4　数字化测量技术的发展趋势

在科学技术高度发展的今天，现代数字化精密测量技术对一个国家的发展起着十分重要的作用。如果没有先进的测量技术与测量手段，就很难设计和制造出综合性能和单相性能均优良的产品，更谈不上发展现代高新尖端技术，因此世界各个工业发达国家都很重视和发展现代数字化的精密测量技术。

数字化检测技术在互联网时代下是企业发展趋势。在互联网与企业经营紧密的时代，使企业的营销方式、信息传递、生产组织、资源共享、沟通交流等更加的便捷和顺畅。互联网造就的结果是产品更具科技、决策更具效率、服务更为贴心、客户更为满意，如何让研发、设计能够顺畅、便捷的汲取行业研发动态、以提高生产效率，提升检测效率是制造企业在互联网时代下所关注和考虑的重点。

数字化检测技术是一门集光学、电子、传感器、图像、制造及计算机技术为一体的综合性交叉学科，涉及广泛的学科领域，它的发展需要众多相关学科的支持。随着计算机技术、数控技术、光电技术以及检测传感技术的发展，数字检测技术的发展呈现出日新月异的特点。从大的趋势上来说，检测技术的发展日益走向精度高精密化、功能复合化、机器大型化和微型化、检测速度快、以及与加工机床日益融合化等。

1. 高精度化

随着市场竞争的日益激烈，产品质量的要求越来越高，这就要求机械加工精度和检测设备的精度日益提高，目前出现的纳米测量机就是这一发展的体现。

纵观纳米测量技术发展的历程，它的研究主要向两个方向发展：一是在传统的测量方法基础上，应用先进的测试仪器解决应用物理和微细加工中的纳米测量问题，分析各种测试技术，提出改进的措施或新的测试方法。二是发展建立在新概念基础上的测量技术，利用微观物理、量子物理中最新的研究成果，将其应用于测量系统中，它将成为未来纳米测量的发展趋向。

2. 功能复合化

计算机辅助检测技术发展的第二个特点是功能复合化。目前的三坐标测量机越来越多的具有两种以上的复合测量功能，如接触式测量与激光测量的复合，或接触式测量与影像测量的复合，甚至还有这三种功能的复合等。

功能复合化是为了满足多种测量需要而产生的。在实际检测或逆向工作中，根据零件几何形状的复杂程度和特点，有时需要采用不同的测量手段进行测量，以获得较好的测量结果。比如，对于普通曲面形状，激光扫描的点采集速度就很快，效率很高。而对于需要进行精确定位的检测来说，接触式测量则有其高精度、准确性好的特点。

3. 机器巨型化和微型化

计算机辅助检测技术发展的第三个特点是机器的测量范围向巨型化和微型化两个方向发展。随着大尺寸零件和装配件的检测要求，如汽车整车检测、工程机械检测等，都对计算机辅助检测技术提出了新的要求，因此检测系统的尺寸也是越来越大，如目前的大三坐标测量机可以做到十几米以上。

对于电子类产品的检测来说，由于一般的集成电路芯片都较小，因此在微型测量仪器方面也获得了迅速的发展。影像测量的发展，明显得益于近几年电子产业的迅速发展。

4. 与加工机床的集成

在不久的将来，切削加工的质量控制检测可能会以如下方式进行：当机床对工件进行切削加工后，一束激光将对工件进行高速扫描检测，并将测得的尺寸信息下载到机床的 CNC 数控系统，CNC 系统中联接有一个统计过程控制(SPC)软件程序，工件尺寸信息即下载到该程序中。如果任何一个工件尺寸呈现偏离预设公差的趋势，SPC 程序将对切削程序作出必要的偏移补偿或向操作者报警。然后 SPC 程序将向机床的 CNC 数控程序发出检查刀具的指令，以确定刀具是否已发生崩损或过度磨损。此外，如有必要，机床加工的 SPC 数据将与一台中心计算机共享，并可传送至整个工厂甚至几千英里以外的某地。以上过程在几秒钟之内即可完成。这种在机床质量控制检测方法将成为一种效率最高的工件检测方式。

随着在机床上引入测头用于工件位置的检测，在机床质量控制技术即已发达。既然用一个测头能够精确地确定工件在夹具中的安装位置，那么为什么不能用它来检测工件尺寸和完成一台坐标测量机(CMM)的功能呢。显然这一过程正是下一个可以预见的发展。

6.3 三坐标测量机概述

三坐标测量机是典型的现代数字化仪器设备。三坐标测量机的功能是快速准确地评价尺寸数据，为操作者提供关于生产过程状况的有用信息。其测量功能涵盖了几乎所有的普通尺寸测量，数据处理，外形分析等现代测量任务。三坐标测量机是现代数字化设计逆向工程流程中获得产品三维数字化数据(点云/特征)，对测量数据进行处理，将实物转变为CAD模型相关的关键数字化技术设备。

6.3.1 三坐标测量机的发展及工作原理

1. 三坐标测量机的发展

三坐标测量机(Coordinate Measurement Machine，简称CMM)，又称三坐标测量仪，是20世纪60年代发展起来的一种新型高效的精密测量仪器。它的出现，一方面是由于自动机床、数控机床高效率加工以及越来越多复杂形状零件加工需要有快速可靠的测量设备与之配套；另一方面是由于计算机技术、数字控制技术以及精密加工技术的发展为三坐标测量机的产生提供了技术基础。1960年，英国FERRANTI公司研制成功世界上第一台三坐标测量机，到20世纪60年代末，已有近十个国家的三十多家公司在生产三坐标测量机，不过这一时期的三坐标测量机尚处于技术的发展阶段。进入20世纪80年代后，以海克斯康、德国蔡氏、英国LK、日本三丰等为代表的众多公司不断采用新的检测技术，推出新的产品，使得三坐标测量机的发展速度加快。

现代三坐标测量机不仅能在计算机控制下完成各种复杂测量，而且可以通过与数控机床交换信息，实现对加工的控制，并且还可以根据测量数据，实现逆向工程。目前，三坐标测量机已广泛应用于机械制造业、汽车工业、电子工业、航空航天工业和国防工业等各部门，成为现代工业检测和质量控制不可缺少的精密测量设备。

2. 三坐标测量机的组成及工作原理

(1)三坐标测量机的组成

三坐标测量机是典型的机电一体化设备，它由机械系统、测头系统、电气系统、以及计算机和软件四大部分组成。

①机械系统：一般由三个正交的直线运动轴构成。如图6-9所示结构中，X向导轨系统装在工作台上，移动桥架横梁是Y向导轨系统，Z向导轨系统装在中央滑架内。三个方向轴上均装有光栅尺用以度量各轴位移值。

②电气系统：除机械系统外，三坐标测量系统中的光栅尺、光栅读数头、数据采集卡、自动系统的运动控制卡、接口箱、电缆线、电机等构成了三坐标测量机的电气系统。

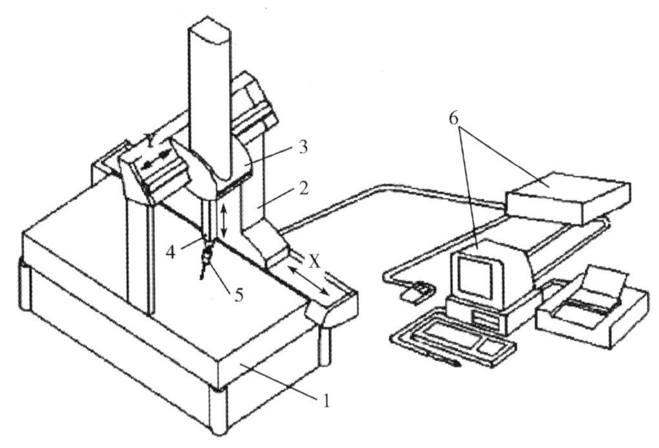

图6-9　三坐标测量机的组成

1—工作平台；2—移动桥架；3—中央滑架；4—Z轴；5—测头；6—电气和软件系统

③测头系统：测头系统是三坐标测量机的数据采集器，其作用是获取当前坐标位置的信息。测头系统按其组成有两类：机械式测头和电气式测头两种。

④计算机和软件系统：一般由计算机、数据处理软件系统组成，用于获得被测点的坐标数据，并对数据进行计算处理。

(2)三坐标测量机的工作原理

三坐标测量机是基于坐标测量法，CMM基本原理是通过测得被测要素的X、Y、Z三维坐标值，再进行相应的数据处理，得到其要求的特征值。它首先将各被测几何元素的测量转化为对这些几何元素上一些点集坐标位置的测量，在测得这些点的坐标位置后，再根据这些点的空间坐标值，经过数学运算求出其尺寸和形位误差。如图6-10所示，要测量工件上一圆柱孔的直径，可以在垂直于孔轴线的截面Ⅰ内，触测内孔壁上三个点(点1、2、3)，则根据这三点的坐标值就可计算出孔的直径及圆心坐标O_I；如果在该截面内触测更多的点(点1，2，…，n，n为测点数)，则可根据最小二乘法或最小条件法计算出该截面圆的圆度误差；如果对多个垂直于孔轴线的截面圆(Ⅰ，Ⅱ，…，m，m为测量的截面

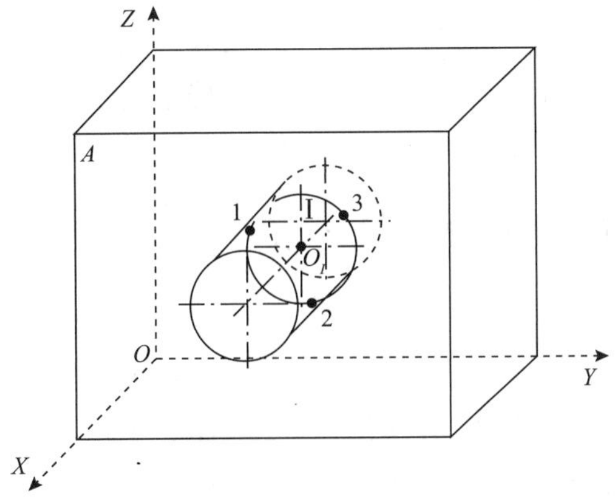

图6-10　坐标测量原理

圆数)进行测量，则根据测得点的坐标值可计算出孔的圆柱度误差以及各截面圆的圆心坐标，再根据各圆心坐标值又可计算出孔轴线位置；如果再在孔端面A上触测三点，则可计算出孔轴线对端面的位置度误差。由此可见，三坐标测量机的这一工作原理使得其具有很大的通用性与柔性。从原理上说，它可以测量任何工件的任何几何元素的任何参数。

(3)三坐标测量机的分类

①按三坐标测量机的技术水平分类

a. 数字显示及打印型，这类三坐标测量机主要用于几何尺寸测量，可显示并打印出测得点的坐标数据，但要获得所需的几何尺寸形位误差，还需进行人工运算，其技术水平较低，目前已基本被陶汰。

b. 带有计算机进行数据处理型，这类三坐标测量机技术水平略高，目前应用较多。其测量仍为手动或机动，但用计算机处理测量数据，可完成诸如工件安装倾斜的自动校正计算、坐标变换、孔心距计算、偏差值计算等数据处理工作。

c. 计算机数字控制型，这类三坐标测量机技术水平较高，可像数控机床一样，按照编制好的程序自动测量。

②按三坐标测量机的测量范围分类

a. 小型坐标测量机，这类三坐标测量机在其最长一个坐标轴方向(一般为 X 轴方向)上的测量范围小于500mm，主要用于小型精密模具、工具和刀具等的测量。

b. 中型坐标测量机，这类三坐标测量机在其最长一个坐标轴方向上的测量范围为500~2000mm，是应用最多的 机型，主要用于箱体、模具类零件的测量。

c. 大型坐标测量机，这类三坐标测量机在其最长一个坐标轴方向上的测量范围大于2000mm，主要用于汽车与发动机外壳、航空发动机叶片等大型零件的测量。

③按三坐标测量机的精度分类

a. 精密型三坐标测量机，其单轴最大测量不确定度小于 $1\times10^{-6}L$(L 为最大量程，单位为 mm)，空间最大测量不确定度小于 $(2\sim3)\times10^{-6}L$，一般放在具有恒温条件的计量室内，用于精密测量。

b. 中、低精度三坐标测量机，低精度三坐标测量机的单轴最大测量不确定度大体在 $1\times10^{-4}L$ 左右，空间最大测量不确定度为 $(2\sim3)\times10^{-4}L$，中等精度三坐标测量机的单轴最大测量不确定度约为 $1\times10^{-5}L$，空间最大测量不确定度为 $(2\sim3)\times10^{-5}L$。这类三坐标测量机一般放在生产车间内，用于生产过程检测。

6.3.2 三坐标测量机的机械结构

1. 结构形式

三坐标测量机的结构形式是由三个正交的直线运动轴构成的形式确定，有移动桥式、固定桥式、龙门式、悬臂式、立柱式，这三个坐标轴的相互配置位置(即总体结构形式)对测量机的精度以及对被测工件的适用性影响较大。图6-11是目前常见的几种三坐标测量机结构形式，下面对其结构特点和应用范围作简要介绍。

图6-11(a)为移动桥式结构，它是目前应用最广泛的一种结构形式，其结构简单，敞开性好，工件安装在固定工作台上，承载能力强。但这种结构的 X 向驱动位于桥框一侧，桥框移动时易产生绕 Z 轴偏摆，而该结构的 X 向标尺也位于桥框一侧，在 Y 向存在较大的阿贝臂，这种偏摆会引起较大的阿贝误差，因而该结构主要用于中等精度的中小机型。

图6-11(b)为固定桥式结构，其桥框固定不动，X 向标尺和驱动机构可安装在工作台下方中部，阿贝臂及工作台绕 Z 轴偏摆小，其主要部件的运动稳定性好，运动误差小，适用于高精度测量，但工作台负载能力小，结构敞开性不好，主要用于高精度的中小机型。

图6-11(c)为中心门移动式结构，结构比较复杂，敞开性一般，兼具移动桥式结构承载能力强和固定桥式结构精度高的优点，适用于高精度、中型尺寸以下机型。

图6-11(d)为龙门式结构，它与移动桥式结构的主要区别是它的移动部分只是横梁，移动部分质量小，整个结构刚性好，三个坐标测量范围较大时也可保证测量精度，适用于大机型，缺点是立柱限制了工件装卸，单侧驱动时仍会带来较大的阿贝误差，而双侧驱动方式在技术上较为复杂，只有 Y 向跨距很大、对精度要求较高的大型测量机才采用。

图6-11(e)为悬臂式结构，结构简单，具有很好的敞开性，但当滑架在悬臂上作 Y 向运动时，会使悬臂的变形发生变化，故测量精度不高，一般用于测量精度要求不太高的小型测量机。

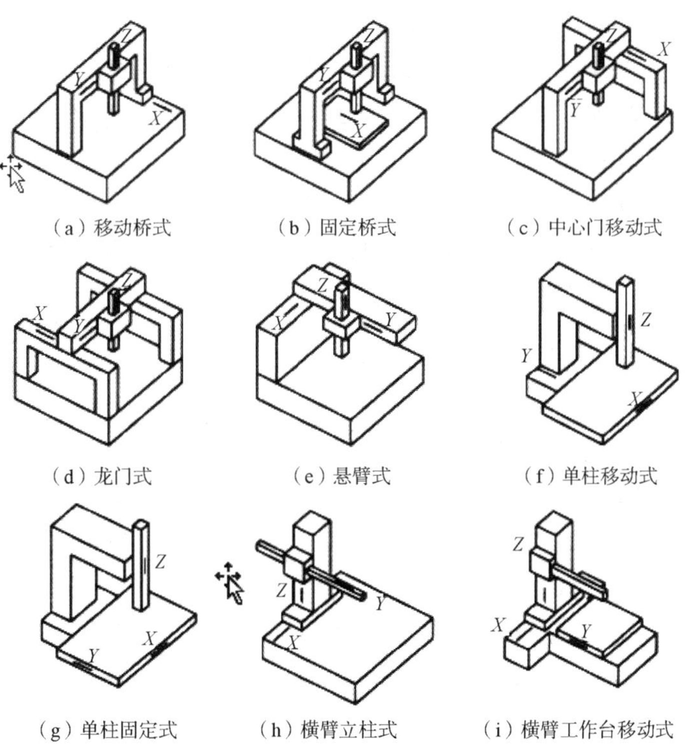

图6-11　三坐标测量机的结构形式

图6－11(f)为单柱移动式结构，也称为仪器台式结构，它是在工具显微镜的结构基础上发展起来的。其优点是操作方便、测量精度高，但结构复杂，测量范围小，适用于高精度的小型数控机型。

图6－11(g)为单柱固定式结构，它是在坐标镗的基础上发展起来的。其结构牢靠、敞开性较好，但工件的重量对工作台运动有影响，同时两维平动工作台行程不可能太大，因此仅用于测量精度中等的中小型测量机。

图6－11(h)为横臂立柱式结构，也称为水平臂式结构，在汽车工业中有广泛应用。其结构简单、敞开性好，尺寸也可以较大，但因横臂前后伸出时会产生较大变形，故测量精度不高，用于中、大型机型。

图6－11(i)为横臂工作台移动式结构，其敞开性较好，横臂部件质量较小，但工作台承载有限，在两个方向上运动范围较小，适用于中等精度的中小机型。

2. 工作台

早期的三坐标测量机的工作台一般是由铸铁或铸钢制成的，但近年来，各生产厂家已广泛采用花岗岩来制造工作台，这是因为花岗岩变形小、稳定性好、耐磨损、不生锈，且价格低廉、易于加工。有些测量机装有可升降的工作台，以扩大 Z 轴的测量范围，还有些测量机备有旋转工作台，以扩大测量功能。

3. 导轨

导轨是测量机的导向装置，直接影响测量机的精度，因而要求其具有较高的直线性精度。在三坐标测量机上使用的导轨有滑动导轨、滚动导轨和气浮导轨，但常用的为滑动导轨和气浮导轨，滚动导轨应用较少，因为滚动导轨的耐磨性较差，刚度也较滑动导轨低。在早期的三坐标测量机中，许多机型采用的是滑动导轨。滑动导轨精度高，承载能力强，但摩擦阻力大，易磨损，低速运行时易产生爬行，也不易在高速下运行，有逐步被气浮导轨取代的趋势。目前，多数三坐标测量机已采用空气静压导轨(又称为气浮导轨、气垫导轨)，它具有许多优点，如制造简单、精度高、摩擦力极小、工作平稳等。

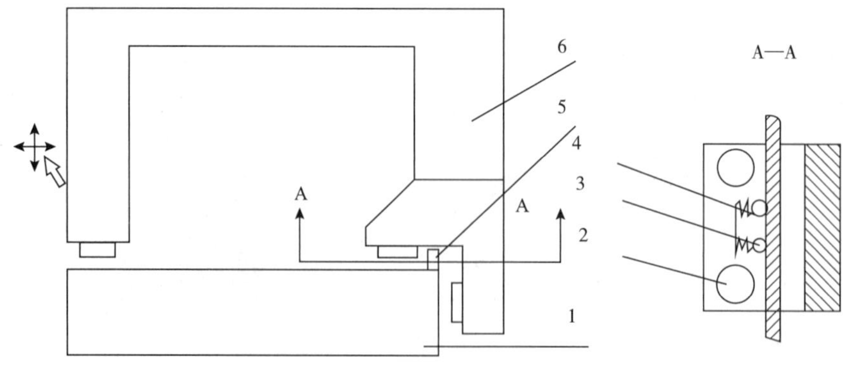

图6－12　三坐标测量机气浮导轨的结构

1—工作台；2—气垫；3—滚轮；4—压缩弹簧；5—导向块；6—桥架

图6-12给出的是一移动桥式结构三坐标测量机气浮导轨的结构示意图，其结构中有六个气垫2(水平面四个，侧面两个)，使得整个桥架浮起。滚轮3受压缩弹簧4的压力作用而与导向块5紧贴，由弹簧力保证气垫在工作状态下与导轨导向面之间的间隙。当桥架6移动时，若产生扭动，则使气垫与导轨面之间的间隙量发生变化，其压力也随之变化，从而造成瞬时的不平衡状态，但在弹簧力的作用下会重新达到平衡，使之稳定地保持10μm的间隙量，以保证桥架的运动精度。气浮导轨的进气压力一般为3~6个大气压，要求有稳压装置。

气浮技术的发展使三坐标测量机在加工周期和精度方面均有很大的突破。目前不少生产厂在寻找高强度轻型材料作为导轨材料，有些生产厂已选用陶瓷或高膜量型的碳素纤维作为移动桥架和横梁上运动部件的材料。另外，为了加速热传导，减少热变形，采用带涂层的抗时效合金来制造导轨，使其时效变形极小且使其各部分的温度更加趋于均匀一致，从而使整机的测量精度得到了提高，而对环境温度的要求却又可以放宽些。

6.3.3　三坐标测量机的测量系统

三坐标测量机的测量系统由标尺系统和测头系统构成，它们是三坐标测量机的关键组成部分，决定着三坐标测量机测量精度的高低。

1. 标尺系统

标尺系统是用来度量各轴的坐标数值的，目前三坐标测量机上使用的标尺系统种类很多，它们与在各种机床和仪器上使用的标尺系统大致相同，按其性质可以分为机械式标尺系统(如精密丝杠加微分鼓轮，精密齿条及齿轮，滚动直尺)、光学式标尺系统(如光学读数刻线尺，光学编码器，光栅，激光干涉仪)和电气式标尺系统(如感应同步器，磁栅)。根据对国内外生产三坐标测量机所使用的标尺系统的统计分析可知，使用最多的是光栅，其次是感应同步器和光学编码器。有些高精度三坐标测量机的标尺系统采用了激光干涉仪。

2. 测头系统

(1)测头

三坐标测量机是用测头来拾取信号的，因而测头的性能直接影响测量精度和测量效率，没有先进的测头就无法充分发挥测量机的功能。在三坐标测量机上使用的测头，按结构原理可分为机械式、光学式和电气式等；而按测量方法又可分为接触式和非接触式两类。

①机械接触式测头

机械接触式测头为刚性测头，根据其触测部位的形状，可以分为圆锥形测头、圆柱形测头、球形测头、半圆形测头、点测头、V型块测头等(如图6-13所示)。这类测头的形状简单，制造容易，但是测量力的大小取决于操作者的经验和技能，因此测量精度差、效率低。目前除少数手动测量机还采用此种测头外，绝大数测量机已不再使用这类测头。

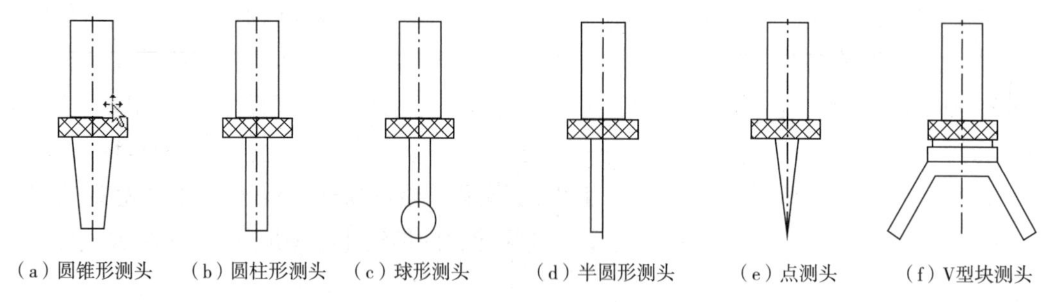

图 6-13　机械接触式测头

②电气接触式测头

电气接触式测头目前已为绝大部分坐标测量机所采用。电气接触式测头按其工作原理可分为动态测头和静态测头。

a. 动态测头常用动态测头的结构如图 6-14 所示。

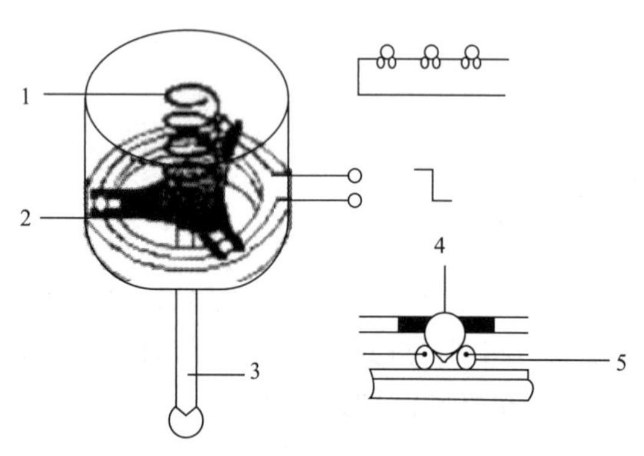

图 6-14　电气式动态测头

1—弹簧；2—芯体；3—测杆；4—钢球；5—触点

测杆安装在芯体上，而芯体则通过三个沿圆周 120°分布的钢球安放在三对触点上，当测杆没有受到测量力时，芯体上的钢球与三对触点均保持接触，当测杆的球状端部与工件接触时，不论受到 X、Y、Z 哪个方向的接触力，至少会引起一个钢球与触点脱离接触，从而引起电路的断开，产生阶跃信号，直接或通过计算机控制采样电路，将沿三个轴方向的坐标数据送至存储器，供数据处理用。可见，测头是在触测工件表面的运动过程中，瞬间进行测量采样的，故称为动态测头，也称为触发式测头。动态测头结构简单、成本低，可用于高速测量，但精度稍低，而且动态测头不能以接触状态停留在工件表面，因而只能对工件表面作离散的逐点测量，不能作连续的扫描测量。目前，绝大多数生产厂选用英国 RENISHAW 公司生产的触发式测头。

b. 静态测头静态测头除具备触发式测头的触发采样功能外，还相当于一台超小型三坐标测量机。测头中有三维几何量传感器，在测头与工件表面接触时，在 X、Y、Z 三个方向均有相应的位移量输出，从而驱动伺服系统进行自动调整，使测头停在规定的位移量上，在测头接近静止的状态下采集三维坐标数据，故称为静态测头。静态测头沿工件表面移动时，可始终保持接触状态，进行扫描测量，因而也称为扫描测头。其主要特点是精度高，可以作连续扫描，但制造技术难度大，采样速度慢，价格昂贵，适合于高精度测量机使用。目前由 LEITZ、ZEISS 和 KERRY 等厂家生产的静态测头均采用电感式位移传感器，此时也将静态测头称为三向电感测头。图 6-15 为 ZEISS 公司生产的双片簧层叠式三维电感测头的结构。

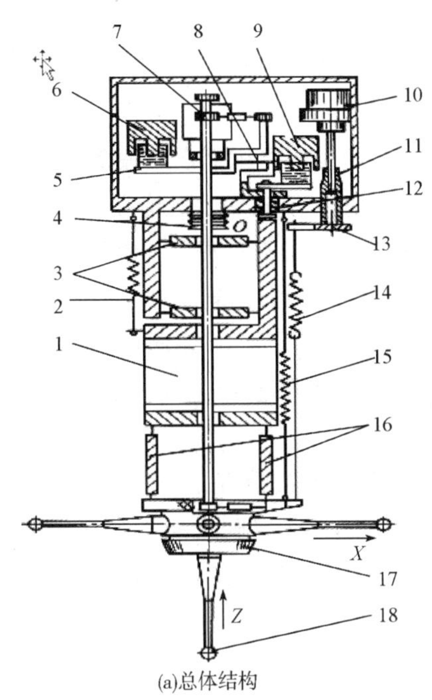

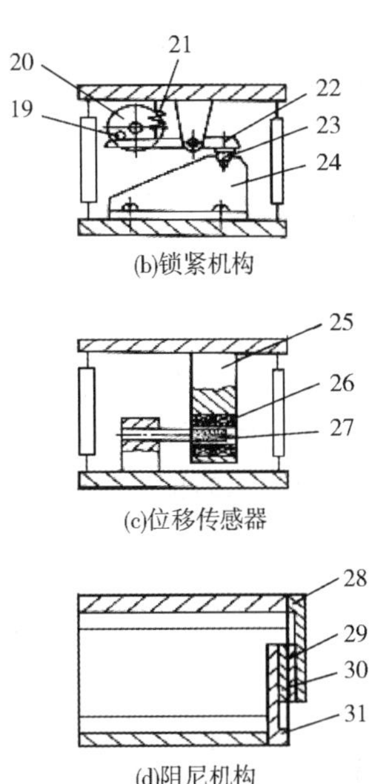

图 6-15　加力式三向电感测头

1—Y 向片簧；2、14、15—平衡弹簧；3—Z 向片簧；4—波纹策；5—杠杆；6—电磁铁；7—中间传力杆
8—十字片簧；9—电磁铁；10—平衡力调节微电机；11—平衡力调节螺杆；12—顶杆
13—平衡力调节螺母套；16—X 向片簧；17—转接座；18—测杆；19—拔销；20—电机；
21—弹簧；22—杠杆；23—锁紧钢球；24—定位块；25—线圈支架；26—线圈；
27—磁芯；28—上阻尼支架；29、30—阻尼片；31—下阻尼支架

测头采用三层片簧导轨形式，三个方向共有三层，每层由两个片簧悬吊。转接座 17 借助两个 X 向片簧 16 构成的平行四边形机构可作 X 向运动。该平行四边形机构固定在由 Y 向片簧 1 构成的平行四边形机构的下方，借助片簧 1，转接座可作 Y 向运动。Y 向平行四边形机构固定在由 Z 向片簧 3 构成的平行四边形机构的下方，依靠它的片簧，转接座可作 Z 向运动。为了增强片簧的刚度和稳定性，片簧中间为金属夹板。为保证测量灵敏、精确，片簧不能太厚，一般取 0.1mm。由于 Z 向导轨是水平安装，故用三组弹簧 2、14、15 加以平衡。可调弹簧 14 的上方有一螺纹调节机构，通过平衡力调节微电机 10 转动平衡力调节螺杆 11，使平衡力调节螺母套 13 产生升降来自动调整平衡力的大小。为了减小 Z 向弹簧片受剪切力而产生变位，设置了弹簧 2 和 15，分别用于平衡测头 Y 向和 X 向部件的自重。

在每一层导轨中各设置有三个部件：①锁紧机构：如图 6-15(b)所示，在其定位块 24 上有一凹槽，与锁紧杠杆 22 上的锁紧钢球 23 精确配合，以确定导轨的“零位”。在需打开时，可让电机 20 反转一角度，则此时该向导轨处于自由状态。需锁紧时，再使电机正转一角度即可。②位移传感器：用以测量位移量的大小，如图 6-15(c)所示，在两层导

轨上，一面固定磁芯27，另一面固定线圈26和线圈支架25。③阻尼机构：用以减小高分辨率测量时外界振动的影响。如图6-15(d)所示，在作相对运动的上阻尼支架28和下阻尼支架31上各固定阻尼片29和30，在两阻尼片间形成毛细间隙，中间放入黏性硅油，使两层导轨在运动时，产生阻尼力，避免由于片簧机构过于灵敏而产生振荡。

该测头加力机构工作原理如图6-15(a)所示，其中X向加力机构和Y向加力机构相同(图中只表示出了X向)。X向加力机构是利用电磁铁6推动杠杆5，使其绕十字片簧8的回转中心转动而推动中间传力杆7围绕波纹管4组成的多向回转中心旋转，由于中间传力杆与转接座17用片簧相连，因而推动测头在X方向"预偏置"。Z向加力机构是利用电磁铁9产生的，当电磁铁作用时，在Z向产生的上升或下降会通过顶杆12推动被悬挂的Z向的活动导轨板，从而推动测头在Z方向"预偏置"。

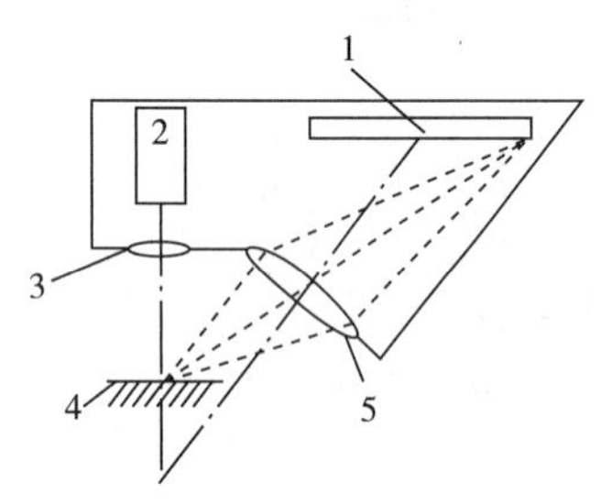

图6-16　激光非接触式测头工作原理
1—光电检测器；2—激光器；3—聚光镜；4—工件；5—成像镜

③光学测头在多数情况下，光学测头与被测物体没有机械接触，这种非接触式测量具有一些突出优点，主要体现在：a. 由于不存在测量力，因而适合于测量各种软的和薄的工件；b. 由于是非接触测量，可以对工件表面进行快速扫描测量；c. 多数光学测头具有比较大的量程，这是一般接触式测头难以达到的；d. 可以探测工件上一般机械测头难以探测到的部位。近年来，光学测头发展较快，目前在坐标测量机上应用的光学测头的种类也较多，如三角法测头、激光聚集测头、光纤测头、体视式三维测头、接触式光栅测头等。下面简要介绍一下三角法测头的工作原理。如图6-16所示，由激光器2发出的光，经聚光镜3形成很细的平行光束，照射到被测工件4上(工件表面反射回来的光可能是镜面反射光，也可能是漫反射光，三角法测头是利用漫反射光进行探测的)，其漫反射回来的光经成像镜5在光电检测器1上成像。照明光轴与成像光轴间有一夹角，称为三角成像角。当被测表面处于不同位置时，漫反射光斑按照一定三角关系成像于光电检测器件的不同位置，从而探测出被测表面的位置。

激光非接触式测头的突出优点是工作距离大，在离工件表面很远的地方(如40～100mm)也可对工件进行测量，且测头的测量范围也较大(如±5～±10mm)。不过三角法测头的测量精度不是很高，其测量不确定度大致在几十至几百微米左右。

(2)测头附件

为了扩大测头功能、提高测量效率以及探测各种零件的不同部位，常需为测头配置各种附件，如测端、探针、连接器、测头回转附件等。

①测端　对于接触式测头，测端是与被测工件表面直接接触的部分。对于不同形状的表面需要采用不同的测端。图6-17为一些常见的测端形状。

图6-17(a)为球形测端，是最常用的测端。它具有制造简单、便于从各个方向触测工件表面、接触变形小等优点。

图 6-17(b)为盘形测端，用于测量狭槽的深度和直径。

图 6-17(c)为尖锥形测端，用于测量凹槽、凹坑、螺纹底部和其它一些细微部位。

图 6-17(d)为半球形测端，其直径较大，用于测量粗糙表面。

图 6-17(e)为圆柱形测端，用于测量螺纹外径和薄板。

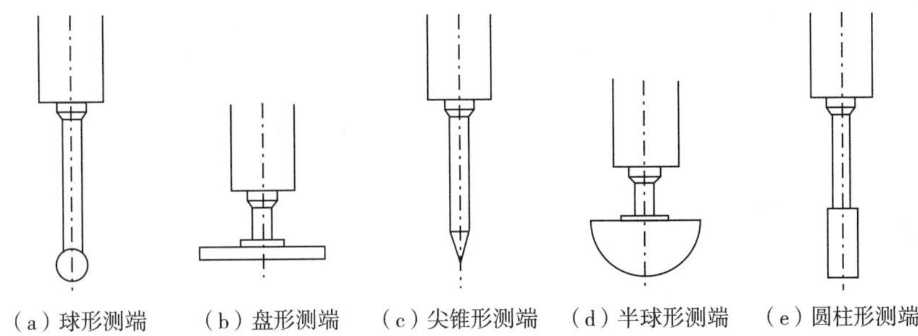

图 6-17　测端的形状

②探针　探针是指可更换的测杆。在有些情况下，为了便于测量，需选用不同的探针。探针对测量能力和测量精度有较大影响，在选用时应注意：a. 在满足测量要求的前提下，探针应尽量短；b. 探针直径必须小于测端直径，在不发生干涉条件下，应尽量选大直径探针；c. 在需要长探针时，可选用硬质合金探针，以提高刚度。若需要特别长的探针，可选用质量较轻的陶瓷探针。

③连接器　为了将探针连接到测头上、测头连接到回转体上或测量机主轴上，需采用各种连接器。常用的有星形探针连接器、连接轴、星形测头座等。

图 6-18 为星形测头座示意图，其上可以安装若干不同的测头，并通过测头座连接到测量机主轴上。测量时，根据需要可由不同的测头交替工作。

④回转附件　对于有些工件表面的检测，比如一些倾斜表面、整体叶轮叶片表面等，仅用与工作台垂直的探针探测将无法完成要求的测量，这时就需要借助一定的回转附件，使探针或整个测头回转一定角度再进行测量，从而扩大测头的功能。常用的回转附件为如图 6-19(a)所示的测头回转体。

它可以绕水平轴 A 和垂直轴 B 回转，在它的回转机构中有精密的分度机构，其分度原理类似于多齿分度盘。在静盘中有 48 根沿圆周均匀分布的圆柱，而在动盘中有与之相应的 48 个钢球，从而可实现以 7.5°为步距的转位。它绕垂直轴的转动范围为 360°，共 48 个位置，绕水平轴的转动范围为 0°～105°，共 15 个位置。由于在绕水平轴转角为 0°(即测头垂直向下)时，绕垂直轴转动不改变测端位置，这样测端在

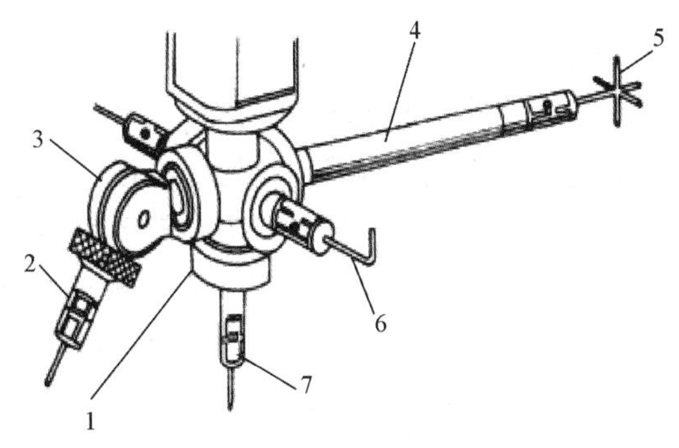

图 6-18　星形测头座

1—星形测头座；2、4—测头；3—回转接头座；5—星形探针连接器；6、7—测头

空间一共可有 48×14+1=673 个位置。能使测头改变姿态，以扩展从各个方向接近工件的能力。目前在测量机上使用较多的测头回转体为 RENISHAW 公司生产的各种测头回转体，图 6-19(b)为其实物照片。

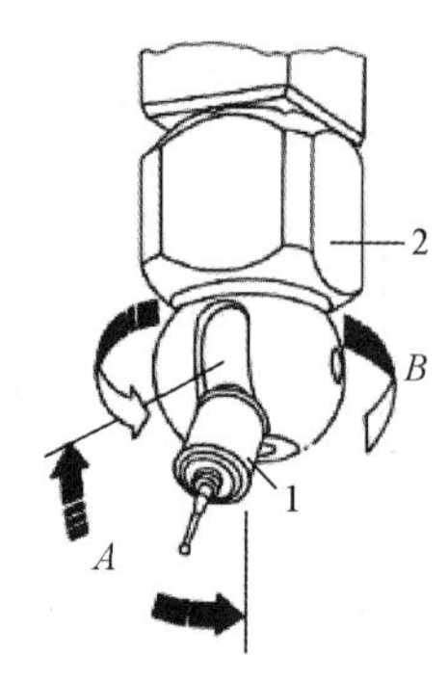

(a)二维测头回转体示意图

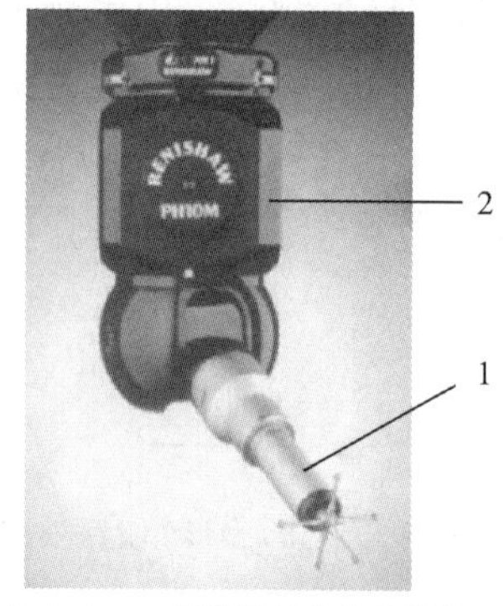

(b)PH10M测头回转体实物照片

图 6-19 可分度测头回转体

1—测头；2—测头回转体

6.3.4 三坐标测量机的控制系统

1. 控制系统的功能

控制系统是三坐标测量机的关键组成部分之一。其主要功能是：读取空间坐标值，控制测量瞄准系统对测头信号进行实时响应与处理，控制机械系统实现测量所必需的运动，实时监控坐标测量机的状态以保障整个系统的安全性与可靠性等。

2. 控制系统的结构

按自动化程度分类，坐标测量机分为手动型、机动型和 CNC 型。早期的坐标测量机以手动型和机动型为主，其测量是由操作者直接手动或通过操纵杆完成各个点的采样，然后在计算机中进行数据处理。随着计算机技术及数控技术的发展，CNC 型控制系统变得日益普及，它是通过程序来控制坐标测量机自动进给和进行数据采样，同时在计算机中完成数据处理。

(1)手动型与机动型控制系统

这类控制系统结构简单，操作方便，价格低廉，在车间中应用较广。这两类坐标测量机的标尺系统通常为光栅，测头一般采用触发式测头。其工作过程是：每当触发式测头接触工件时，测头发出触发信号，通过测头控制接口向 CPU 发出一个中断信号，CPU 则执行相应的中断服务程序，实时地读出计数接口单元的数值，计算出相应的空间长度，形成采样坐标值 X、Y 和 Z，并将其送入采样数据缓冲区，供后续的数据处理使用。

(2)CNC 型控制系统

CNC 型控制系统的测量进给是计算机控制的。它可以通过程序对测量机各轴的运动进行控制以及对测量机运行状态进行实时监测，从而实现自动测量。另外，它也可以通过操纵杆进行手工测量。CNC 型控制系统又可分为集中控制与分布控制两类。

①集中控制

集中控制由一个主 CPU 实现监测与坐标值的采样，完成主计算机命令的接收、解释与执行、状态信息及数据的回送与实时显示、控制命令的键盘输入及安全监测等任务。它的运动控制是由一个独立模块完成的，该模块是一个相对独立的计算机系统，完成单轴的伺服控制、三轴联动以及运动状态的监测。从功能上看，运动控制 CPU 既要完成数字调节器的运算，又要进行插补运算，运算量大，其实时性与测量进给速度取决于 CPU 的速度。

②分布式控制

分布式控制是指系统中使用多个 CPU，每个 CPU 完成特定的控制，同时这些 CPU 协调工作，共同完成测量任务，因而速度快，提高了控制系统的实时性。另外，分布式控制的特点是多 CPU 并行处理，由于它是单元式的，故维修方便、便于扩充。如要增加一个转台只需在系统中再扩充一个单轴控制单元，并定义它在总线上的地址和增加相应的软件就可以了。

3. 测量进给控制

手动型以外的坐标测量机是通过操纵杆或 CNC 程序对伺服电机进行速度控制，以此来控制测头和测量工作台按设定的轨迹作相对运动，从而实现对工件的测量。三坐标测量机的测量进给与数控机床的加工进给基本相同，但其对运动精度、运动平稳性及响应速度的要求更高。三坐标测量机的运动控制包括单轴伺服控制和多轴联动控制。单轴伺服控制较为简单，各轴的运动控制由各自的单轴伺服控制器完成。但当要求测头在三维空间按预定的轨迹相对于工件运动时，则需要 CPU 控制三轴按一定的算法联动来实现测头的空间运动，这样的控制由上述单轴伺服控制及插补器共同完成。在三坐标测量机控制系统中，插补器由 CPU 程序控制来实现。根据设定的轨迹，CPU 不断地向三轴伺服控制系统提供坐标轴的位置命令，单轴伺服控制系统则不断地跟踪，从而使测头一步一步地从起始点向终点运动。

4. 控制系统的通信

控制系统的通信包括内通信和外通信。内通信是指主计算机与控制系统两者之间相互传送命令、参数、状态与数据等，这些是通过联接主计算机与控制系统的通信总线实现的。外通信则是指当三坐标测量机作为 FMS 系统或 CIMS 系统中的组成部分时，控制系统与其它设备间的通信。目前用于坐标测量机通信的主要有串行 RS－232 标准与并行 IEEE－488标准。

6.3.5 三坐标测量机的软件系统

现代三坐标测量机都配备有计算机，由计算机进行数据采集，通过运算输出所需的测量结果。其软件系统功能的强弱直接影响到测量机的功能。因此各坐标测量机生产厂家都非常重视软件系统的研究与开发，在这方面投入的人力和财力的比例在不断增加。下面对在三坐标测量机中使用的软件作简要介绍。

1. 通用测量软件

为了使三坐标测量机能实现自动测量，需要事前编制好相应的测量程序。而这些测量程序的编制有以下几种方式。

(1)图示及窗口编程方式

图示及窗口编程是最简单的方式，它是通过图形菜单选择被测元素，建立坐标系，并通过“窗口”提示选择操作过程及输入参数，编制测量程序。该方式仅适用于比较简单的单项几何元素测量的程序编制。

(2)自学习编程方式

这种编程方式是在CNC测量机上，由操作者引导测量过程，并键入相应指令，直到完成测量，而由计算机自动记录下操作者手动操作的过程及相关信息，并自动生成相应的测量程序，若要重复测量同种零件，只需调用该测量程序，便可自动完成以前记录的全部测量过程。该方式适合于批量检测，也属于比较简单的编程方式。

(3)脱机编程

这种方式是采用三坐标测量机生产厂家提供的专用测量机语言在其它通用计算机上预先编制好测量程序，它与坐标测量机的开启无关。编制好程序后再到测量机上试运行，若发现错误则进行修改。其优点是能解决很复杂的测量工作，缺点是容易出错。

(4)自动编程

在计算机集成制造系统中，通常由CAD/CAM系统自动生成测量程序。三坐标测量机一方面读取由CAD系统生成的设计图纸数据文件，自动构造虚拟工件，另一方面接受由CAM加工出的实际工件，并根据虚拟工件自动生成测量路径，实现无人自动测量。这一过程中的测量程序是完全由系统自动生成的。

2. 专用测量软件

专用测量软件包可含有许多种类的数据处理程序，以满足各种工程需要。一般将三坐标测量机的测量软件包分为通用测量软件包和专用测量软件包。通用测量软件包主要是指针对点、线、面、圆、圆柱、圆锥、球等基本几何元素及其形位误差、相互关系进行测量的软件包。通常各三坐标测量机都配置有这类软件包。专用测量软件包是指坐标测量机生产厂家为了提高对一些特定测量对象进行测量的测量效率和测量精度而开发的各类测量软件包。如有不少三坐标测量机配备有针对齿轮、凸轮与凸轮轴、螺纹、曲线、曲面等常见零件和表面测量的专用测量软件包。在有的测量机中，还配备有测量汽车车身、发动机叶片等零件的专用测量软件包。

3. 系统调试软件用于调试测量机及其控制系统，一般具有以下软件：

①自检及故障分析软件包：用于检查系统故障并自动显示故障类别。

②误差补偿软件包：用于对三坐标测量机的几何误差进行检测，在三坐标测量机工作时，按检测结果对测量机误差进行修正。

③系统参数识别及控制参数优化软件包：用于三坐标测量机控制系统的总调试，并生

成具有优化参数的用户运行文件。

④精度测试及验收测量软件包：用于按验收标准测量检具。

6.4　三坐标测量机的基本测量方法

6.4.1　测头校验的原理

三坐标测量机在开始工作以前，需要对测头系统进行标定。测头系统的标定包括了标准球(又称基准球)的定义与检验、测针的定义与校验两部分。标准球一般是由精确度很高的合金球，其主要作用是作为标定测针时的尺寸参考。

三坐标测量机在进行测量工作前要进行测头校正，这是测量前必须要做的一个非常重要的工作步骤，因为测头校正中的误差将加入到以后的零件测量中。

1. 校正测头的原因

校正测头的主要原因是：为了得到测针的红宝石球的补偿直径和不同测针位置与第一个测针位置之间的关系。坐标测量机在进行测量时，是用测针的宝石球接触被测零件的测量部位，此时测头(传感器)发出触测信号，该信号进入计数系统后，将此刻的光栅计数器锁存并送往计算机，工作中的测量软件就收到一个由 X、Y、Z 坐标表示的点。这个坐标点我们可以理解为是测针宝石球中心的坐标，它与真正需要的测针宝石球与工件接触点相差一个宝石球半径。为了准确计算出接触点坐标，必须通过测头校正得到测针宝石球的半/直径。在实际测量工作中，零件是不能随意搬动和翻转的，为了便于测量，需要根据实际情况选择测头位置和长度、形状不同的测针(星形、柱形、针形)。为了使这些不同的测头位置、不同的测针所测量的元素能够直接进行计算，要把它们之间的关系测量出来，在计算时进行换算，所以需要进行测头校正。

2. 测头校正的原理

测头校正主要使用标准球进行。标准球的直径在 10 ~ 50mm 之间，其直径和形状误差经过校准(厂家配置的标准球均有校准证书)。测头校正前需要对测头进行定义，根据测量软件要求，选择(输入)测座、测头、加长杆、测针、标准球直径(是标准球校准后的实际直径值)等(有的软件要输入测针到测座中心距离)，同时要分别定义能够区别其不同角度、位置或长度的测头编号。用手动、操纵杆、自动方式在标准球的最大范围内触测 5 点以上(一般推荐在 7 ~ 11 点)，点的分布要均匀。图 6-20 给出了测头补偿的示意图。当计算机软件在收到这些测点后(宝石球中心坐标 X、Y、Z 值)，进行球的拟合计算，得出拟合球的球心坐标、直径和形状误差。将拟合球的直径减去标准球的直径，就得出校正后测针宝石球“直径”(确切的讲应该是

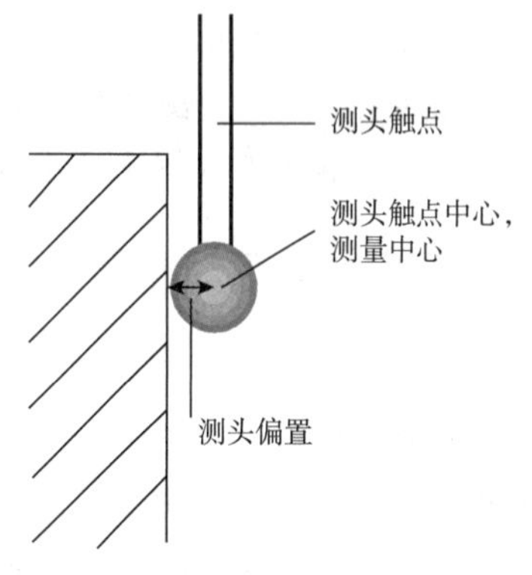

图 6-20　测球补偿原理示意图

“校正值”或“校正直径”)。在其它不同角度、位置或不同长度的测针按照以上方法校正后，由各拟合球中心点坐标差别，计算出各测头之间的位置关系，由软件生成测头关系矩阵。当使用不同角度、位置和长度的测针测量同一个零件不同部位的元素时，测量软件都把它们转换到同一个测头号(通常是1号测头)上，就象一个测头测量的一样。凡是在经过在同一标准球上(未更换位置的)校正的测头，都能准确实现这种自动转换。

3. 校正测头要注意的问题

测针校正后的“校正直径”小于名义值，不会影响测量机的测量精度。相反，还会对触测的延时和测针的变形起到补偿的作用，因为我们在测量机测量过程中测量软件对测针宝石球半径的修正(把测针宝石球中心点的坐标换算到触测点的坐标)，使用的是“校正直径”而不是名义直径。在进行测头校正时，应该注意以下问题：

①测座、测头(传感器)、加长杆、测针、标准球要安装可靠、牢固，不能松动，有间隙。检查了安装的测针、标准球是否牢固后，要擦拭测针和标准球上的手印和污渍，保持测针和标准球清洁。

②校正测头时，测量速度应与测量时的速度一致。注意观察校正后测针的直径(是否与以前同样长度时的校正结果有大偏差)和校正时的形状误差。如果有很大变化，则要查找原因或清洁标准球和测针。重复进行2~3次校正，观察其结果的重复程度。检查了测头、测针、标准球是否安装牢固，同时也检查了机器的工作状态。

③当需要进行多个测头角度、位置或不同测针长度的测头校正时，校正后一定要检查校正效果(准确性)。方法是：全部定义的测头校正后，使用测球功能，用校正后的全部测头依次测量标准球，观察球心坐标的变化，如果有1~2μm变化，是正常的。如果变化比较大，则要检查测座、测头、加长杆、测针、标准球的安装是否有牢固，这是造成这种现象的重要原因。

④更换测针(不同的软件方法不同)，因为测针长度是测头自动校正的重要参数，如果出现错误，会造成测针的非正常碰撞，轻者碰坏测针，重则造成测头损坏。一定要注意。

⑤正确输入标准球直径。从以上所述的校正测头的原理中可以得知，标球直径值直接影响测针宝石球直径的校正值。虽然这是一个“小概率事件”，但是对初学者来说，这是可能发生的。测头校正是测量过程中的重要环节，在校正中产生的误差将加入到测量结果中，尤其是使用组合测头(多测头角度、位置和测针长度)时，校正的准确性特别重要。当发现问题再重新检查测头校正的效果，会浪费宝贵的时间和增加大量的工作量。

6.4.2 几何元素测量

1. 矢量的概念

矢量是测量机应用中的一个非常重要的概念。矢量是物理学和数学中一个表示力、速度等等一个概念。在测量机的应用中主要使用它表示方向上的意义。

几何矢量：在空间有一定长度和一定方向的线段。简称“矢量”。

单位矢量：长度为一个单位长的矢量叫“单位矢量”。测量机中使用的矢量都是单位矢量。

矢量在坐标轴上的投影，称为矢量在坐标轴上的分解，又称为矢量的坐标。

通过矢量的坐标，可以知道矢量的空间方向。

矢量的用途，触测(回退)方向、面的法矢、线的方向矢量、圆柱轴线的方向矢量、圆锥的轴线矢量。

2. 几何元素定义

点、圆、圆弧、椭圆、球、方槽、圆槽定义为点元素。直线、圆柱、圆锥定义为线元素(包含构造线元素)。

(1)测量软件描述几何元素特征如图 6-21 所示。

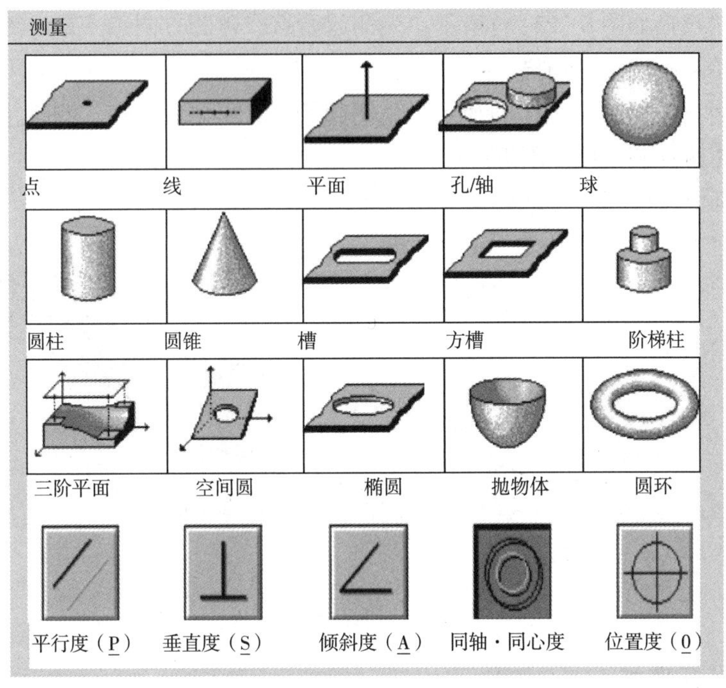

图 6-21　测量软件几何元素描述

(2)元素的测量方法

首先，在几何要素测量程序中调用要计算的要素，然后开始测量。采集到的数据被送至计算机进行判断与处理，数据的数量必须达到计算一个要素所需的最少点数，否则没有结果输出。

①平面的测量。如图 6-22(a)所示至少测量三个点，尽量使采集点的面积为被测平面的最大面积，采点要均匀，狭窄平面采点要多。

②圆的测量。如图 6-22(b)所示至少测量三个点，采点要均匀，为减少圆度误差影响，通常测量 4 个点。

③球面的测量。如图 6-22(c)所示至少测量四个点，三点在一平面内，另一点位于该平面外的球贯上。

④圆柱的测量。如图 6-22(d)所示至少在两个截面内测量 6 个点。两截面距离应尽量大，且截面上的点一一对应为好。

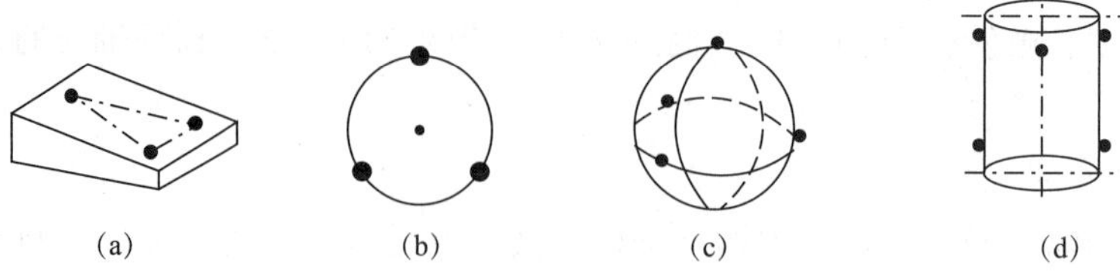

图 6-22　元素的测量方法

(3)曲线扫描

①未知曲线扫描如图 6-23(a)所示。先测起始点、再测方向点，最后测终止点。再把测正移动到起始点附近一一扫描。

②位置曲面扫面如图 6-23(b)所示。先测起始点、再测方向点，测终止点，最后测边界点。再把测正移动到起始点附近一一扫描。

此外，曲面测量中还要考虑修正测球直径。

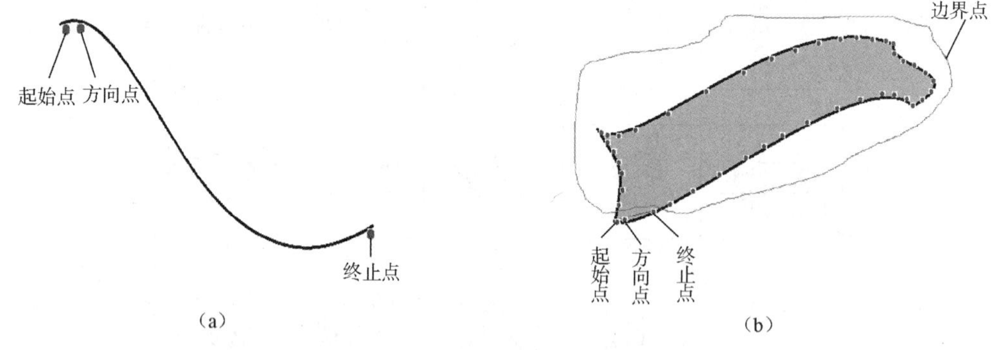

图 6-23　曲线扫描方法

6.4.3　坐标变换

三坐标测量机的机械系统有一个固定的坐标系统，被称为机器坐标。开机前，测量机按照机器坐标进行测量，但按机器坐标测量往往不方便，需要根据被测量建立不同的坐标系，称为工件坐标。坐标测量机最大的优点就是它不用专用夹具，工件在测量台上的放置没有特殊的要求。而是通过坐标系统的转换，建立工件坐标系，并在此坐标系上进行测量及数据处理。坐标系统转换是测量机中不可缺少的部分。通过窗口设置，可以完成坐标的清零、预置、直角坐标与极坐标转换、公制与英制转换。

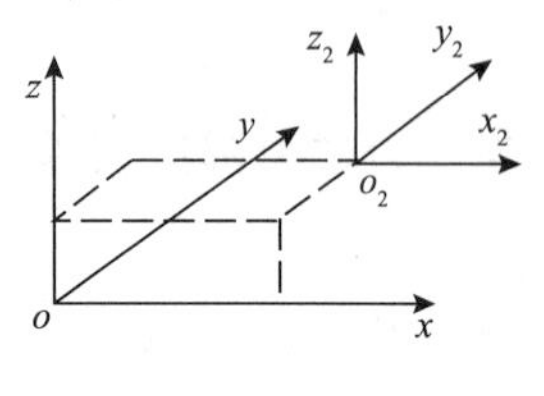

图 6-24　坐标平移

1. 坐标平移

坐标平移如图 6-24 所示。坐标平移的操作包括：某坐标面沿轴线的平移到某参考点(如 *yoz* 坐标平面沿 *x* 轴平移到轴上某参考点)，或把坐标系的原点平行于几个坐标轴移动到空间某一参考点。参考点的确定可以通过实际测量一个点（调出测量模块中的点的测量程序来确定）；或通过键盘输入点的坐标值来确定；还可以调用已测数据中的点来确定。

2. 坐标旋转

坐标旋转如图 6-25 所示。坐标旋转的操作包括：保持 z 轴不动，旋转 x 轴到 xoy 平面内某一参考直线；通过坐标旋转，把某一参考平面作为 xoy 平面；通过坐标旋转，把某一参考直线作为 z 轴。

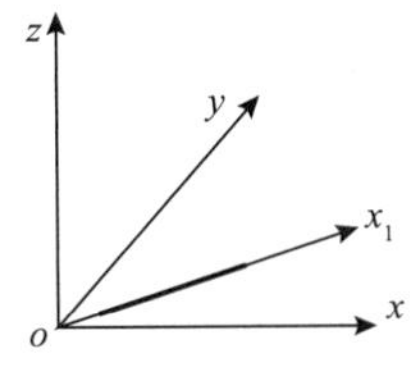

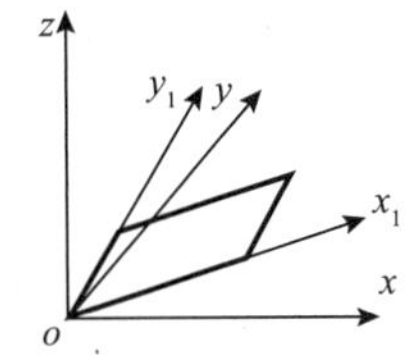

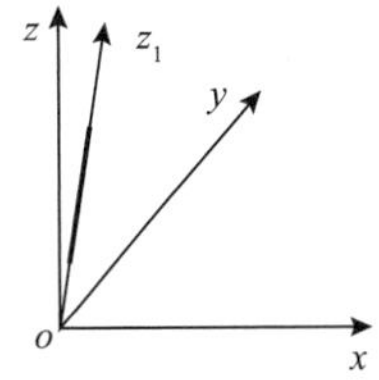

图 6-25　坐标旋转

例：在机器坐标系中，任意放置一被测零件如图 6-26，要求测量孔 1，2，3，4 的孔径 d_1，d_2，d_3，d_4 和孔距 l_1，l_2，l_3，l_4。

步骤：

①在机器坐标系下，调用圆的测量程序，测量被测零件孔 1 和孔 2，得到中心坐标及孔径。

②调用孔 1 和孔 2 的圆心坐标，可生成一条直线，将该直线作为参考直线进行坐标变换。调用坐标旋转程序，确认后，该参考线就作为 x 轴线。完成工件坐标系的转换。

③以孔 1 的圆心坐标为参考点，调用坐标平移的程序，当前坐标系的原点自动平移到孔 1 的圆心处。作为工件坐标系，坐标值为(0，0，0)。

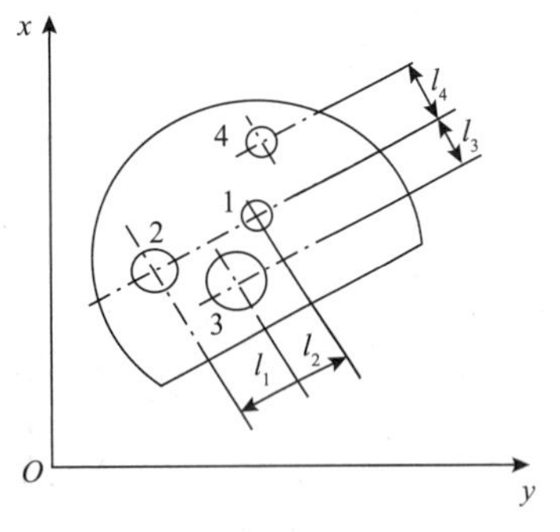

图 6-26　被测零件示意图

④在新的工件坐标系下，调用圆的测量程序．测量孔 2、3、4，得到坐标值(x_2，y_2，z_2,)，(x_3，y_3，z_3,)，和(x_4，y_4，z_4,)及其孔径值 d_2，d_3，d_4，则：

$$l_1 = |x_2 - x_3| \qquad l_2 = |x_2|$$

$$l_3 = |y_3| \qquad l_4 = y_4$$

6.4.4　采样方式与数据处理

三坐标测量机通过测量获得的原始数据是一些坐标点，这些数据通过接口送入计算机，计算机按照预先编好的程序进行计算和数据处理。

1. 采样方式

(1) 点位测量

即逐点对被测形状进行探测，还可分为手动点位测量和自动点位测量。点位测量多用于孔的中心位置、孔心距、加工面的位置以及曲线、曲面轮廓上基准点的坐标测量。点位测量如图 6-27 所示。

(2)连续扫描测量

测量头在工件表面沿某一方向连续移动，工作台和测量头的相对运动轨迹由预先编好的程序控制，便于实现自动测量，主要用于测量曲线或曲面。连续扫描测量如图 6-28 所示。

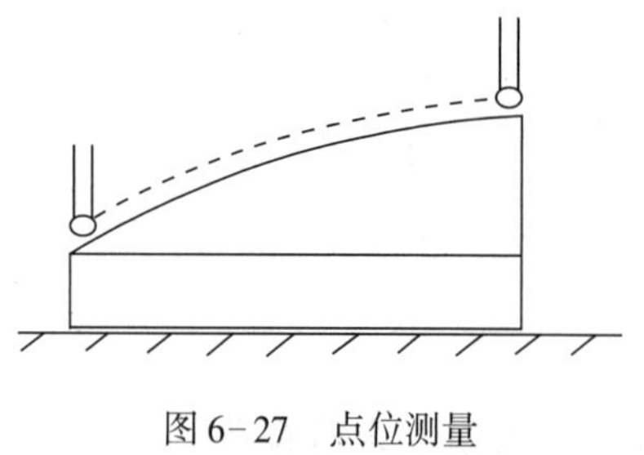

图 6-27　点位测量

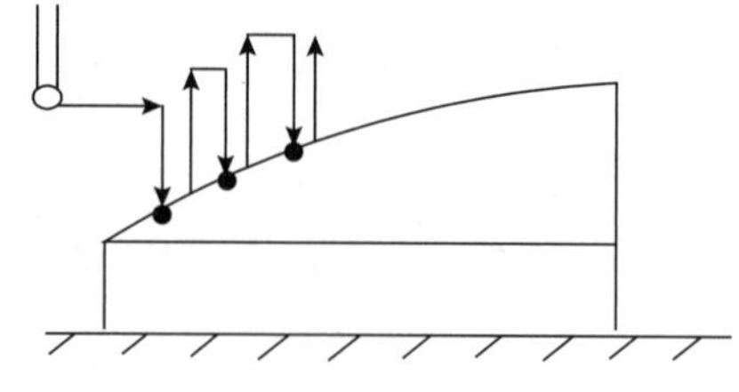

图 6-28　连续扫描测量

2. 数据处理方法

为了利用计算机求得所需的测量结果，应当用数学关系式将一些要求表达出来，以便进行演算，这一任务称为建立数学模型。一般需要处理的内容包括：x、y 平面内工件倾斜的修正、原点的偏移量计算、坐标系的平移和回转、直角坐标转换成圆柱坐标、直角坐标转换成圆球坐标、两点间距离测量、圆的直径和圆心测量、求直线的方向和夹角等。

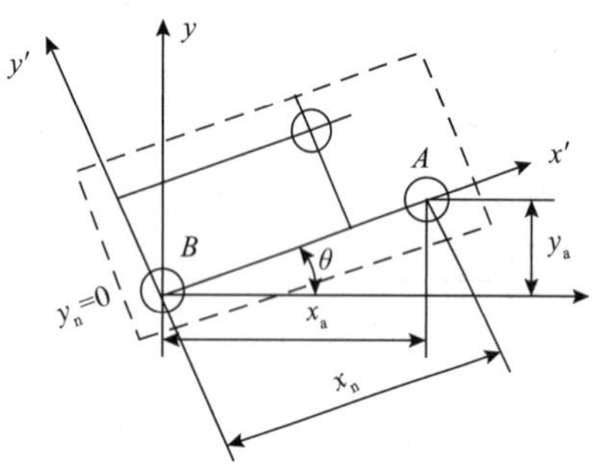

图 6-29　平面内工件倾斜的修正

(1)x、y 平面内工件倾斜的修正

在三坐标机上，工件可任意放置。一旦工件的基准坐标与测量机坐标 x'、y'，方向不一致，可进行修正。如图 6-29，测量机测得工件上 A 点坐标值(x_a，y_a)，由式(6-1)计算机计算出工件相对于测量机轴线的倾角 θ，由式(6-2)求出在工件坐标系下的坐标值(x_n，y_n)。在工件以后的测量中，可据此修正，从而提高测量效率。

$$\begin{cases} \cos\theta = \dfrac{x_a}{\sqrt{x_a^2 + y_a^2}} \\ \sin\theta = \dfrac{y_a}{\sqrt{x_a^2 + y_a^2}} \end{cases} \tag{6-1}$$

$$\begin{cases} x_n = x_a\cos\theta + y_a\sin\theta \\ y_n = -x_a\sin\theta + y_a\cos\theta \end{cases} \tag{6-2}$$

(2)坐标原点的平移

坐标原点的平移如图 6-30 所示。将坐标系的点 $o(x, y, z)$需平移到工件上的一点 o_2(x_2，y_2，z_2)可转换成新的坐标系。

其修正量 x_n，y_n，z_n 为：

$$\begin{cases} x_n = x - x_2 \\ y_n = y - y_2 \\ z_n = z - z_2 \end{cases} \tag{6-3}$$

(3)直角坐标转换成球坐标

如图 6-31 所示，在球坐标(极坐标)中，空间点 $p(r,\ \theta,\ \varphi)$ 的位置与直角坐标的关系为式(6-4)与式(6-5)。

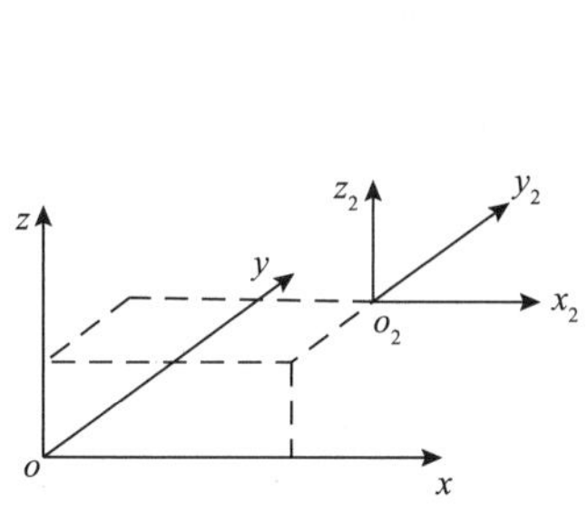

图 6-30　坐标原点的平移

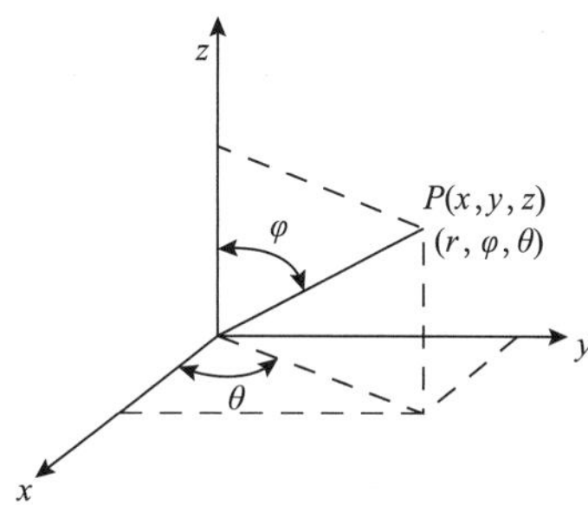

图 6-31　直角坐标转换成球坐标

$$\begin{cases} x = r\sin\varphi\cos\theta \\ y = r\sin\varphi\cos\theta \\ z = r\cos\varphi \end{cases} \tag{6-4}$$

$$\begin{cases} r = \sqrt{x^2 + y^2 + z^2} \\ \theta = \arctan \dfrac{y}{x} \\ z = \arctan \dfrac{\sqrt{x^2 + y^2}}{z} \end{cases} \tag{6-5}$$

(4)内、外径及圆心测量

内外径及圆心测量如图 6-32(a)所示。外径及圆心测量如图 6-32(b)所示。计算公式为式(6-6)。

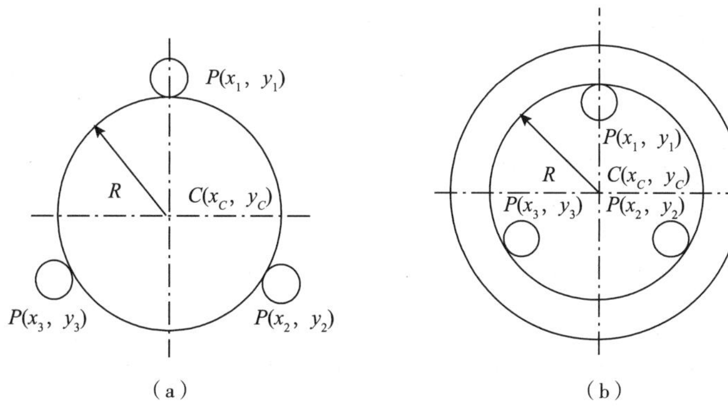

图 6-32　内、外径及圆心测量

$$R=\sqrt{\frac{[(x_1-x_2)^2-(y_1-y_2)^2][(x_2-x_3)^2+(y_2-y_3)^2][(x_3-x_1)^2-(y_3-y_1)^2]}{2|x_1(y_2-y_3)+x_2(y_3-y_1)+x_3(y_1-y_2)|}}\pm r$$

$$x_c=\frac{x_1^2(y_1-y_3)+x_2^2(y_3-y_1)+x_3^2(y_1-y_2)-(y_1-y_2)(y_2-y_3)(y_3-y_1)}{2|x_1(y_2-y_3)+x_2(y_3-y_1)+x_3(y_1-y_2)|}$$

$$y_c=\frac{y_1^2(x_2-x_3)+y_2^2(x_3-x_1)+y_3^2(x_1-x_2)-(x_1-x_2)(x_2-x_3)(x_3-x_1)}{2|x_1(y_2-y_3)+x_2(y_3-y_1)+x_3(y_1-y_2)|} \tag{6-6}$$

(5)计算两直线的交

计算两直线的交点 $P(x_p, y_p)$ 和夹角 θ，如图 6-33 所示。测出同一平面内两直线上的四点 P_1，P_2，P_3，P_4 的坐标值，计算其交点 (x_p, y_p) 的坐标及夹角为式(6-7)。

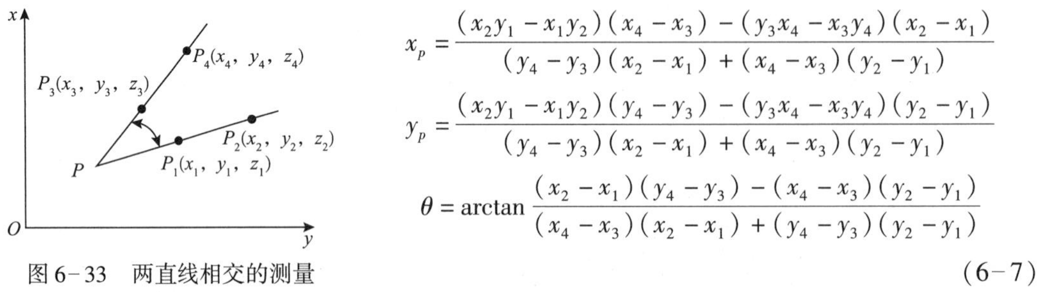

图 6-33　两直线相交的测量

$$x_p=\frac{(x_2y_1-x_1y_2)(x_4-x_3)-(y_3x_4-x_3y_4)(x_2-x_1)}{(y_4-y_3)(x_2-x_1)+(x_4-x_3)(y_2-y_1)}$$

$$y_p=\frac{(x_2y_1-x_1y_2)(y_4-y_3)-(y_3x_4-x_3y_4)(y_2-y_1)}{(y_4-y_3)(x_2-x_1)+(x_4-x_3)(y_2-y_1)}$$

$$\theta=\arctan\frac{(x_2-x_1)(y_4-y_3)-(x_4-x_3)(y_2-y_1)}{(x_4-x_3)(x_2-x_1)+(y_4-y_3)(y_2-y_1)} \tag{6-7}$$

6.5　三坐标测量机的精度评定

三坐标测量机是一种多用途的长度计量仪器，主要用于测量各种不同形状工件的尺寸和形位误差。由于被测工件千变万化，测量时工件的安装和固定方式也多种多样，所以精度的评定是很复杂的问题。其评定必须依据一定的技术条件，主要目的如下：

①为用户确定一个有实际意义的精度值。

②给出实用可行的测试方法，使用户可以有效地验收制造厂给定的精度值。

③规定验收测试条件，保证给定精度值的有效测试环境和条件。

6.5.1　三坐标测量机的误差来源

三坐标测量机的精度分为机器精度和测量精度。

机器精度是指测量机本身的精度，即测量头中心在测量空间内任意位置的精度。为点的位置精度。

测量精度即测量值与实际值之差。受测量方法、测头、工件状态如测量定位面、测量表面以及温度等因素的影响。

三坐标测量机的误差一般由下列几方面产生；

(1)几何误差：由于加工误差，调整精度及使用中磨损等原因，引起导轨运动的直线度和垂直度等误差以及工作台面的平面度。几何精度对测量机总精度起着主要影响作用，所以应予以重视。几何精度有以下几项：

①工作台面与 x，y 移动平面的平行度；

②x，y，z 向移动的直线度。(每个坐标轴都有两个方向的直线度)；

③x，y，z 方向移动的角度变化(每个坐标轴有 3 个方向的角度变化)；

④x，y，z 方向移动的相互垂直度，总共有 3 个垂直度。

(2)机构刚度变形误差：由于动载和工件重量的变化引起机构变形，产生误差。

(3)测量系统的误差：由基准尺误差、电子系统误差和量化误差等组成。

(4)测头的误差及温度误差，可以进行修正处理。

6.5.2　三坐标测量机的精度评定

三坐标测量机的精度分析方法是在三坐标测量机的测量空间范围内，任何一点的误差表现为空间矢量，如图 6-34 所示。如果三坐标测量机不存在误差，则测头应该从 O 点到达 A 点，但由于存在误差，测头实际达到了 B 点产生误差的大小按式(6-8)计算。

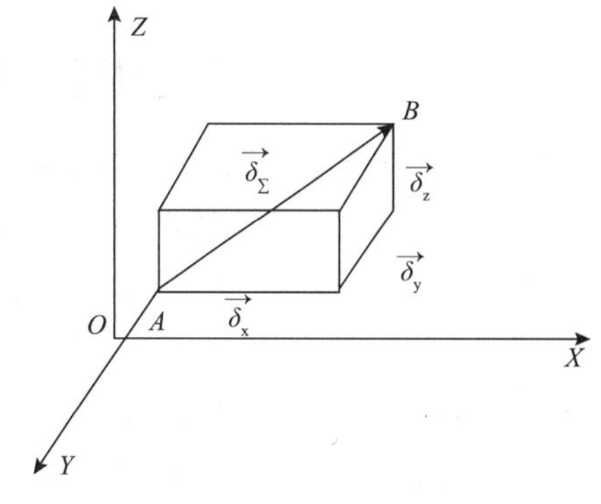

图 6-34　误差空间矢量

$$\begin{cases} \vec{\delta}_\Sigma = \vec{\delta}_x + \vec{\delta}_y + \vec{\delta}_z \\ \delta_\Sigma = \sqrt{\delta_x^2 + \delta_y^2 + \delta_z^2} \end{cases} \quad (6-8)$$

1. 示值精度

示值精度是沿各坐标轴测得的三坐标测量机位置读数与基准长度测量系统读数的差值，主要为坐标位置的点位精度。包括 X，Y，Z 各轴的位置精度。不包括测头和被测工件表面状况及温度的影响等。一般用激光干涉仪或刻线尺的读数为基准进行比对。

三坐标测量机的示值精度按国际标准 ISO 10360 - 02—2009 和国标 GB/T 16857. 2—2006 的规定，分为三类：

A 类：$0.8 + L/500(\mu m)$　　B 类：$1.6 + L/250(\mu m)$　　C 类：$4.0 + L/125(\mu m)$

2. 重复精度

对同一位置重复测量，求出标准差，通常以 $\pm 3\sigma$ 表示重复精度。也可对量块在每个位置上重复测量 10 个测量值时，测量机读数的最小和最大数值之差作为长度测量重复性。重复性标准为：A 类：$0.7\mu m$　B 类：$1.4\mu m$　C 类：$3.5\mu m$

3. 动态误差

动态误差主要来源于测量部件运动过程中由于加速度造成的变形，特别测量面是曲面时，测量头作向心加速度运动，将产生动态误差，动态误不超过静态误差的 10% ~30% 。

4. 总测量精度(综合误差)

三坐标测量机总测量精度(综合误差)按国际标准 ISO 10360 - 02 - 2009 和国标 GB/T 16857. 2—2006 的规定，分为单轴长度测量精度和空间长度测量精度。表 6-1 给出了误差表达式。

表6-1 综合误差

类别	空间综合误差/μm	单轴综合误差/μm
A	1.5 + L/300	1 + L/400
B	3 + L/200	2 + L/200
C	5 + L/150	4.5 + L/125

(1)单轴长度测量精度

单轴长度测量精度是基准量块长度与相应的测量机测长读数之差，分别对 x、y、z 3 个坐标轴进行测量。检测长度为坐标量程的1/3，1/2 和3/4。

(2)空间长度测量精度用两块量或哑铃型模型球检定。尚无统一标准。

6.5.3 三坐标测量机的发展趋势

质量与效率一直是衡量各种机器性能、生产过程优劣的两项主要指标。传统的概念是为了保证测量精度，测量速度不宜过高。随着生产节奏不断加快，用户在要求测量机保证测量精度的同时，会对 CMM 的测量速度提出越来越高的要求。而提高测量机测量速度这一目的，会为 CMM 带来以下几个方面的革新。

1. 新材料和新技术的应用

为确保可靠高速的测量功能，国外十分重视研究机体原材料的选用，最近在传统的铸铁、铸钢基础上，增加了合金、石材、陶瓷等新材料。

2. 控制系统的改进

在现代制造系统中，测量的目的越来越不能仅仅局限于成品验收检验，而是向整个制造系统提供有关制造过程的信息，为控制提供依据。从这一要求出发，必须要求测量机具有开放式控制系统，具有更大的柔性。为此，要尽可能利用发展迅速的新的电子工业技术，尤其是计算机，设计新的高性能控制系统。

3. 测量机测头的发展

三坐标测量机除了机械本体外，测头是测量机达到高精度的关键，也是坐标测量机的核心。测量机测头的另一个重要趋势是，非接触测头将得到广泛的应用。

4. 软件技术的革新

测量机的功能主要由软件决定。三坐标测量机的操作、使用的方便性，也首先取决于软件，测量机每一项新技术的发展，都必须有相应配套的软件技术跟上。为了将三坐标测量机纳入生产线，需要发展与网络通信、建模、CAD、实现反向工程的软件等。

可以说测量机软件是三坐标测量机中发展最为迅速的一项技术。软件的发展将使三坐标测量机向智能化的方向发展，它至少将包括能进行自动编程、按测量任务对测量机进行优化、故障自动诊断等方面的内容。

思考题及习题

1. 简述数字化检测的基本概念？基本方法及其原理？

2. 三坐标测量机的主要组成部分及工作原理？

3. 校验测头的原理及实现方法是什么？

4. 如何使用三坐标测量机检测工件的平面度，简述操作步骤。

5. 简述三坐标测量机检测下面 3 个零件的同轴度操作步骤，并分析产生测量误差的原因。

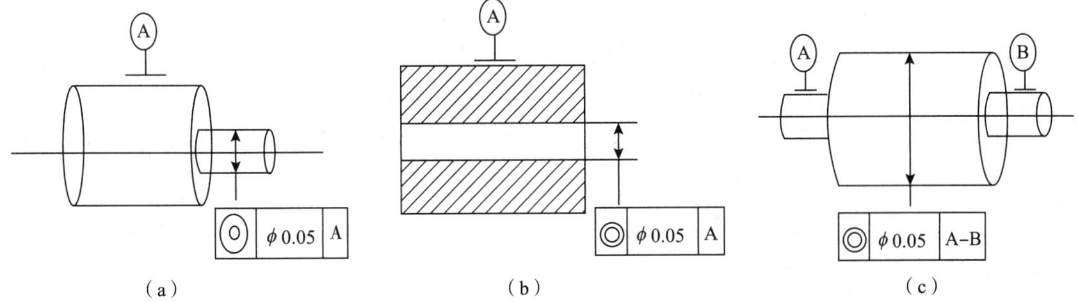

（a）　（b）　（c）

6. 简述三坐标测量机在逆向工程中的应用原理及工作流程？

第7章　快速成型与3D打印技术

7.1　快速成型技术的发展

快速成型技术(RAPID PROTOTYPING，简称RP技术)产生于20世纪80年代，是在现代CAD/CAM技术、激光技术、计算机数控技术、精密伺服驱动技术，以及新材料等技术的基础上，发展起来的一种基于离散堆积成形思想的先进制造技术。

RP技术是借助计算机辅助设计或由实体逆向方法取得原型或零件几何形状，进而以此建立数字化模型，再利用计算机控制的机电集成制造系统，逐点、逐面进行材料堆积成型，再经过必要的后处理，使其在外观、强度和性能等方面达到设计要求，达到快速、准确地制造原型或实际零件的方法。

7.1.1　快速成型技术的产生

根据成型学的观点，可把成型方式分为以下几类：

1. 去除成型(Dislodge Forming)

去除成型是运用分离的方法，按照要求把一部分材料有序地从基体上分离出去而成型的加工方式。传统的车、铣、刨、磨等加工方法均属于去除成型。去除成型是目前制造业最主要的成型方式。

2. 增材成型(Additive Forming)

增材成型是指利用各种机械、物理、化学等手段通过有序地添加材料来达到零件设计要求的成型方法。快速成型技术是增材成型的典型代表，它从思想上突破了传统的成型方式，可快速制造出任意复杂程度的零件，是一种非常有前景的新型制造技术。

3. 受迫成型(Forced Forming)

受迫成型是利用材料的可成型性(如塑性)在特定外围约束(边界约束或外力约束)下成型的方法。传统的铸造、锻造和粉末冶金等均属于受迫成型。目前受迫成型还未完全实现计算机控制，多用于毛坯成型、特种材料成型等。

4. 生长成型(Growth Forming)

生长成型是利用生物材料的活性进行成型的方法，自然界中生物个体的发育均属于生长成型。随着活性材料、仿生学、生物化学、生命科学的发展，这种成型方式将会得到很大的发展和应用。

表7-1列出了去除成型、受迫成型，以及增材成型三类常用机械成型方式的特点比对。

表 7-1　各种成型方法的比较

项　目	去除成型	受迫成型	增材成型
材料利用率	产生切屑，材料利用率低	产生工艺废料，如烧冒口、飞边等	材料利用率高，大多数工艺可达到 100%
产品精度与性能	通常为最终成型，精度高	多用于毛坯制造，属净成型或近净成型范畴	属于净成型范畴，精度较好
可制造零件的复杂程度	受刀具或模具等的形状限制，无法制造太复杂的曲面和异形深孔等	受模具等工具的形状限制，无法制造太复杂的曲面	可制造任意复杂形状的零件

20 世纪 90 年代以后，制造业的外部形势发生了根本的变化。用户需求的个性化和多变性，迫使企业不得不逐步抛弃原来以“规模效益第一”为特点的少品种、大批量的生产方式，进而采取多品种、小批量、按订单组织生产的现代生产方式。同时，在全球一体化市场、制造业竞争越来越激烈，产品的开发速度已成为市场竞争的主要矛盾。从技术发展角度，计算机、CAD/CAM、材料、激光等技术的发展和普及为新的制造技术的产生奠定了基础，如图 7-1所示。

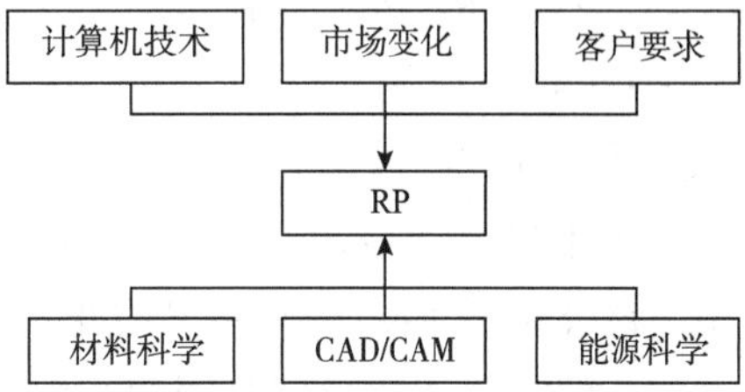

图 7-1　快速成型技术的产生

在这种时代背景下，市场竞争的焦点就转移到速度上来，能够快速提供更高性价比产品的企业，将具有更强的综合竞争力。快速成型技术是先进制造技术的重要分支，无论在制造思想上还是实现方法上都有很大突破，利用快速成型技术可对产品设计迅速评价、修改，并自动快速地将设计转化为具有相应结构和功能的原型产品或直接制造出零部件，从而大大缩短新产品的开发周期，降低产品的开发成本，使企业能快速响应市场需求，提高产品的市场竞争力和企业的综合竞争能力。

快速成型不同于传统的去除材料方式制造零件的方法，而是用材料一层一层积累的方式构造零件模型。它利用所要制造零件的三维 CAD 模型数据直接生成产品原型，并且可以方便地修改 CAD 模型后，重新制造产品原型。由于该技术不像传统的零件制造方法需要制作木模、塑料模和陶瓷模等模具，可以把零件原型的制造时间减少为几天、几小时，大大缩短了产品开发周期，降低了开发成本。

随着计算机技术的快速发展和三维 CAD 软件应用的不断推广，越来越多的产品基于三维 CAD 设计开发，使得快速成型技术的广泛应用成为可能。快速成形技术已经广泛应用于航空、汽车、通信、医疗、电子、家电、玩具、军事装备、工业造型(雕刻)、建筑模型、机械行业等领域。

7.1.2 快速成型技术的发展现状

1. 快速成型技术在国外的发展

快速成型技术是一种用材料逐点、逐层堆积零件的制造方法。分层制造三维物体的思想雏形，最早出现在制造技术并不发达的 19 世纪。1982 年，Blanther 主张用分层方法制作三维地图模型。1979 年，中川威雄教授利用分层技术制造了金属冲裁模、成型模和注塑模。

光刻技术的发展对现代 RP 技术的出现起到了催化作用。20 世纪 70 年代末到 80 年代初期，美国 3M 公司的 Alan J. Hebert、日本的小玉秀男、美国 UVP 公司的 Charles W. Hull 和日本的丸谷洋二，在不同的地点各自独立地提出了 RP 的概念，即利用连续层的选区固化产生三维实体的新思想。

Charles W. Hull 在 L. LiP 的继续支持下，研制出一台能自动建造零件的快速成型设备 SLA－1。这是 RP 技术发展的一个里程碑。同年，Charles W. Hull 和 UVP 的股东们一起建立了 3D System 公司。

此外，其它的成型原理及相应的成型机也相继开发成功。1984 年 Michael Feygin 提出了分层实体制造(Laminated Object Manufacturing，LOM)的方法，并于 1985 年组建 Helisys 公司。该公司于 1990 年前后开发出第一台商业机型 LOM－1015。

与此同时，快速成型与制模(RP&RT)技术在欧洲模具展览会(EuroMold)中十分引人注目。据统计到2008 年为止，涉及 RP 领域的参展商有 132 家，约占参展商总数的8.5%，其中设备制造商 18 家，快速模具设备和服务提供商 32 家，RP 服务中心 35 家，快速铸造服务商 8 家。欧洲最大的 RP 生产商 EOS 公司，早在 1997 年就研发出用选择性激光烧结方法直接制作金属零件和模具的技术。

德国 Concept Laser 公司展出了用于金属零件快速成型的设备 M3。该产品是一台多功能设备，采用 1 个激光器完成 3 个功能，即零件成型、三维刻蚀和激光打标。德国 Phenix_systems公司在展会上也展出了金属直接成型设备。该公司的设备不仅可以成型金属零件，还可以制作陶瓷零件。欧洲著名的快速制模供应商 MCP，突破了以往只做 RP 下游产品的传统定位，推出了直接成型金属的设备 MCP Realizer，已达到了较高的水平。

世界最大的 RP 生产商 3D systems 公司此次展出了其 SLS 设备 Vangua－rd HS。SLS 设备的特点是一机多材，既可成型工程塑料，也可以成型铸造树脂砂和金属。法国 Stratoconception 公司采用板材组装技术直接制作金属模的方法。虽然同为逐层叠加制造，但其不同点在于分层截面信息包含了片层 Z 向的结构变化，是一种二维半的分层方法。因此，每一个片层可根据零件几何形状的变化取得较厚，片层多采用铝板和高密度板，利用 2.5 轴的雕刻机或 5 轴激光加工机床加工而成。

自从 20 世纪 80 年代中期 SLA 成型技术发展以来到 90 年代后期，出现了十几种不同的快速成型技术，除前述几种外，典型的还有 3DP，SDM，SGC 等。但是，SLA，LOM，SLS 和 FDM 四种技术，目前仍然是快速成型技术的主流。

2. 快速成型技术在国内的发展

我国 RP 技术的研究始于 1991 年，清华大学、西安交通大学、华中科技大学、南京航空航天大学等高等院校，以及北京隆源公司、广州中望商业机器有限公司等企业都在 RP 技术的研究与应用方面取得了显著成果。这些成果包括 RP 理论、CAD 数据处理软件、RP 工艺原理、方法及控制技术、成型设备、成型材料以及成形精度等方面。

清华大学最先引进了美国 3D 公司的 SLA－250 设备与技术并进行研究与开发，现已开发出"M－RPMS－II"型多功能快速成型制造系统。该系统具有 LOM 和 FDM 两种功能，这是我国的自主知识产权是世界上唯一拥有两种快速成型工艺的系统。它具有较好的性价比，是基于"模块化技术集成"概念设计制造的，只需在基础件上增加或更换某一功能模块，即可完成相对应的特定工艺。华中科技大学研制出以纸为成型材料的基于 LOM 技术的 HRP 快速成型系统。西安交通大学开发了基于 SLA 技术和 CPS 技术的快速成型系统；南京航空航天大学开发出基于 SLS 的 RAP 快速成型系统。此外，北京隆源公司推出了基于 SLS 技术的 AFS 快速成型系统。在基于快速成型技术的模具制造领域，上海交通大学开发了具有我国自主知识产权的铸造模样计算机辅助快速制造系统，为汽车行业制造了多种模具。

我国 RP 技术的研究和应用尚存在一定的差距。目前，我国 RP 技术飞速发展，已研制出采用 SLA(立体光固化)，LOM(分层实体制造)，SLS(选择性激光烧结)，FDM(熔积成型)等工艺方法的快速成型设备，并逐步实现了商品化，部分产品性能已达到国际水平。

7.2　快速成型技术的基本原理与特点

7.2.1　快速成型技术的基本原理

传统的零件加工过程是先制造毛坯，然后经切削加工，从毛坯上去除多余的材料得到零件的形状和尺寸，这种方法统称为材料去除制造。快速成型技术彻底摆脱了传统的"去除"加工法，而基于"材料逐层堆积"的制造理念，将复杂的三维加工分解为简单的材料二维添加的组合，它能在 CAD 模型的直接驱动下，快速制造任意复杂形状的三维实体，是一种全新的制造技术。

快速成型技术是由 CAD 模型直接驱动，快速制造任意复杂形状的三维物理实体的技术。快速成型技术的本质是用材料堆积原理制造三维实体零件。它是将复杂的三维实体模型"切"(Spice)成设定厚度的一系列片层，从而变为简单的二维图形，再采用粘接、聚合、熔结、焊接或化学反应等手段使其逐层堆积成一体制造出所设计的三维模型或样件。如图 7-2 所示，一般快速成型技术的基本过程包括 CAD 模型设计，模拟近似处理，Z 向离散化，层片信息处理，层面加工与粘结、层层堆积，后置处理 6 个步骤。

1. CAD 模型设计

应用三维 CAD 软件，根据产品要求设计三维模型，或采用逆向工程技术获取产品的三维模型。在现代大规模 CAD/CAM 实践中，已经证明数字化图纸，以及起决定作用的数学模型(三维实体模型)是可以借助 IT 系统在全公司范围内不断变换表现形式，或表达于生产线下，或者转化为机床内部的 NC 代码，包括 OA 系统中的统计结果，经过系列变换依然可以归结为同一个模型。这为建立统一的制造系统打下了基础。

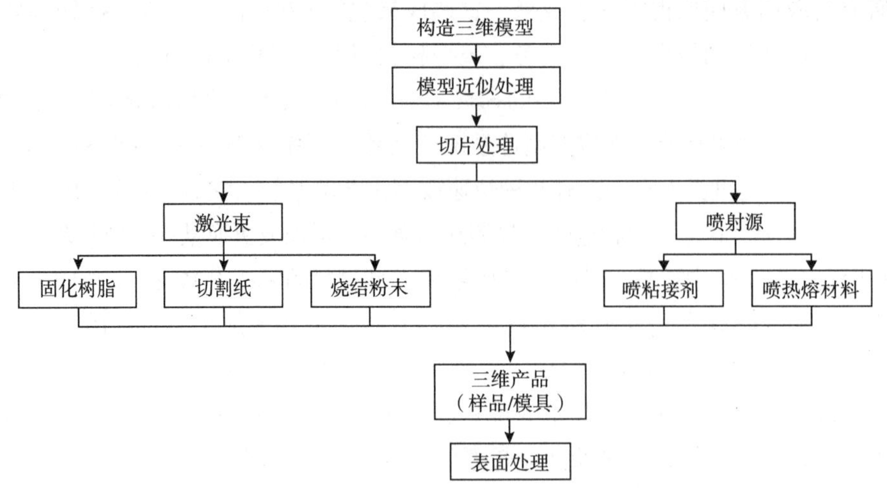

图 7-2　快速成型技术的基本原理

2. 三维模型的近似处理

用一系列小三角形平面来逼近模型上的不规则曲面，从而得到产品的近似模型。一个零件，不管其外形和内腔是多么复杂，都可以用一组平行平面去截该零件，得到一系列足够薄的薄切片，这些薄切片可以近似的看作二维零件模型，用不同扫描方法得到薄切片的内轮廓和外轮廓后，再把这些薄切片按一定的规则堆积起来又可以得到整个零件。

3. 三维模型的 Z 向离散化(即分层处理)

将近似模型沿高度方向分成一系列具有一定厚度的薄片，提取层片的轮廓信息。根据这个原理可以通过零件的三维 CAD 模型得到一系列平行薄切片，对于某一特定层片。可以在某种制作材料上用不同扫描方法得到该截面形状，一层截面制成后，另一层又在它上面累加，反复如此，直到整个零件由底向上逐层构造而成，这就是快速成型技术。

4. 处理层片信息，生成数控代码

根据层片几何信息，生成层片加工数控代码，用控制成形机的加工运动。快速成型系统和三维 CAD 系统之间通过 STL(Stereo Lithography)文件格式交换数据。STL 文件是一个用许多空间小三角片逼近原三维实体的表面模型数据文件。每个三角面片由一个矢量和三个顶点唯一确定，且满足右手法则、顶点－顶点法则及边法则。由于 STL 文件结构简单、易于使用，目前已成为 RP 工业界的“准”标准。

5. 逐层堆积制造

在计算机控制下，根据生成的数控指令，RP 系统中的成形头在 $X-Y$ 平面内按截面轮廓进行扫描，固化液态树脂，从而堆积出当前的一个层片，并将当前层与已加工好的零件部分粘合。然后，成形机工作台面下降一个层厚的距离，再堆积新的一层。如此反复进行直到整个零件加工完毕。与传统加工过程相比，快速成形技术摆脱了传统的“去除”加工法（即部分去除毛坯上的材料得到零件），采用全新的“增长”加工法（即用一层层的小毛坯逐步叠加而制成零件），将复杂的三维加工分解成简单二维加工的组合。因此不必采用传统的加工机床和加工模具，只需传统加工方法 30% ~50% 的工时和 20% ~35% 的成本，就能直接制造出样品或产品模型。

6. 后置处理

对打印好的工件进行处理（如清理零件表面，去除辅助支撑结构），使之达到要求。打印过程完成之后，需要一些后续处理措施来达到加强模具成型强度及延长保存时间的目的，其中主要包括静置、强制固化、去粉、包覆等。打印过程结束之后，需要将打印的模具静置一段时间，使得成型的粉末和黏结剂之间通过交联反应、分子间作用力等作用固化完全，尤其是对于以石膏或者水泥为主要成分的粉末。成型的首要条件是粉末与水之间作用硬化，之后才是黏结剂部分的加强作用，一定时间的静置对最后的成形效果有重要影响。当模具具有初步硬度时，可根据不同类别用外加措施进一步强化作用力，例如通过加热、真空干燥、紫外光照射等方式。此工序完成之后所制备模具具备较强硬度，需要将表面其它粉末除去，用刷子将周围大部分粉末扫去，剩余较少粉末可通过机械振动、微波振动、不同方向风吹等除去。

也有文献将模具浸入特制溶剂中，此溶剂能溶解散落的粉末，但是对固化成型的模具不能溶解，可达到除去多余粉末的目的。对于去粉完毕的模具，特别是石膏基、陶瓷基等易吸水材料制成的模具，还需要考虑其长久保存问题，常见的方法是在模具外面刷一层防水固化胶，增加其强度，防止因吸水而减弱强度。或者将模具浸入能起保护作用的聚合物中，比如环氧树脂、氰基丙烯酸酯、熔融石蜡等，最后的模具可兼具防水、坚固、美观、不易变形等特点。

7.2.2　快速成型系统工作原理

快速成型技术（RP 技术）是计算机辅助设计及制造技术、逆向工程技术、分层制造技术（SFF）材料去除成形（MPR）或材料增加成形（MAP）技术以及它们的集成。通俗地说，快速成形技术就是利用三维 CAD 的数据，通过快速成型机，将一层层的材料堆积成实体原型，图 7-3 为快速成型系统工作流程。

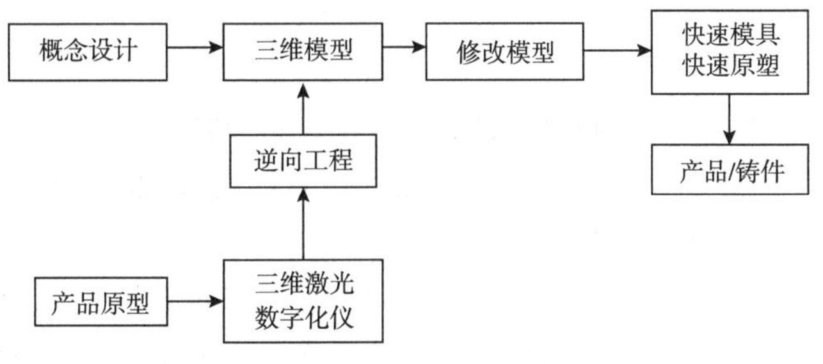

图 7-3　快速成型系统工作流程

快速成型技术的成型方法多达十余种，目前应用较多的有立体光固化(SLA)、选择性激光烧结(SLS)、分层实体制造(LOM)、熔积成型(FDM)等。这些工艺方法都是在材料累加成型的原理基础上，结合材料的物理化学特性和先进的工艺方法而形成的，它与其它学科的发展密切相关。后续章节会详细介绍，此处不再赘述。

随着三维扫描技术的发展，快速成形技术和逆向工程等先进制造技术相结合，已为制造业的发展提供了良好的手段。经过逆向测量和曲面重构之后，利用快速成型机得到工件的逆向产品。

7.2.3 快速成型技术的特点

1. 高度柔性

RP 技术最突出的特点就是柔性好。在计算机管理和控制下使所制造的零件的信息过程和物理过程并行发生，把可重编程、重组、连续改变的生产装备用信息方式集成到一个制造系统中，使制造成本完全与批量无关。不需要任何刀具，模具及工装卡具的情况下，可将任意复杂形状的设计方案快速转换为三维的实体模型或样件。对整个制造过程，仅需改变 CAD 模型或反求数据结构模型，对成形设备进行适当的参数调整，即可在计算机的管理和控制下制造出不同形状的零件或模型。

RP 技术与 NC 机床的主要区别在于高度柔性。无论是数控机床还是加工中心，都是针对某一类型零件而设计的。如车削加工中心，铣削加工中心对于不同的零件需要不同的装夹，用不同的工具。虽然它们的柔性非常高，可以生产批量只有几十件、甚至几件的零件，而不增加附加成本。但它们不能单独使用，需要先将材料制成毛坯。而 RP 技术具有较高的柔性，对于任何尺寸不超过成形范围的零件，无需任何专用工具就可以快速方便的制造出它的模型(原型)。从制造模型的角度，RP 具有 NC 机床无法比拟的优点，即快速方便、高度柔性。

2. CAD 模型直接驱动

RP 技术集成了 CAD/CAM 技术，无需操作人员干预或较少干预，是一种自动化的成型过程。提高了新产品开发的一次成功率，缩短了开发周期，降低了研发成本(据统计:可减少产品开发成本 30% ~70%，缩短开发时间 50% 至更少)。产品 CAD 实体模型可由两种方法构建，一是可通过概念设计，设计出所需零件的计算机三维模型(数字模型、CAD 模型)；二是可通过逆向工程，通过三维数字扫描仪对产品原型进行扫描，而后结合逆向工程对扫描数据进行处理。

3. 技术的高度集成

快速成形技术是 CAD/CAM 技术、计算机技术、数控技术、控制技术、激光技术、新材料技术和机械工程等多项交叉学科的综合集成。它以离散/堆积为方法，在计算机和数控技术的基础上，追求最大的柔性为目标。

CAD 技术通过计算机进行精确的离散运算和繁杂的数据转换，实现零件的曲面或实体造型，数控技术为高速精确的二维扫描提供必要的基础，这又是以精确高效堆积材料为前提的，激光器件和功率控制技术使材料的固化、烧结、切割成为现实。快速扫描的高分辨率喷头为材料精密堆积提供了技术保证。

4. 设计、制造一体化

在传统的CAD/CAM技术中，复杂的CAPP一直是实现设计、制造一体化过程中比较难以克服的一个障碍。而快速成形技术突破了成形思想的局限性，采用了离散堆积的加工工艺，避开了传统的工艺规划制定，使CAD和CAM技术能够很顺利地结合在一起，实现了设计制造一体化。RP技术是集计算机、CAD/CAM、数控、激光、材料和机械等一体化的先进制造技术。整个生产过程实现自动化、数字化、与CAD模型具有直接的关联，所见即所得，零件可随时制造与修改，实现设计制造一体化。

5. 快速响应性

快速成型零件制造从CAD设计到原型(或零件)的加工完毕，只需几个小时至几十个小时，复杂、较大的零部件也可能达到几百小时，但从总体上看，速度比传统的成形方法要快得多。尤其适合于新产品的开发，RP技术已成为支持并行工程和快速反求设计，以及快速模具制造系统的重要技术之一。从CAD设计到完成原型制作通常只需几个小时到几十个小时，加工周期短可节约70%以上，能够适应现代竞争激烈的产品市场。

RP技术使设计、交流和评估更加形象化，使新产品设计、样品制造、市场定货、生产准备等工作能并行进行，支持同步(并行)工程的实施。使用快速成型技术，加工过程中无振动、噪声和废料，可实现无人值守长时间自动运行。

6. 制造成型自由化

RP技术可根据零件的形状，不受任何专用工具或模具的限制而自由成型；不受零件复杂程度的限制，能够制造任意复杂形状与结构、不同材料复合的零件，可实现自由制造(Free Form Fabrication)。原型复制性和互换性高，与产品的复杂程度无关，节省了大量的开模时间，一般制作费用降低50%，特别适合新产品的开发和单件小批量零件的生产。

7. 材料使用广泛性

金属、纸张、塑料、树脂、石蜡、陶瓷，甚至纤维等材料在快速成型制造领域已有很好的应用。目前快速成型技术发展的瓶颈之一就在于成型所需的材料，主要包括粉末和黏结剂两部分。从快速成型技术的工作原理可以看出，其成型粉末需要具备材料成型性好、成型强度高、粉末粒径较小、不易团聚、滚动性好、密度和孔隙率适宜、干燥硬化快等性质，可以使用的原型材料有石膏粉末、淀粉、陶瓷粉末、金属粉末、热塑材料或者是其它一些有合适粒径的粉末等。

7.2.4　快速成型技术的发展趋势

现在越来越多的机构从事快速成型设备、工艺和相关应用软件的研制开发工作，越来越多的企业利用快速成型技术直接为生产和新产品开发服务。快速成型技术发展到今天已经比较成熟，各种新的成型工艺不断涌现。展望该技术的进一步走向，其发展目标为实现各类产品或零部件的快速、低成本、高精度、直接的成型制造。为此，快速成型技术进一步的研究和开发有以下五个重点方向：

1. 优化产品信息的采集与处理

以现有三维CAD模型构造技术为基础，进一步与成型材料的成分、组织、性能分析相结合，形成模型的几何造型与物理形态的构建、分析为一体的CAD综合构造模块。在三维模型构造思路上，融入逆向工程，能对已有产品的构造、材料等信息进行快速、准确的采集与处理，为新产品的剖析与改进，拓展新产品开发思路提供参考。开发快速成型的高性能软件，改进切片处理技术，降低切片处理带来的转换误差，以提高制件的精度。

通过完善RP系统与CAD系统的接口，可以制定更加科学、兼容性与交换性好的国际统一的数据交换标准，探索更有效的三维模型数据离散模式。有特定构造与性能的实体，把信息过程和物理过程有机结合，实现以全息生长元为基础的智能材料自生生长，建立智能制造的新模式。

2. 开发新的成型材料

成型材料是决定快速成型技术发展的基本要素之一。加工对象和应用方向的侧重点不同，使用的材料不同，与RP制造的4个目标(概念型，测试型，模具型、功能零件)相适应，对材料的要求也不同。目前应用较多的成型材料及其形态有液态树脂类、金属或陶瓷粉末类、纸、塑料薄膜或金属片(箔)类等，存在材料成本高、过程工艺要求高、制成成型的表面质量与内在性能还欠理想等不足。

进一步的研究课题包括开发成本与性能更好的新材料、开发可以直接制造最终产品的新材料、研究适宜快速成型工艺及后处理工艺的材料形态、探索特定形态成型材料的低成本制备技术、造型材料新工艺等。

3. 提高成型制造采用的能源性能

当前快速成型技术所采用的能源有光能(SLA、SLS、SGC等)、热能(FDM、焊接成型技术等)、化学能(3D－P等)、机械能(数控加工等)。在能源密度、能源控制的精细性(包括能源本身的精细性，如激光光斑的大小，能源运动控制机构的精度等)、成型加工质量等方面均需进一步提高。

4. 研究新的成型制造方式

当前快速成型技术的方式基本为按照成型的三维模型构造，逐层叠加材料制作出三维产品。另外一种更理想的成型制造方式为生物生长成型制造，即借鉴生物生长的原理与方法，利用材料的活性，通过基因型生长信息控制机制，控制生长元自行形成。相关研究包括在确保功能的前提下，通过材料、能源、运动机构、工艺的创新，提高快速成型设备的性能、提高加工效率和质量、增强制作大件的能力、提高成型的速度，加工精度和表面质量，推出经济实用的性价比较高的系统。

7.3 3D打印技术概念及工作原理

3D打印技术是快速成型技术的一个重要分支，代表了部分快速成型工艺。它是一种以数字模型文件为基础，运用粉末金属或塑料等可黏合材料，通过逐层打印的方式来构造物体的技术。过去其常在模具制造、工业设计等领域被用于制造模型，现在正逐渐用于一些产品的直接制造。

《经济学人》杂志曾评价："伟大发明所带来的影响，在当时那个年代都是难以预测的，1750年蒸汽机如此，1450年的印刷术如此，1950年的晶体管也是如此。而今，我们仍然无法预测，3D打印在漫长的时光里如何改变这个世界"。

7.3.1 3D打印技术的发展

3D打印源自100多年前美国研究的照相雕塑和地貌成形技术，上世纪80年代已有雏形，其学名为"快速成型"。在20世纪80年代中期，3D打印技术产生，美国德州大学奥斯汀分校的卡尔博士开发出来世界上第一台3D打印机，但并未商业化。1995年，麻省理工创造了"三维打印"一词，当时的毕业生Jim Bredt和Tim Anderson修改了喷墨打印机的方案，变为把约束溶剂挤压到粉末床的解决方案，而不是把墨水挤压在纸张上的方案。

自20世纪80年代第一代3D打印技术诞生以来，目前已经开始进入到第二代3D打印技术。

第一代3D打印技术主要是用来打印玩具和一些功能性要求不高的塑料产品、尼龙产品、陶瓷产品，精度要求不高，速度比较慢，材料的选择也非常有限，设计爱好者是主要应用对象，多用于科技普及。

第二代3D打印技术诞生于21世纪，标志是在工业、生物医学等领域的深度应用，能够打印出终端产品，功能性是主要特点，材料已经开始向钛合金等高难度的金属材料、多用途复合材料、生物材料、智能材料领域拓展。

第三代3D打印技术应该是智能化程度更高，3D打印技术与互联网技术、自动化技术、智能材料等其它先进技术结合更为紧密，操作更为科学、合理、简单，速度更快，材料应用面更广。3D打印技术不是一个终端技术，而是与其它先进技术融合，并从中发挥主导作用的技术。

7.3.2 3D打印技术的工作原理

图7-4为3D打印工作原理。3D打印是以计算机三维设计模型为蓝本，通过软件分层离散和数控成型系统，利用激光束、电子束等方式将金属粉末、陶瓷粉末、塑料、细胞组织等特殊材料进行逐层堆积黏结，最终叠加成型，制造出实体产品。与传统制造业通过模具、车铣等机械加工方式对原材料进行定型、切削以最终生产成品不同，3D打印将三维实体变为若干个二维平面，通过对材料处理并逐层叠加进行生产，大大降低了制造的复杂度。

在3D打印时，软件运用电脑辅助设计技术(CAD)完成一系列数字切片，并将这些切片的信息传送到3D打印机上，后者会将连续的薄型层面堆叠起来，直到一个固态物体成型，3D打印机与传统打印机最大区别在于它使用的"墨水"是各种加工的原材料。

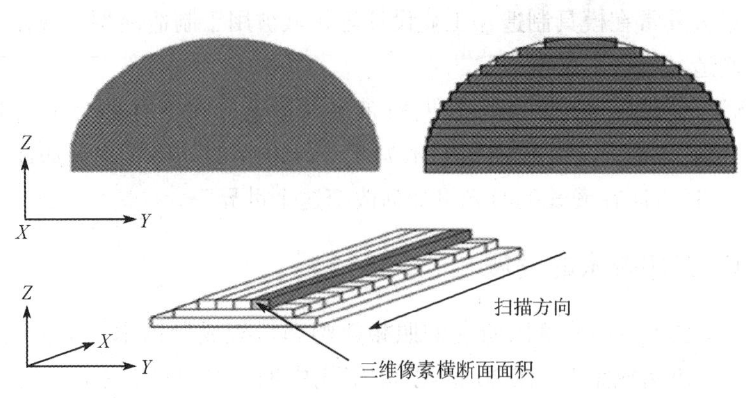

图 7-4　3D 打印工作原理示意图

7.3.3　3D 打印技术关键技术

1. 3D 打印的材料

3D 打印技术关键工艺在于成型粉末部分。成型粉末由填料、黏结剂、添加剂等组成。相对其它条件而言，粉末的粒径非常重要。径小的颗粒可以提供相互间较强的范德瓦尔兹力，但滚动性较差，且打印过程中易扬尘，导致打印头堵塞；大的颗粒滚动性较好，但是会影响模具的打印精度。粉末的粒径根据所使用打印机类型及操作条件的不同可从 1μm 到 100μm。其次，需要选择能快速成型且成型性能较好的材料。可选择石英砂、陶瓷粉末、石膏粉末、聚合物粉末(如聚甲基丙烯酸甲酯、聚甲醛、聚苯乙烯、聚乙烯、石蜡等)，金属氧化物粉末(如氧化铝等)和淀粉等作为材料的填料主体，选择与之配合的黏结剂可以达到快速成型的目的。

成型材料除了填料和黏结剂两个主体部分，还需要加入一些粉末助剂调节其性能，可加入一些固体润滑剂增加粉末滚动性，如氧化铝粉末、可溶性淀粉、滑石粉等，有利于铺粉层薄均匀；加入二氧化硅等密度大且粒径小的颗粒增加粉末密度，减小孔隙率，防止打印过程中黏结剂过分渗透；加入卵磷脂减少打印过程中小颗粒的飞扬以及保持打印形状的稳定性等。另外，为防止粉末由于粒径过小而团聚，需采用相应方法对粉末进行分散。

在黏结剂选择方面，用于打印头喷射的黏结剂要求性能稳定，能长期储存，对喷头无腐蚀作用，粘度低，表面张力适宜，以便按预期的流量从喷头中挤出，且不易干涸，能延长喷头抗堵塞时间，低毒环保等。液体黏结剂分为几种类型：本身不起黏结作用的液体，本身会与粉末反应的液体及本身有部分黏结作用的液体。本身不起黏结作用的黏结剂只起到为粉末相互结合提供介质的作用，其本身在模具制作完毕之后会挥发到几乎不剩下任何物质，对于本身就可以通过自反应硬化的粉末适用，此液体可以为氯仿、乙醇等。对于本身会参与粉末成型的黏结剂，如粉末与液体黏结剂的酸碱性的不同，可以通过液体黏结剂与粉末的反应达到凝固成型的目的。目前最常用的是以水为主要成分的水基黏结剂，对于可以利用水中氢键作用相互连接的石膏、水泥等粉末适用，黏结剂为粉末相互结合提供介质和氢键作用力，成型之后挥发。或者是相互之间能反应的，如以氧化铝为主要成分的粉末，可通过酸性黏结剂的喷射反应固化。对于金属粉末，常常是在黏结剂中加入一些金属盐来诱发其反应。对于本身不与粉末反应的黏结剂，还有一些是通过加入一些起黏结作用的物质实现，通过液体挥发，剩下起黏结作用的关键组分。其中可添加的黏结组分包括缩丁醛树脂、聚氯乙烯、聚碳硅烷、聚乙烯吡咯烷酮以及一些其它高分子树脂等。选择与这些黏结剂相溶的溶液作为主体介质可应用，虽然根据粉末种类不同可以用水、丙酮、醋酸、乙酰乙酸乙酯等作为黏结剂溶剂，但目前均以水基黏结剂报道较多。在材料的品种方面，可根据所要制备的模具特点用石膏、陶瓷、淀粉、聚合物等多种打印成型材料，并且可以根据材料所需特点开发更多材料，适用性非常强，前景非常广大。各种3D打印技术的材料及累积技术如表7-2所示。

表7-2　各种3D打印技术的材料及累积技术

类型	累积技术	基本材料
挤压	熔融沉积式(Fused deposition modeling，FDM)	热塑性塑料，共晶系統金属、可食用材料
线	电子束自由成形制造(Electron - Beam Freeform Fabrication，EBF)	几乎任何合金
粒状	直接金属激光烧结(Direct metal laser sintering，DMLS)	几乎任何合金
	电子束熔化成型(Electron beam melting，EBM)	钛合金
	选择性激光熔化成型(Selective laser melting，SLM)	钛合金，钴铬合金，不锈钢，铝
	选择性热烧结(Selective heat sintering，SHS)	热塑性粉末
	选择性激光烧结(Selective laser sintering，SLS)	热塑性塑料、金属粉末、陶瓷粉末
粉末层喷头3D打印	石膏3D打印（Plaster - based 3D printing，PP）	石膏
层压	分层实体制造(Laminated object manufacturing，LOM)	纸、金属膜、塑料薄膜
光聚合	立体平板印刷(Stereolithography，SLA)	光硬化树脂
	数字光处理(Digital - light processing，DLP)	光硬化树脂

2. 3D打印的成型技术

自美国3D公司1988年推出第一台商品SLA快速成形机以来，已经有十几种不同的成形系统，其中比较成熟的有SLA、SLS、LOM和FDM等方法。其成形原理及相关设备分别介绍如下。

(1)立体光固化成型原理(SLA)

立体光固化成型技术(Stereo Lithography Apparatus)，是先用软件把3D的数字模型，“切”成若干个平面，这就形成了很多个剖面，在工作的时候，有一个可以举升的平台，这个平台周围有一个液体槽，槽里面充满了可以紫外线照射固化的液体，紫外线激光会从底层做起，固化最底层的液体，然后平台下移，固化下一层，如此往复，直到最终成型。图7-5为SLA立体光固化成型机原理图。

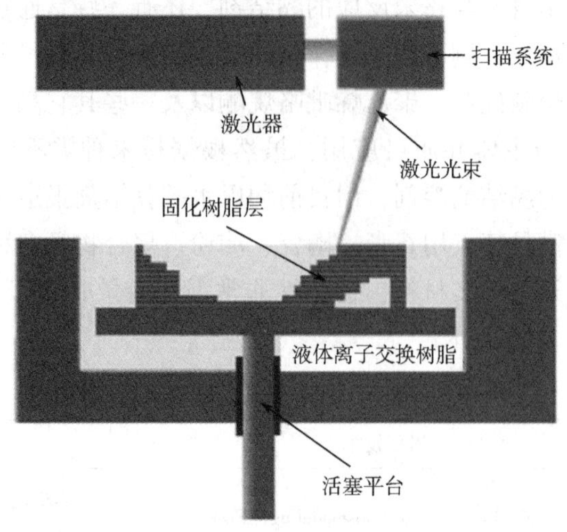

图7-5　立体光固化技术

光固化成型由于具有成型过程自动化程度高、制作原型表面质量好、尺寸精度高以及能够实现比较精细的尺寸成型等特点，从而得到最为广泛的应用，在概念设计的交流、单件小批量精密铸造、产品模型、快速工模具及直接面向产品的模具等诸多方面广泛应用于航空、汽车、电器、消费品以及医疗等行业。其缺点是可以使用的材料有限，应用面比较有限。

在SLA技术中，最具有代表性的研究单位有美国的3D Systems公司和Aaroflex公司，日本的SONY/D-MEC公司和Teijin Seiki公司以及德国的EOS公司。

(2)熔融沉积成型原理(FDM)

熔融沉积成型技术(Fused Deposition Modeling)，同样需要把3D的模型薄片化，但是成型的原理不一样。所谓熔融沉积成型技术，就是把材料在200~400℃下熔化成液态，然后通过喷嘴挤压出一个个很小的球状颗粒，这些颗粒在喷出后立即固化，通过这些颗粒在立体空间的排列组合形成实物。图7-6为FDM熔融沉积成型机原理图。这种技术成型精度更高，成型实物强度更高，可以彩色成型。

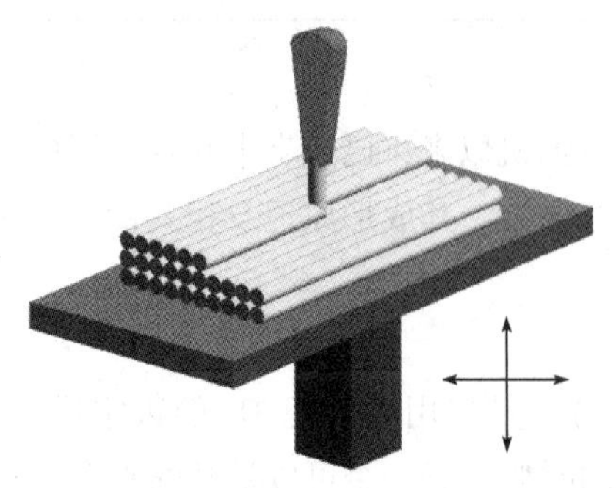

图7-6　熔融沉积成型技术

熔融沉积成型技术的优点是材料利用率高，材料成本低，可选材料种类多，工艺简洁；缺点是精度低，复杂构件不易制造，悬臂件需加支撑，表面质量差。该工艺适合于产品的概念建模及形状和功能测试，以及中等复杂程度的中小原型，不适合制造大型零件。

目前最新研究的一项变体技术是“金属熔融沉积建模技术”，也就是“FDMm”。有报道指出标准型热塑挤压打印机已经被改良成可以用金属合金作为材料的 3D 打印机。例如，德克萨斯大学 Jorge Mireles 率领的团队通过以金属合金线圈为材料对改良的打印机进行测试。使用的合金具有相对较低的熔点(低于 300℃)。有了这个限制条件，就能将金属成功加热并挤压为不到一毫米的厚度层。

尽管金属熔融沉积建模技术仍在试验阶段，但它有可能成为一种制造某些类型产品的主流工业方法。在研究 FDM 技术的公司中，美国的 Stratasys 公司、MedModeler 公司相继推出了代表性的设备。

(3)选择性激光烧结技术(SLS)

选择性激光烧结技术(Selective Laser Sintering)，由美国得克萨斯大学奥斯汀分校的 Dechard 于 1989 年研制成功。选择性激光烧结工艺是利用粉末状材料成型的，一开始它将材料粉末铺撒在工作台的表面上，并刮平；用高强度的二氧化碳激光器在刚铺的新层上扫描出零件截面；材料粉末在高强度的激光照射下被烧结在一起，得到零件的截面；当一层截面烧结完后，再铺上新的一层材料粉末，选择性地烧结该层截面并与下面已成型的部分黏接。

图 7-7 为 SLS 选择性激光烧结成型机原理图。选择性激光烧结比立体光固化成型技术(SLA)要结实得多，通常可以用来制作结构功能件；激光束选择性地熔合粉末材料，如尼龙、弹性体、金属粉末，相较于立体光固化成型技术，材料更加多样且性能接近普通工程塑料材料。无碾压步骤因此 Z 向的精度不容易保证好；工艺简单，不需要碾压和掩模步骤；使用热塑性塑料材料可以制作活动铰链之类的零件；成型件表面多粉多孔，使用密封剂可以改善并强化零件；使用刷或吹的方法可以轻易地除去原型件上未烧结的粉末材料。

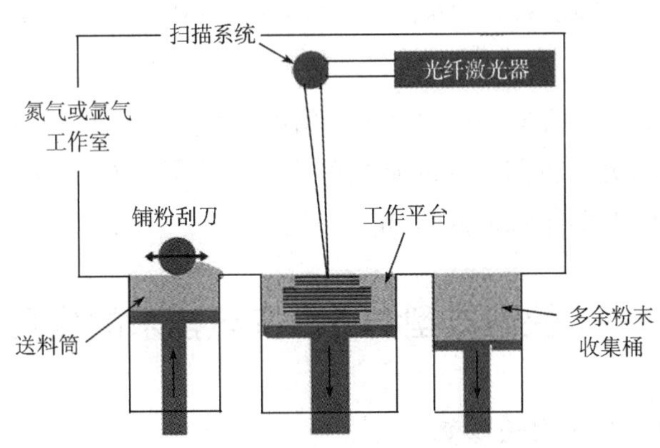

图 7-7　选择性激光烧结技术

目前，全球处于该技术领先地位的研究单位有：美国的 DTM 公司、3D Systems 公司以及德国的 EOS 公司。

(4)叠层实体成型技术(LOM)

这种制造方法和设备自 1991 年问世以来，得到迅速发展。它是根据 CAD 模型数据用激光器对背面涂有热融胶的纸切割出其某层的内外轮廓，然后用热轧辊滚压，使该层和底下各层粘在一起，如此反复，逐层切割、滚压直到得到该零件原型。

图 7-8 为 LOM 快速成型机原理图，使用原料可为纸、塑胶或纤维混合料。其成型过程为：首先，STL 格式的 CAD 数据输入 LOM 系统控制器后，LOM 软件便会计算出每层的横截面。然后，在 LOM 软件控制下，激光切割顶层的横截面轮廓，然后将余下的物料做剖面线切割，形成小方格方便以后清除。接着下一步，新的一层原料叠在上面，系统便会自动测试高度，并计算出一个新截面，激光便再次进行切割，当所有层面完成后，便可以除去已划为小方格的多余物料来取出所建模型。

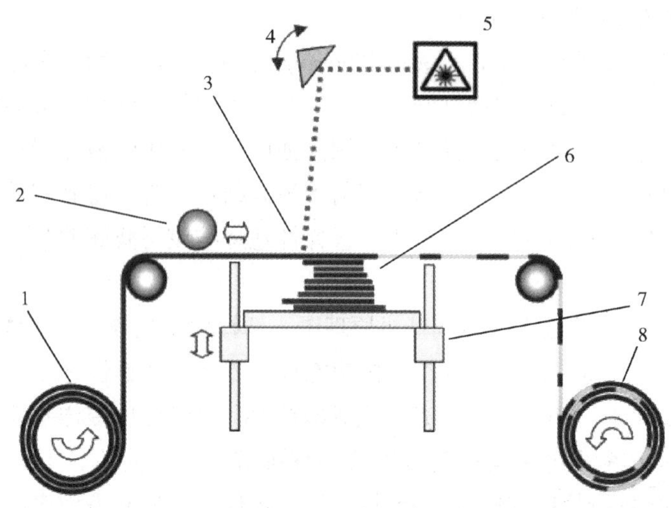

图 7-8　LOM 工艺原理图

1—提供箔材；2—热辊；3—激光束；4—扫描棱镜；5—激光束

6—生成的实体层；7—移动平台；8—废料

用该方法制做的纸质零件原型质似硬木，精度达 0.1mm。可在 200℃使用，还可以用传统木工打磨的方法抛光。目前主要的研究单位有：美国的 Helisys 公司、日本的 Kira 公司与 Sparx 公司以及新加坡的 Kinergy 公司。

7.4　快速成型与 3D 打印技术的应用

7.4.1　3D 打印机的相关参数

目前 3D 打印机拥有多种品牌和型号，不同品牌和型号的 3D 打印机多采用了不同的打印技术，其应用领域也有所差异，用户在选用 3D 打印机时更多的需要考虑自己的应用需求、成本等方面的信息。

3D 打印机参数包括打印尺寸、打印精度、打印材料、多色与多材料打印及打印软件，在购买 3D 打印机的时候应根据自己的需求，着重考虑相应的参数。下面对其关键参数做简短介绍。

1. 打印尺寸

打印尺寸是指3D打印机能打印的最大体积，是由3D打印机的打印区域大小决定的。一般用“长×宽×高”的参数来表示一个3D打印机的打印尺寸，如210mm×210mm×220mm，这个参数表示了3D打印机的X、Y、Z三个方向的最大伸展长度。对于家庭用的桌面级3D打印机而言，其打印尺寸的各方向参数大多在几百毫米左右。

2. 打印精度

3D打印机的精度可以有几个不同方面的参数。层高精度是指在Z轴方向，每一层的最小高度，因为一般3D打印机是逐层打印的，层高越小，打印的就越精细，当然速度也会相应的减慢；定位精度是指在三个轴向上位置的误差，误差越小，物体成型后越真实；喷嘴直径决定了打印材料的细腻程度，喷嘴越细，吐出的材料就越细，当然就可以有更高的精度，物体边缘的锯齿会相应减少。在选择3D打印机的时候，不同的3D打印机可能会给出不同方面的打印精度，这使得我们很难比较3D打印机的精度，所以最好可以亲自查看打印实物的边缘和拐角清晰度、最小细节尺寸、侧壁质量和表面光滑度等。

3. 打印材料

虽然目前已经有很多打印耗材出现在人们的视野中，但是能够真正在桌面级3D打印机应用的并不多，目前最为常见的两种耗材是PLA(环保塑料)和ABS(工程塑料)。PLA可以在没有加热床的情况下打印大型零件模型而边角不会翘起，PLA还具有较低的熔体强度，打印的模型更容易塑型，表面光泽性较好，色彩艳丽。ABS具有优良的综合性能，有极好的冲击强度、尺寸稳定性好、电性能、耐磨性、抗化学药品性、染色性，成型加工和机械加工较好。在选择材料时应根据自己的需要合理选材。

4. 多色与多材料打印

现在已经有支持彩色打印和多材料打印的3D打印机，其根本原理在于3D打印机有几个打印喷头。对于单喷头的打印机，一次成型的过程中只能打印出一种颜色、一种材料的物体。如果需要打印彩色物体，可以用单喷头打印机分别打印不同颜色的部件，在后期处理时将它们组合成彩色物体；也可以直接用多喷头的打印机，在一次成型的过程中将彩色物体打印出来。对于多种材料混合的物体，是同样的道理。

5. 打印软件

每一款3D打印机都有与之配套的3D打印软件，该软件的作用是将3D模型转化为3D打印机可以识别的G-code。在选购3D打印机时也要注意打印机提供的软件，是否与自己的操作系统兼容，是否简单易用。

7.4.2 RPM及3D打印技术的工艺装备

目前世界上已有200多家机构开展了RPM(Rapid Prototyping Manufacture)的研究，能够商品化生产RPM设备的主要有美国的3D Systems、Helisys、DTM Corp、日本C-MEC、D-MEC、德国EOS、以色列Cubital等。RPM的工艺发展速度很快，许多公司都开发了自己的装备如表7-3、表7-4所示。

表 7-3　国外 RPM 的商品化工艺设备

工艺方法	公　司	设　备	最大造型尺寸/mm	正常精度/mm
选择性液体固化	D System	SLA250/350/500	500×500×585	±0.1
	EOS	Ster EOS300/400/600	600×600×600	
	F&S	LMS	500×500×584	
	C-MET	SOUP	1000×800×500	
	D-MEC	SCS	1000×800×500	
	Teijin Seiki	Mark1000	—	
	Mitsui Zosen	COLAMN	—	
选择性层片粘接	Helisys	LOM1015/2030h	1200×750×550	±0.1
	Kira Corp	KSC-50		
	Sparx	Hot Plot		
	Singapore	ZIPPY Ⅰ/Ⅱ		
选择粉末熔结	DTM	Sinterstation 2000，2500	380×340×440	±0.2
	EOS	EOSINT250/350	320×300×400	
挤压成型	Stratasys	FDM1650/2000/8000	457×457×609	±0.13
喷墨打印	Sanders Prototype	MM-6PRO Model Maker Ⅱ	—	±0.13
	3D System	Actua2100	500×500×585	
	Stratasys	Genisys	—	
	Soligen	DSPC300G	—	

表 7-4　国内所研制的主要 RPM 设备

研制单位	清华大学			西安交通大学	华中理工大学	北京隆源自动成型系统有限公司
工艺方法	LOM+FDM 工艺集成	PCM		SLA	LOM	SLS
设备型号	M-PMS-Ⅱ-LOM	M-PMS-Ⅱ-FDM	PCM-1000	LPS-600A	HRP-Ⅱ	ASF-300
工件尺寸/mm	600×400×500	500×400×500	1000×800×800	600×600×500	600×600×500	ϕ300×400
成型材料	涂覆纸	ABS、蜡	水洗砂	光固化树脂	蜡粉、聚碳酸酯粉	涂覆纸
软件	所有 CAD；系统 STL					
成型精度/mm	±0.1	±0.15	±0.1	±0.1	±0.1	±0.1

7.4.3　快速成型技术的应用

RP 技术自出现以来，以其显著的时间效益和经济效益受到制造业的广泛关注，并已在航空航天、汽车外形设计、玩具、电子仪表与家用电器塑料件制造、人体器官制造、建筑美工设计、工艺装饰设计制造、模具设计制造等领域展现出良好的应用前景。

1. 在新产品造型设计过程中的应用

快速成型技术为工业产品的设计开发人员建立了一种崭新的产品开发模式。例如，3D 打印技术让运动品牌的设计团队能够更频繁地对产品进行调整和改进。为了让跑鞋的鞋底轻到极致以便更快奔跑，设计师需要为其在轻和结实之间找到临界点。他们让运动员反复试鞋，若鞋底过厚，则将其制薄再试，直至薄到运动员将其穿破，再往回将其制厚一点，多次试验以找到既能足够轻又能支撑运动员力量的最佳质量。最终，一只跑鞋仅重 5.6 盎司(158.7g)，相当于 3 枚鸡蛋的重量，而这一切都在 7 个月之内完成。图 7-9 为 3D 打印的跑鞋鞋底。

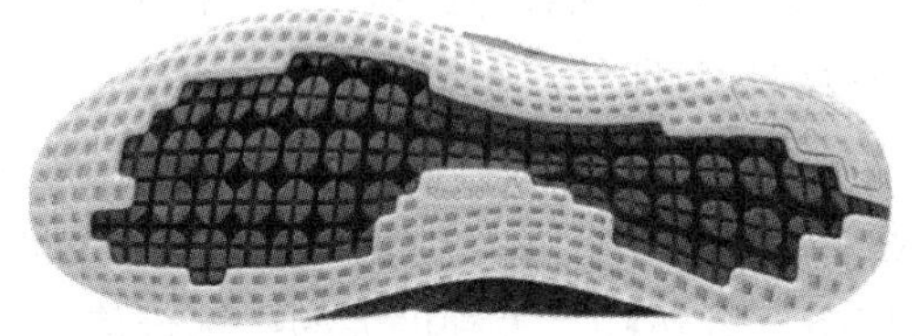

图 7-9　3D 打印跑鞋鞋底

2. 在机械制造领域的应用

由于 RP 技术自身的特点，使得其在机械制造领域内，获得广泛的应用，多用于制造单件、小批量金属零件的制造。有些特殊复杂制件，由于只需单件生产，或少于 50 件的小批量，一般均可用 RP 技术直接进行成型，成本低，周期短。以精铸蜡为原料，直接成型精铸蜡模，再通过传统精铸过程制造金属零件。其工艺流程如图 7-10 所示。用这种方法来生产发动机缸体及缸盖等零部件，与传统精铸生产方法相比，既经济又快捷。

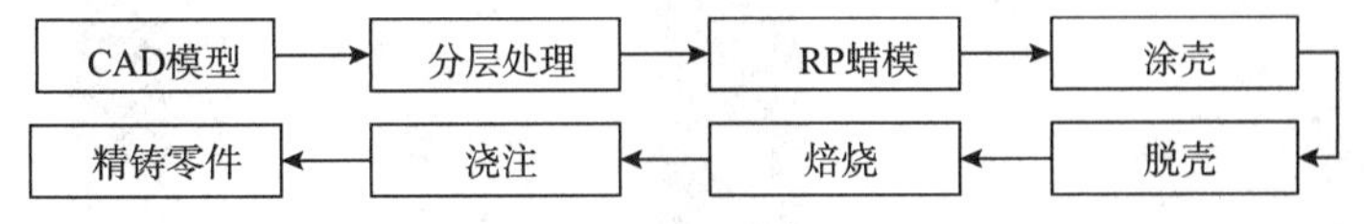

图 7-10　快速成型蜡模精铸工艺流程图

用 DSPC 法可以直接制作精铸用耐火型壳，省去了传统精铸中的压型制造、压制蜡模、组模及制壳等多道工序。大大缩短了熔模铸造的生产周期。同时消除了熔模变形等因素对型壳尺寸的影响，可以快速制得高精度的铸件，如图 7-11 所示。

3. 快速模具制造

传统的模具生产时间长，成本高。将快速成型技术与传统的模具制造技术相结合，可以大大缩短模具制造的开发周期，提高生产率，是解决模具设计与制造薄弱环节的有效途径。快速成型技术在模具制造方面的应用可分为直接制模和间接制模两种，直接制模是指采用 RP 技术直接堆积制造出模具，间接制模是先制出快速成型零件，再由零件复制得到所需要的模具。图 7-12 为采用 RP 技术生产的模具。

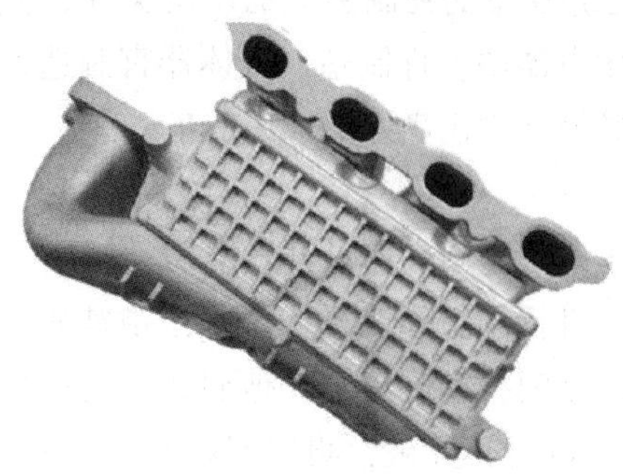

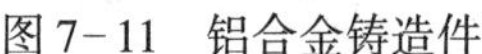

图 7-11　铝合金铸造件

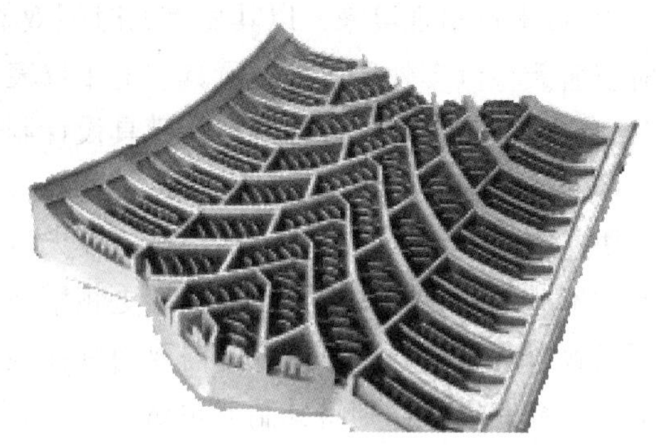

图 7-12　生产模具

4. 在汽车行业中的应用

RP 技术已应用到汽车车身设计、钣金件试制、发动机金属样件与车灯结构样件/功能样件试制等方面。图 7-13 为 3D 打印的汽车零件。

5. 在医学领域的应用

近几年来，人们对 RP 技术在医学领域的应用研究较多。以医学影像数据为基础，利用 RP 技术制作人体器官模型，对外科手术有极大的应用价值。根据 CT 扫描信息，应用熔融挤压快速成形的方法可以快速制造人体的骨骼(如颅骨、牙齿)和软组织(如肾)等模型，并且不同部位采用不同颜色的材料成形，病变组织可以用醒目颜色，可以进行手术模拟、人体骨关节的配制，颅骨修复。在康复工程上，采用熔融挤压快速成形的方法制造人体假肢具有最快的成形速度，假肢和肌体的结合部位能够做到最大程度的吻合，减轻了假肢使用者的痛苦。如图 7-14 所示。

图 7-13　汽车零件

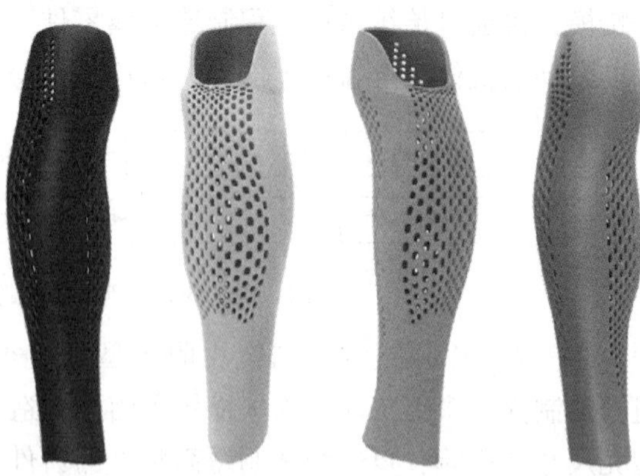

图 7-14　个性化假肢设计

6. 在文化艺术领域的应用

在文化艺术领域，快速成型制造技术多用于艺术创作、文物复制、数字雕塑等。首先，3D 打印技术已经在国外雕塑设计中得到普遍应用。雕塑设计，尤其是大型或者结构较为复杂的雕塑设计，要经过概念设计、平面化设计、泥稿制作、后期调校、施工方施工一系列环节。传统的雕塑设计包含很多环节的人力成本，制作环节也复杂很多。但是通过 3D 打印技术软硬件的结合，利用一台电脑和一台精度较高的 SLA 3D 打印机，一位设计师就可以完成诸多环节的工作。当计算机中生成虚拟的模型之后，设计师就可以通过 SLA 3D 打印机将其打印成体积不同的实体模型，从而满足不同展示和放大的需要。

3D 打印技术在建筑景观及艺术设计领域的作用，不只表现在设计阶段，在修改设计、面对客户、市场运营等阶段，3D 打印技术也早已渗透至深，如图 7-15 所示。与此同时，3D 打印技术在文物保护领域也有相应的应用。从软硬件两个方面阐述，3D 打印技术在文物保护领域有两个方面作用：一方面是文物数字修复；另一方面是文物成型打印复制。

图 7-15　建筑设计

7. 在航空航天技术领域的应用

在航空航天领域中，空气动力学地面模拟实验(即风洞实验)是设计性能先进的天地往返系统(即航天飞机)所必不可少的重要环节。该实验中所用的模型形状复杂、精度要求高、又具有流线型特性，采用 RP 技术，根据 CAD 模型，由 RP 设备自动完成实体模型，能够很好的保证模型质量。图 7-16 为 Arcam 公司使用 RP 技术生产轻质涡轮叶片。

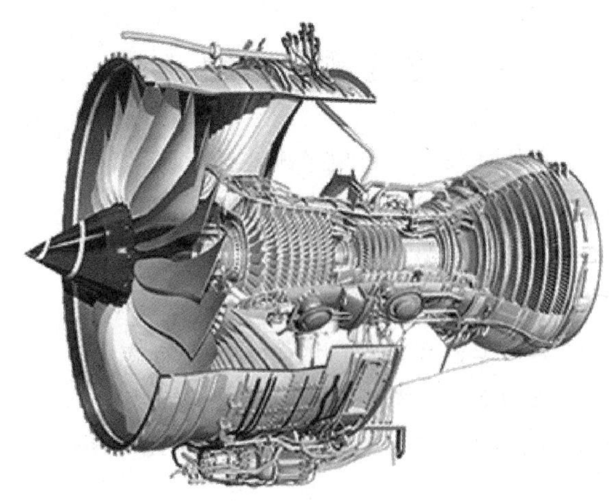

图 7-16　涡轮叶片

在航空航天装备方面，终极喷气发动机已经由美国的 GE 航空公司利用 3D 打印技术制造出来，该公司计划将 3D 打印技术应用在下一代军用发动机的研发制造上。737 无人机模型 PETRA 的主要组件实现了 3D 打印技术的制造(包括副翼、燃料箱、襟翼、操纵面等),并实现了完美的试飞测试。美国太空制造公司专门设计用于国际空间站微重力制造项目的 3D 打印机已经通过 NASA 最后的验证测试,并发送到了国际空间站。F-35 飞机 3 米长的机翼钛合金零部件、UH-60 直升机门把手等当今先进的军用分级的相关零部件已由 3D 打印技术制造出来,与传统工艺相比成本下降了很多,从而验证了 3D 打印技术在成本方面具有一定优势。

8. 在家电行业的应用

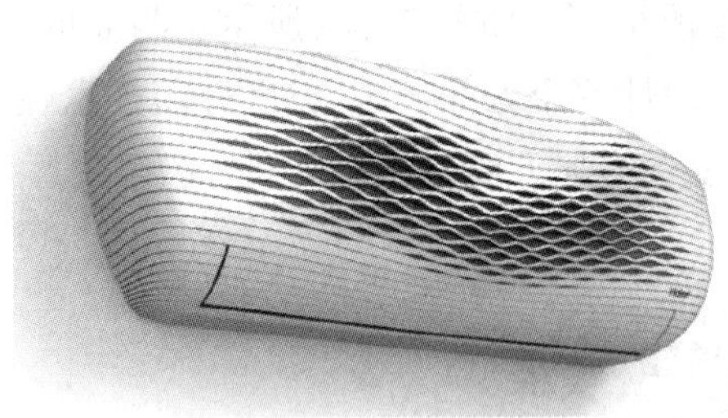

图 7-17 空调外观设计

目前,快速成型系统在国内的家电行业上得到了很大程度的普及与应用,使许多家电企业走在了国内前列。例如广东的美的、华宝、科龙;江苏的春兰、小天鹅;青岛的海尔等,都先后采用快速成型系统来开发新产品,收到了很好的效果。快速成型技术的应用很广泛,可以相信,随着快速成型制造技术的不断成熟和完善,它将会在越来越多的领域得到推广和应用。图 7-17 为海尔公司在 AWE2015 展会上,展出的一款 3D 打印出来的空调。这款空调外观设计更加时尚、个性,不仅搭载了海尔的 U+智能生活平台,还可以通过苹果 Siri 和微软 Cortana 语音控制。

由于 RP 技术彻底摒弃了传统的加工模式,其加工难易程度与产品复杂程度无关,其加工成本与批量无关,其加工过程与刀具、夹具、模具无关,从而使得原来过于复杂无法加工的结构变得不存在加工难度,原来追求个性化而带来的小批量、高成本的问题迎刃而解,原来不合理的设计结构和装配结构变得合理。

思考题及习题

1. 在快速成型技术发展的过程中,出现了哪些关键技术?
2. 试简述上述技术在快速成型制造工艺中所起的作用。
3. 什么叫增材制造,它和传统加工工艺有何不同?
4. 试简述快速成型/3D 打印技术的原理。
5. 目前国内外主流的加工工艺有哪些?试简述各自的特点。
6. 在快速成型设备的选购上,有哪些关键参数需要考虑?
7. 除了教材所罗列的,我们的日常生活中还有哪些 3D 打印技术应用的例子?

第8章　数控加工技术

数控技术也称为数字控制技术(Numerical Control，NC)，在数控加工领域数控技术指采用数字信号对加工过程中机床的运动以及加工过程进行控制的一种方法。计算机数控(Computer Numerical Control，CNC)是指采用专用计算机，通过计算机程序实现控制功能，通过专用或通用I/O设备和被控制设备建立联系。

数控机床(Numerical Control Machine Tool)是装备了数控系统的一种机床，即采用数字化信号实现自动加工的机床。在数控机床上加工机械零件，通常需要首先编写加工程序，在加工程序中规定了零件加工的路线和相关的工艺参数(如切削量、进给量、主轴转速等)，在数控系统的控制下数控机床自动加工机械零件。当更换不同的加工零件时，只需调用相应的数控加工程序，调整其夹具，更换相应的刀具，就能把零件自动加工出来，所以，数控机床是一种高度自动化、高度灵活、高效能、高集成度的机电一体化加工设备，它是计算机技术、自动控制技术、微电子技术、通信技术相结合的产物。

8.1　数控加工的基本概念

8.1.1　数控加工基本概念

1. 基本概念

数控加工(Numerical Control Machining)，是指在数控机床上进行零件加工的一种工艺方法，数控机床加工与传统机床加工的工艺规程从总体上说是一致的，但也发生了明显的变化。用数字信息控制零件和刀具位移的机械加工方法。它是解决零件品种多变、批量小、形状复杂、精度高等问题和实现高效化和自动化加工的有效途径。

2. 数控加工的特点

数控加工是以数控技术为基础实现零件加工的一种方式，具有以下特点：

(1)零件加工精度高、产品良品率高

数控加工是按照程序指令进行加工的，目前数控机床的脉冲当量普遍达到了0.001mm，高档数控机床甚至达到0.0001mm，而且丝杠螺距误差和进给传动链的反向间隙等都由数控装置进行误差补偿，所以数控加工能达到很高的加工精度。

一方面，数控机床的机床结构与传动系统都具有热稳定性好、刚度高，制造精度高的特点，目前数控机床定位精度普遍可达到0.03mm，重复定位精度达到0.01mm。另一方面，数控机床的自动加工方式避免了人为的干扰因素，同一批零件尺寸精度高、一致性好，产品良品率高。

(2)加工效率高

零件加工所需时间包括加工用时和辅助用时，数控机床能有效地减少这两部分时间。数控机床的刚度比普通机床高得多，数控机床的主轴转速和进给量远远高于普通机床，数控设备更换工件时，不需要重新调整机床，辅助时间大大缩短，同一批工件加工质量稳定。使用装备自动换刀装置的数控加工中心，可以一次装夹完成多种加工进一步促进加工效率的提高。

(3)数控加工适应性强

数控机床加工新工件时，只需更换加工程序，即可实现新工件的加工，数控机床加工工件时，只需简单的夹具，无须制作成批的专用夹具，更不需要反复调整机床，因此，数控加工的适应性强，特别适合单件、小批量及试制新产品的工件加工，对于具有复杂外形的精密零件，数控加工是一种必然的选择。

(4)数控加工具有良好的经济效益

虽然数控设备的价格昂贵，但由于加工精度高、自动化程度高，产品的良品率高，可以非常方便地实现一次装夹完成多种工序，省去了许多专用工装夹具，可以获得良好的经济效益。

(5)自动化程度高

数控加工按照预先编制好的加工程序自动连续完成加工。操作者只需输入数控程序、装卸工件、关键工序的测量即可，不需要进行繁琐、重复的手工操作，自动化程度高。

3. 数控加工的应用场合

数控加工主要适用于单件或小批量零件，同时零件加工形状复杂、工序多、精度要求高的工件。

(1)单件或小批量的零件

数控加工具有较强的适应性和灵活性，更换加工零件时只需编制并输入新程序即可实现加工；形状相同但尺寸不同的零件可以通过修改程序中部分程序段或数据实现加工，特别适合单件、小批量、多品种生产。

(2)箱体类零件

数控加工适合于具有一个以上的孔系且内部有较多型腔的箱体类零件的加工，凭借数控机床具有较高的加工效率，较高的刚度和自动换刀的优点，只要编制好工艺流程，一次装夹可以完成普通机床60% ~95%的工序内容，所以汽车的发动机缸体、柴油机缸体、变速箱体、机床的主轴箱、齿轮泵壳体等箱体类的零件都采用数控加工，数控加工在航空工业，汽车工业和机床工业得到了广泛的应用。

(3)盘、套、板类零件

对于带有键槽和径向孔，断面分布有孔系，曲面的盘套或轴类零件适合采用数控加工，如带有法兰的轴套等，还有带有较多孔的板类零件，如电动机盖等，其端面分布有孔系，曲面的盘类零件常使用立式数控加工中心，有径向孔的可以使用卧式数控加工中心。

(4)复杂曲面类零件

在航空、航天领域的航空发动机的整体叶轮、螺旋桨、磨具型腔等。这类具有复杂曲线、曲面轮廓的零件，采用普通机床加工或精密铸造难以达到预定的加工精度，且难以检测。而使用多轴联动的数控加工中心，配合自动编程技术和专用刀具，就可以大大提高其生产效率并保证曲面的形状精度，使复杂零件的自动加工变得非常容易。

(5)异形类零件

数控加工适合异形件的加工，由于异形零件具有外形不规则，尺寸精度要求高等特点，形状越是复杂、精度要求越高，数控加工越能显示其优越性。

8.1.2　数控机床的特点

数控机床是一种用计算机来控制的机床，用来控制机床的计算机，不管是专用计算机，还是通用计算机都统称为数控系统。数控机床的运动和辅助动作均受控于数控系统发出的指令。而数控系统的指令是由程序员根据工件的材质、加工要求、机床的特性和系统所规定的指令格式(数控语言或符号)编制的。数控系统根据程序指令向伺服装置和其他功能部件发出运行或终断信息来控制机床的各种运动。当零件的加工程序结束时，机床便会自动停止。任何一种数控机床，在其数控系统中若没有输入程序指令，数控机床就不能工作。机床的受控动作大致包括机床的启动、停止；主轴的启停、旋转方向和转速的变换；进给运动的方向、速度、方式；刀具的选择、长度和半径的补偿；刀具的更换，冷却液的开启、关闭等。

传统机床和专用非数控机床在驱动方式上都是交流电机驱动，数控机床通常采用伺服电机驱动，数控机床的伺服系统实现机床主轴运动、刀具进给运动以及位置控制，伺服系统决定数控机床的动态响应特性、重复定位精度；在系统刚度上数控机床的刚度比传统普通机床高得多，所以其切削加工可以有更高的切削速度和刀具进给量，加工效率和产品合格率也大为提高，生产企业使用数控机床在初期需要投入大量的资金，但是可以得到综合性更高的经济效益；数控机床装备了网络系统可以方便地实现网络制造，进一步提高数控机床的利用率；数控机床的自动化程度高于专用机床和传统机床，可以极大地降低操作工人的劳动强度；数控机床在进行小批量、复杂零件生产时，具有极其显著的优越性。加工具有复杂曲面的零件时具有普通机床无法比拟的优点，详见表 8-1 数控机床专用机床(非数控)和传统机床的对比。

表 8-1　数控机床和传统机床、专用机床(非数控)的对比

项　目	种　类		
	传统机床	专用机床(非数控)	数控机床
驱动方式	交流电机驱动	交流电机驱动	伺服电机驱动
网络通信能力	没有	无	有

续表

项 目	种 类		
	传统机床	专用机床(非数控)	数控机床
系统刚度	低	较高	高
制造成本	低	较高	高
加工精度	低	高	高
加工效率	低	较高	高
复合加工能力	较低	较高	高
自动换刀	无	有	有
复杂曲面的加工能力	无	不一定有	有
产品合格率	较低	高	高
自动化程度	低	低	较高
专用夹具	需要多套	需要	不需要
调整机床	多次调整	1次	1次
机床综合经济效益	较低	高	高

8.1.3 数控加工的关键技术

数控机床和数控技术综合了当今世界上许多领域的最新成果，主要包括计算机技术以及信息处理技术、精密机械技术、精密检测和传感技术、自动控制技术、伺服驱动技术，网络和通信技术等。这些技术的核心基础是以微电子技术和精密机械技术相互融合形成的机电一体化技术。

1. 计算机技术以及信息处理技术

计算机技术包括了计算机硬件、软件技术、数据库技术和网络通信技术，现代计算机以容量大、速度快、人机界面友好，开发周期短、升级容易、性能稳定可靠等诸多优点，成为现代机床控制设备的首选，因此计算机技术的发展成为推动数控机床发展的最活跃的因素。目前的计算机数控系统还可以方便地引入人工神经网络、实时仿真、专家系统、人工智能等等，计算机技术以及信息处理技术是柔性制造系统(FMS)重要的基础。

2. 精密机械技术

精密机械技术是数控机床的基础之一，它主要包含精密机械设计和精密机械加工两大部分。现代数控机床对机械零件的精度和表面质量提出了更高的要求，因此许多新的设计计算方法、新的加工方法被引入数控机床的设计与制造中，保证其主机具有高速度、高精度、高可靠性的同时体积小、质量小、价格低、维护方便。

3. 自动控制技术

自动控制技术在现代数控机床和数控加工中具有重要的地位和作用，自动控制系统有开环、闭环和半闭环控制系统。开环控制系统由于没有位置检测装置，加工的精度比较低，通常由步进电动机驱动，结构简单、价格便宜，但容易出现丢步的现象。闭环控制系统装有位置检测装置，如安装在移动部件或床身的光栅尺，可以通过光栅尺或激光检测装置检测到机床移动部件的精准位置。半闭环控制系统在伺服电机的尾部安装圆盘形的检测元件(如编码器)，通过测量电动机转过的角度换算成工作台移动的距离，具有价格便宜、结构简单、成本低廉、安装和调试方便的特点，由于传动元件的热变形、加工误差、间隙等因素，检测的数值和实际移动的距离存在误差，半闭环控制系统的精度低于闭环控制系统。

4. 伺服驱动技术

伺服驱动技术对数控机床的动态特性、工作品质具有决定性的影响。在数控系统中引入伺服系统，增加了系统的伺服精度和系统的稳定性，为了适应数控系统控制算法灵活性和复杂性，速度环和位置环都采用软件控制，通过几十年的发展，交流伺服驱动已经成为主流技术，正向数字化的伺服驱动发展。

5. 网络和通信技术

随着网络和通信技术在制造业的广泛应用，世界制造业进入网络化时代，对数控加工以及以数控加工为基础的柔性制造系统、计算机集成制造系统(CIMS)都产生了深远的影响，通过网络可以非常方便地实现分布式控制，通过网络可以使产品从概念设计到数控加工，再到产品组装、产品的调试都可以实现无纸化、虚拟化。通过互联网可以实现异地加工，应充分利用设备，提高企业效益。据资料统计，在多品种，小批量的生产中，数控机床 75% 的时间在工作准备或等待状态，一旦安装了网络软件数控机床，做准备和闲置时间就可降低到 35%，生产率可提高 260% 以上。图 8-1 为网络化数控加工原理。

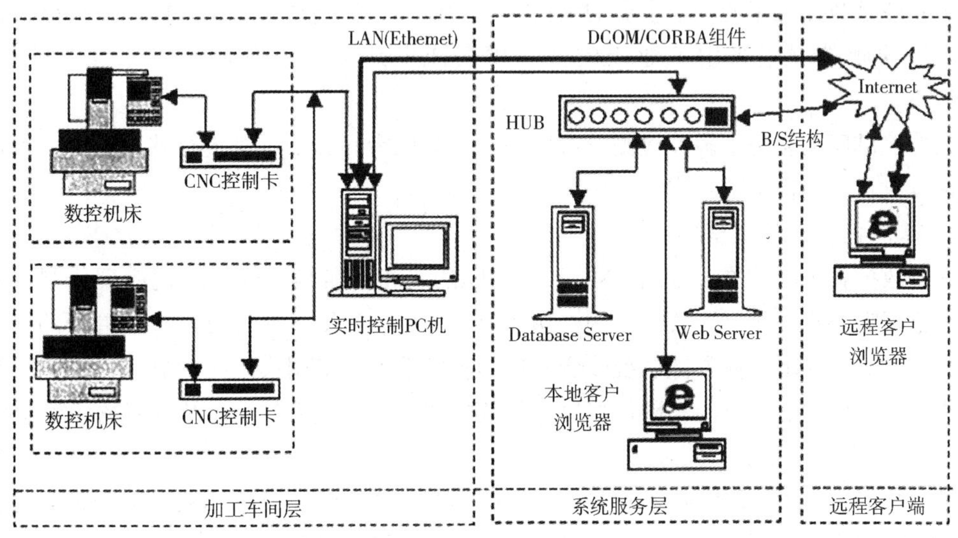

图 8-1　网络化数控加工原理

8.1.4 现代数控机床的发展趋势

随着制造业的不断发展和进步，数控机床正朝高精度、高性能、高生产率、高速度、模块化、高柔性化、网络化、复合化等方向发展。

1. 高精度、高速度、高性能、高可靠性

早期数控机床的加工精度只能达到0.01mm，许多数控机床已经装备光栅测量尺，超精密加工机床中还装备了激光直线测量装置，配合全闭环控制系统，机床的运动精度和加工精度可以达到0.001μm的加工精度，有的数控机床采用了电致伸缩材料，使机床进给精度得到进一步提高。

数控机床的主轴转速和进给速度的进一步提高，实现高速切削是数控机床发展的一个重要的内容。主轴的转速和主轴轴承的中径有关，当主轴轴承的中径 dm 为100mm时主轴的转速一般可以达到2000r/min，由于传动是齿轮传动，存在震动和摩擦，主轴转速难以继续提高，在精密数控机床领域普遍采用液体静压轴承或磁悬浮轴承，降低机械摩擦、减小震动和噪声，切削速度可以达到200m/min以上。进给速度的提高主要涉及滚珠丝杠、直线电动机和计算机数据处理。采用普通滚珠丝杠的进给速度一般是20~30m/min，对滚珠丝杠进行了相关的技术改造以后其进给速度可以提高到60~129m/min，加速度可以提高10~15倍。直线电动机的进给速度可以达到60~200m/min，加速度可以达到 $2g \sim 10g$，直线电动机靠电磁力直接驱动移动部件，亦称“零传动”。

数控系统的高速度是机床主轴的高速运动和高速进给运动的基础，现代数控系统都具有足够的超前优化预处理能力，可以提前处理2500个程序段，可以在1s的时间内实现2000~10000次的进给速度的改变。

可靠性是数控机床的一个重要的指标，一般以MTBF(平均无故障时间)来衡量，机床数控系统的硬件一般采用工业级的大规模集成电路，其平均无故障时间达到10000~36000h。

在数控机床上装备了多种检测、监控装置，对机床的加工过程进行状态检测，保证数控机床可以长时间稳定地工作。

2. 模块化、开放式结构

随着数控技术的发展，专用CNC系统之间的互相不兼容已经无法适应现代制造业的需要，迫切需要模块化、开放式结构、功能容易扩展、配置灵活、可以统一管理的新一代数控系统，这些要求促使数控系统改变专用的硬件系统，采用模块化的软硬件结构，给用户提供可以方便扩展功能的软硬件接口，开放式数控系统成为数控系统发展的一个潮流。

3. 智能化、网络化

随着智能化技术和网络技术在数控领域的不断渗透，数控设备和数控加工过程的智能化和网络化程度也在不断提升，加工过程的自适应控制、参数自动优化、工艺处理、故障诊断、基于Internet的各种远程服务，例如远程监控、网络数据加工、远程仿真、远程故障诊断、制造设备的网络共享。数控系统的智能化和网络化成为数控系统发展的一个重要的方向。

4. 良好的人机界面

现代数控设备要求具有友好的用户界面，提供丰富的编程手段，提供绘画式的编程功能，具有自动的编程和 CAD/CAM 功能，方便的操作的过程，能够以引导对话的方式帮助用户熟悉数控系统，伺服系统提供控制参数的数据显示和图像显示，系统具有多种管理功能，可以自动记录刀具的寿命，自动统计加工的数量，等等。

5. 复合化

数控机床能够一次装夹完成多种工序，减少工件装卸的时间，减少机床的辅助时间，实现一机多能、最大限度地提高机床的利用率，复合加工技术不仅仅是加工中心在同类技术领域内的叠加，它打破了原有的机械分类的工艺性能界限，呈不同的工艺复合发展的趋势。例如在 20 世纪 90 年代出现的车铣中心，刀具轴同时具有 B 轴和 Y 轴的功能。能实现车削加工、钻孔、镗孔、铣削加工等，有的在车削中心上安装砂轮轴实现外磨，在第二主轴上安装了齿轮刀具，实现对齿轮和蜗轮的加工。

8.2　数控机床的组成及其分类

8.2.1　数控机床的组成

图 8-2 为立式加工中心简图。数控机床在程序的控制下能够完成自动换刀，自动变换切削参数，圆满完成平面、回旋面、空间曲线的加工，在现代工业生产中得到广泛的应用。数控机床的组成可以划分为：机械系统、液压与气压传动系统、数字控制系统（包括控制介质、伺服系统和数控装置）、检测装置、冷却润滑系统、伺服进给系统等几个部分。

1. 机械系统

各种数控机床的机械系统由机床功能的不同而有所差异，但是数控机床的机械系统一般都包括：装夹零件的工作台、支撑件、导轨、滑座、主轴部件、传动机构以及刀库。它们构成了数控机床的骨架部分。由于数控机床的切削用量大并且长时间连续工作，除了发热量大和受力变形而影响加工精度外，进行各种误差补偿具有一定的难度，所以要求机床的设计和制造必须更完善，制造更精密。

2. 液压与气压传动系统

液压与气压传动系统用于提供工作台的运动、系统所需要的工件的夹紧力、系统的保压，以及相关的控制功能。

3. 数字控制系统

数控机床的控制系统包括数字计算机、伺服系统、检测系统、PC 控制部分等。数字计算机接收从输入装置传送的信号，经过运算后输出各种控制信号和指令，用以控制机床的各个部分，执行事先规定的功能。

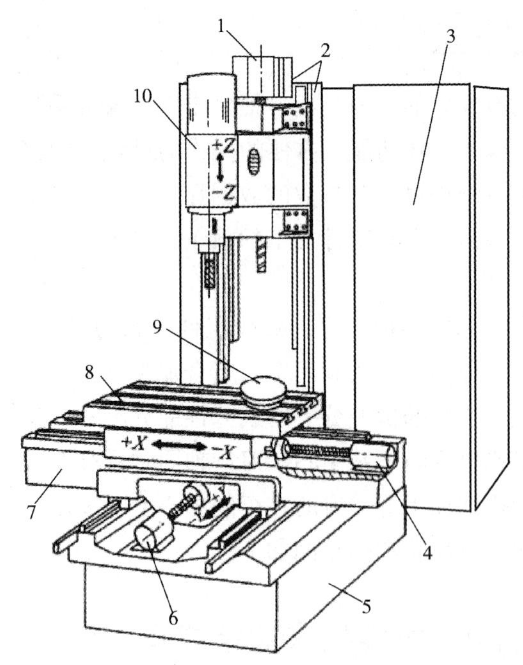

图 8-2 立式加工中心简图

1—Z 向电动机；2—立柱；3—数控柜；4—X 向电机；5—底座；6—Y 向电动机；
7—横向工作台；8—纵向工作台；9—工件；10—主轴箱

数控系统的执行部分是伺服系统，在结构上可以分为：伺服驱动装置和伺服驱动电路两个部分，伺服系统与机床的执行部件构成数控机床的进给系统。它执行数控装置发出的位移指令和速度指令以及方向指令。

4. 冷却润滑系统

冷却润滑系统是冷却被加工工件或者冷却机床的主轴，防止主轴有额外的温升，保证加工可以顺利地进行。

5. 伺服进给系统

数控机床的伺服系统完成数控机床移动部件(主轴、刀具进给、工作台)的速度控制和位置控制，它接收来自数控系统的控制命令将插补指令转换为机械位移，是数控机床重要的组成部分，其性能直接影响数控机床的精度和工作台的速度等指标。

(1)数控加工对伺服系统的要求

现代数控加工要求伺服系统具有快速响应、高精度、宽调速范围、过载能力强、低速大转矩等特点。数控机床的插补时间在 10ms 以内，电动机必须迅速完成加速和减速，具有较小的超调量；为了保证移动部件的定位精度和轮廓加工精度，其定位精度必须达到 0.001～0.01mm，有的时候更高达到 0.1μm 以上；现代普通数控机床其伺服系统的调速范围一般 0～30m/min，目前最快的可以达到 240m/min，在有的场合使用的无极调速电动机要求在大范围内恒功率调速；电动机可以在几分钟内过载 4～6 倍电流不损坏；电动机可以在低速状态输出比较大的转矩，满足数控切削加工的需要。

(2)伺服控制的形式

数控机床的伺服系统可以是步进电机伺服系统、直流伺服系统、交流伺服系统。步进电机伺服系统一般在开环控制系统中采用了步进电动机作为伺服特点，由于没有速度和位置检测环，其精度主要由直流电动机的步距角和丝杠等传动机构的精度所决定。步进电机的工作方式主要有单拍工作、双拍工作和多拍工作三种。步进电机的控制方式有硬件法和软件法两种。硬件法指由环形分配器实现脉冲的分配，其电路结构比较复杂，在早期的数控产品中应用比较广泛，现今一般采用专用集成电路实现脉冲分配，可以大大简化硬件电路。软件法采用计算机程序实现脉冲频率的控制，然后直接输出方波，实现脉冲分配。采用直流电动机实现数控机床伺服功能，具有结构复杂，成本高，电动机的最高转速不易提高，电刷容易磨损等特点。交流伺服系统采用交流伺服电动机驱动具有结构简单、动态响应好，没有电刷、输出功率大等特点，因此，得到广泛的应用。

数控机床依控制的信号可以分为模拟控制和数字控制。模拟控制具有实时性好，成本低廉的优点，但是也具有模拟器件存在漂移、精度不高、数据处理不灵活、接口少、难以充分利用现代控制理论的最新成果等缺点，逐渐被淘汰。数字控制大量采用了大规模集成数字电路、微处理器等数字技术，具有较高的稳定性和可靠性，方便和上位机建立联系，具有智能化、强大的数据处理能力等优点。

8.2.2　数控机床的分类

数控机床的分类方法有按照运动轨迹、控制方式、工艺用途、性能分类。

1. 按照运动轨迹分类

(1)点位运动控制

点位运动控制数控机床刀具从参考点到目标点的运动过程中刀具不做任何的加工，从起点到目标点的过程中刀具的运动轨迹不做严格的要求，通常是快速运动到参考点附近然后慢速运动，提高其定位精度，点位控制最典型的应用是数控钻床、坐标镗床和冲床等。

(2)点位直线运动控制

点位直线运动控制的特点是不仅仅要求控制起点和终点的位置精准，而且还要求在两个点之间的路径必须由直线段组成，即能够在切削的过程中实现平行于坐标轴的直线进给运动或能够实现斜线的进给运动。图 8-3 为点位直线运动控制加工示意图。

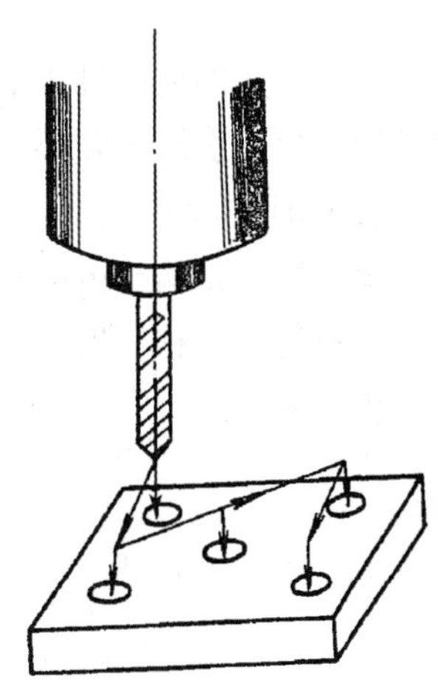

图 8-3　点位直线运动控制加工示意图

点位直线运动控制应用在数控机床上可以扩大机床的工艺范围，有效地提高加工精度和生产率。

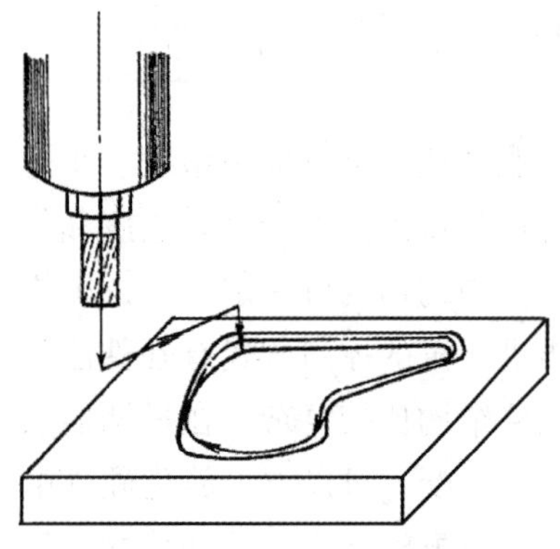

图 8-4　轮廓控制加工示意图

(3)轮廓运动控制

轮廓运动控制比点位直线控制复杂得多，亦被称为连续控制，它能够实现两个坐标轴同时实现控制，不仅要求控制起点和终点位置，而且要控制刀具在切削工程中的每一个点的速度和轨迹，以保证形成需要的平面内的直线、空中曲面、曲线。图 8-4 为轮廓控制加工示意图。

目前的轮廓运动控制加工几乎完全取代了仿形加工，极大地缩短了加工准备时间、提高了加工精度和生产率，轮廓控制加工的典型应用是采用数控磨床、数控车床、各类数控切割机以及数控铣床进行磨削、车削等加工。

2. 按照控制方式分类

(1)开环控制

开环控制系统框图如图 8-5 所示，其没有测量反馈系统。数控装置根据需要运动的方向、速度的大小、位移量、向环形分配器输出方波改变步进电机的供电状态，使电动机转过相应的角度，通过传动链带动直线部件的移动或转动，输入信号是脉冲信号，脉冲信号的频率和脉冲数决定了运动部件的运动速度和位移。

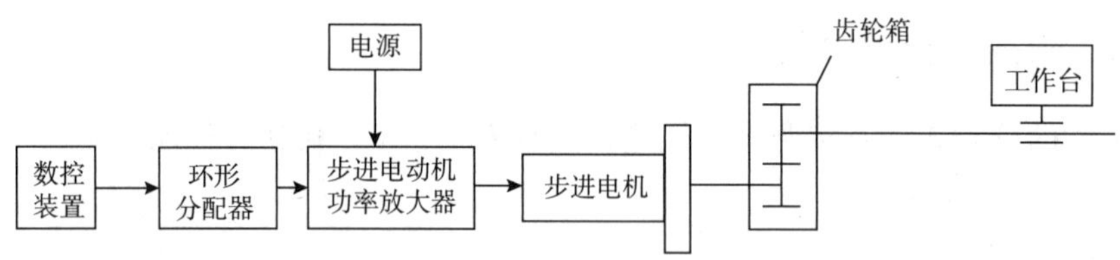

图 8-5　开环控制系统框图

开环结构的数控机床结构简单，价格便宜，调试方便，反应比较灵敏，在我国普通精度的数控机床多属于开环控制系统。

(2)闭环控制

闭环控制是输出运动部件运动的速度和位移的同时，采用检测装置检测运动部件实际的运动速度和位移，然后把它反馈给控制装置，使运动部件按照预设的轨迹和速度运动，其结构如图 8-6。

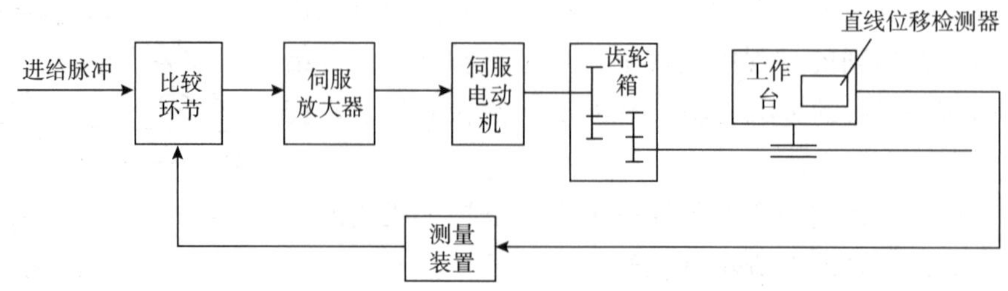

图 8-6　闭环控制系统框图

闭环控制系统具有如下特点：包括机械传动链的全部环节；检测装置的精度决定了闭环控制系统的精度；精度比较高；价格昂贵；如果机床的刚度不高、传动链存在间隙，可能使伺服系统产生震荡。

(3)半闭环控制

半闭环控制系统是在开环控制系统的基础上添加了检测装置，但是检测装置不是检测机床运动部件的实际位移而是检测电动机转过的角度、换算成为机床工作台实际的位移，与电动机实际转过的角度和输入指令相比较，用这个差值控制运动部件的运动。半闭环控制系统因具有结构简单、调试方便、系统稳定性好、性价比高等优点而被广泛采用。

数控机床采用滚珠丝杠实现传动，消除反向间隙，半闭环控制系统的机械传动链没有包括在闭环之内，所以机械传动链产生的误差没有办法消除，其控制精度低于闭环控制系统。如图 8-7 所示。

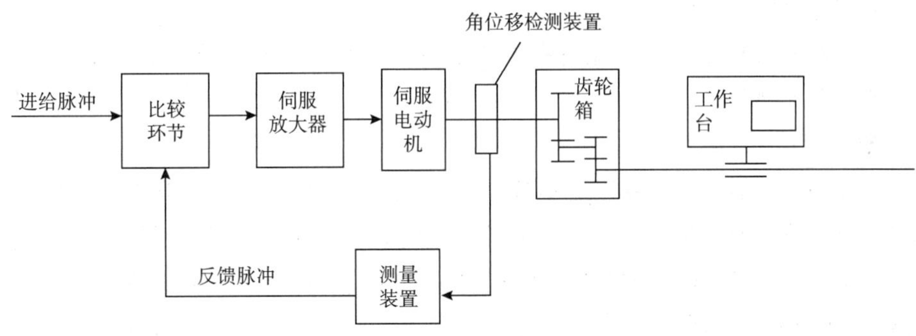

图 8-7　半闭环控制系统框图

3. 按照工艺用途分类

(1)金属切削类数控加工机床

金属切削类数控加工机床适合单件、多品种、小批量的零件加工，具有较高的自动化、较高的生产率以及容易获得良好的加工尺寸的一致性，常见的金属切削类数控加工机床是：数控车床、数控铣床、数控钻床、数控镗床和数控加工中心。

(2)金属成型类数控机床

这类机床指数控压力机、数控弯管机、数控折弯机、数控组合冲床等。

(3)数控特种加工机床

包括数控激光切割机床、数控电火花加工机床、数控火焰切割机床等。

(4)其他类型的数控设备

这一类设备通常指多坐标测量仪、自动绘图仪等装备了大量的数控装备的非加工设备。

4. 按照数控机床的性能来分类

(1)高档数控机床

具备特点：脉冲当量比较小，为 0.0001 ~ 0.001mm；运动速度范围在 15 ~ 100m/min；

配置闭环伺服系统；具有三维图像显示功能，装备液晶显示器；CPU 为 32 位或 64 位以上配置；一般具有中档机的所有功能。

(2)中档数控机床

具备特点：脉冲当量为 0.001 ~ 0.005mm；运动速度范围在 15 ~ 24m/min；配置闭环伺服系统；可以显示字符、图形、人机对话等功能；CPU 为 16 位或 32 位配置。

(3)经济型数控机床

经济型数控机床一般用于车床、线切割机床以及老旧机床的数字化改造。具备特点：脉冲当量是 0.01 ~ 0.05mm；运动速度为 4 ~ 10m/min；采用开环控制；信息显示简单，可能采用 LED 数码管显示信息；CPU 一般为 8 位或 16 位配置。

8.2.3 数控装置的组成以及功能

1. CNC 装置的组成

CNC 是一种轨迹控制系统，配备有专用的软件，从外部特征来看，CNC 系统可以分为软件和硬件两大部分。

(1)CNC 的软件部分

数控装置的软件部分配有专用的实时性和多任务的系统软件，系统软件又可以划分为 CNC 的管理软件和 CNC 的控制软件两个模块。管理软件完成故障诊断处理，I/O 处理，人机交互、显示处理等功能；控制软件完成主轴控制、位置控制、速度处理、刀具半径补偿等功能，如图 8-8 所示。

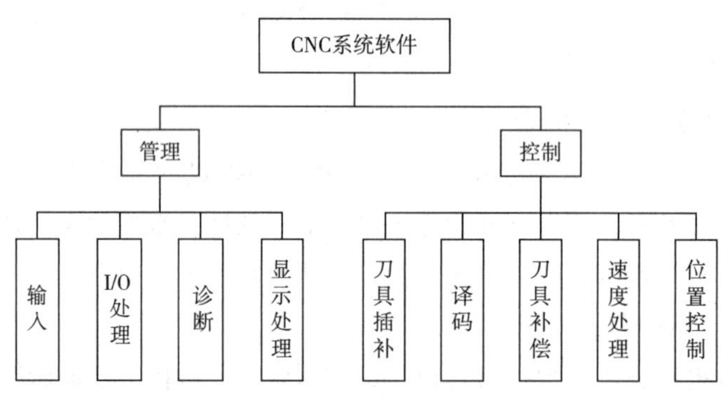

图 8-8　CNC 系统软件功能框图

(2)CNC 硬件部分

CNC 系统的硬件是专用或通用计算机系统，包括计算机 CPU、存储器(RAM)、接口电路以及相关的硬件。如图 8-9 所示。

2. CNC 装置的功能

CNC 装置的功能是实现人机交互以及提供机床运动控制所需要的方法和手段，主要包括了以下几个方面：

①人机对话功能。

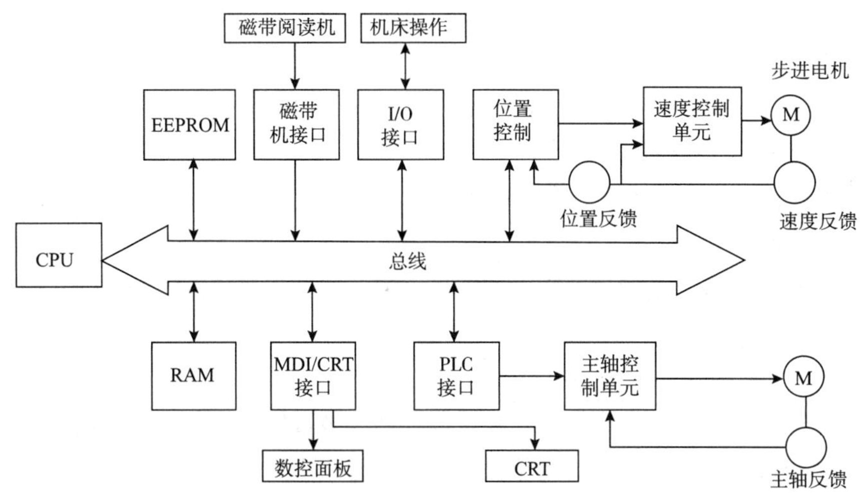

图 8－9　CNC 系统硬件结构

②主轴控制功能。主要包括控制主轴转速、主轴定向控制、C 轴控制、主轴修调率等等。CNC 控制的轴数越多，控制也就越复杂。

③CNC 提供的准备功能的种类。

④实现固定循环功能和插补功能。

⑤CNC 对进给速度的控制功能。主要包括同步进给速度的大小、进给倍率以及进给速度。

⑥CNC 提供的辅助功能，即 M 功能。

⑦刀具管理功能。提供刀具号管理、刀具寿命管理。

⑧提供刀具补偿功能。

⑨故障诊断功能。

⑩通信功能。

8.2.4　数控机床的维护保养

数控设备是工厂、企业重要的生产资料、数控机床是传统的机械制造和数控技术相结合产生的机电一体化产品，数控机床的合理维护、保养是保证其良好性能的根本途径；应该努力做好日常维护，防止数控机床的非正常磨损，及时消除故障隐患，保证设备的安全运行。

1. 数控机床和设备应该注意的事项

(1)数控机床应该首先制定有效的、可控的、可操作的操作规程。

数控机床的操作规程是安全、高效运行的制度保证；实践证明，许多故障和事故在严格遵守操作规程的情况下完全可以避免。

(2)注意环境。

数控设备保证使用的环境避免和大量粉尘、有腐蚀性的气体接触，精密和超精密加工的数控机床必须考虑恒温和震动隔离；环境不能太潮湿，防止电子元件受潮。

(3)电源。

数控设备一般要采用电压波动小的专线供电，不能够频繁启、停设备。

(4)数控设备不能长期封存不用。

(5)数控设备必须经常使用，每周必须通电 1 ~2 次。

2. 数控机床的日常维护

数控机床种类繁多，结构也有较大的差异，应参照数控机床的维护手册进行有效的保养和维护。

(1)直流电动机要定期检查和更换。

直流电动机的电刷一定要定期检查和更换，如果被过度磨损，电动机的性能会大幅下降，严重时会烧坏电机，应该至少每年检查一次。

(2)定期检查备用电池。

备用电池一般对储存器中的信息提供备用电源，如果电池损坏必须及时更换，以免重要的信息丢失。

(3)防止粉尘、油雾进入数控装置内部。

(4)检查系统冷却风扇，防止系统温度过高，及时清理滤网上的灰尘。

(5)备用电路板的定期通电防潮。

(6)机床精度的维护。

应该定期对机床的精度进行检查并校正。精度的校正常用的有软方法和硬方法。软方法主要是采用误差补偿的方式进行；而硬方法一般在机床大修时采用，比如导轨修刮，调整滚珠丝杠的反向间隙等。

(7)主传动链的维护。

定期对主轴进行润滑，及时补充油量、定期对刀具的夹紧装置进行检查，及时调整液压缸活塞的压力。

(8)滚珠丝杠副的维护。

定期检查滚珠丝杠副的配合，保证方向转动精度和轴向刚度，定期检查滚珠丝杠副的防护装置，防止切屑、灰尘进入。

(9)换刀装置的维护。

检查刀库的回零位置是否正确，检查电磁阀是否正常、检查刀具锁紧是否可靠，严禁在刀库中装入超长、超重的刀具。

(10)液压、气压系统的维护。

应该定期对液压系统中的液压油进行检查，防止油液变质、被氧化，防止杂质和灰尘进入液压系统，定期更换滤网。

8.3 数控编程技术

8.3.1 数控编程的方法与过程

1. 数控编程概念

普通金属切削机床在加工机械零件时，工艺工程师必须提前制定好工艺规程，确定零件的加工工序、采用的机床的型号和规格、装夹零件的夹具、切削用量等，操作人员必须按照工艺文件的要求加工零件，机床的开车、停车、主轴转速的改变都是由人工手动操纵的，而数控机床是按照零件的加工要求把加工的方式、切削用量、进给量、主轴的转速等相关工艺参数和加工过程编制成相对应的数控程序，数控机床在程序的控制下自动完成零件的加工。

采用数控系统提供的指令代码，按照数控程序的格式描述机械零件的加工工艺过程、加工的工艺参数、刀具的位移量以及各种辅助功能（如夹紧、换刀、冷却）形成的文件，再将这个文件存储在数控系统的存储介质上，这个过程称为数控编程（NC Programming）。

2. 数控编程的方法

数控编程的方法分为手工编程（manual programming）、自动编程和图形交互式编程。

手工编程由人工完成零件图样分析，数值计算、工艺处理、书写程序清单、手动完成程序输入和首件加工，数控程序的编制几乎全部由工程师根据零件的加工要求手工编制加工程序，对工程师的专业素质要求比较高，需要工程师熟悉数控系统、熟悉机械加工工艺，同时需要有丰富的经验。手工编程适合几何形状不是很复杂的零件加工，如果机械零件的几何形状不是简单的直线和圆弧，而是空间曲线时采用手工编程几乎无法解决，必须借助自动编程或图形交互式编程方式来解决。

自动编程是使用编程机或计算机，完成数控程序的编制过程。编程人员只需采用数控系统规定的语言按照零件图样和工艺要求手工编写一个描述零件加工的程序，然后由计算机进行自动计算，并编译出零件完整的加工程序，自动编程可以完成繁琐的数值计算，其效率是手工编程的几十倍。外形复杂的零件通常采用自动编程。

图形交互式自动编程是利用零件的三维图形，通过专用软件的人机对话框一步一步生成加工程序，适合于复杂的曲线零件的数控程序的编写。

3. 数控程序的编制内容和步骤

数控程序的编制内容主要有：分析零件图样、确定零件加工工艺过程、进行数学处理、编写数控程序清单、数控程序输入和首件试切。

数控程序的编制步骤一般如图 8－10 所示。

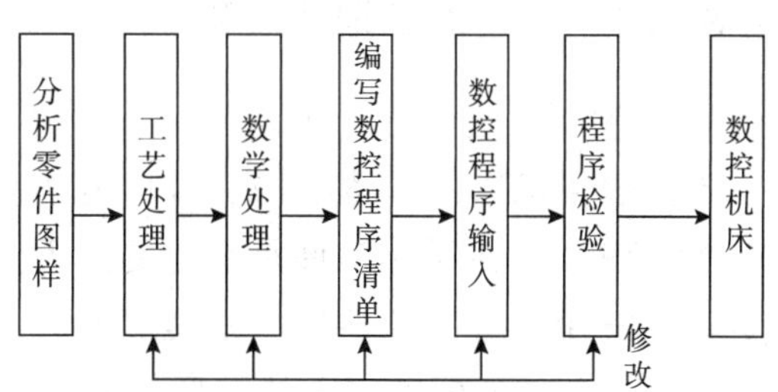

图 8－10 数控编程过程

(1)分析零件图样和相关工艺处理

首先根据零件图对零件的技术要求、几何形状尺寸进行详细的分析，明确加工内容、确定加工顺序、设计夹具、选择合理的刀具、确定合理的走刀路线，以及选择合理的切削用量。同时还要考虑尽量发挥数控机床本身的能力，尽量缩短走刀路线、减少换刀次数，尽量减少转位等辅助工作时间。

(2)数学处理

数控编程过程中的数学处理是按照刀具加工零件的路线和零件所允许的加工误差，计算出所需要的加工过程中的刀具的坐标。其核心的内容就是在相应的坐标系中计算出刀具运动轨迹的坐标值。如果是简单曲线，只需计算出几何元素的起点、终点，圆弧的圆心、圆弧交点或切点的坐标值；如果是复杂曲线，数控系统的插补功能根本不能满足要求，此时需要计算出曲线上很多个离散点的坐标，在两个离散点之间采用直线插补或圆弧逼近原来的曲线。

(3)编写数控程序清单

加工路线、切削参数、相关的工艺参数、刀具运动轨迹的坐标值以及采用的刀具编号确定后，数控编程人员可以按照数控装置提供的指令逐条编写数控代码，在每一句指令之前添加相应的序号。此外还应填写相应工艺卡片：数控加工工序卡、刀具明细表、工件安装卡、数控加工程序单以及必要的说明等。

(4)数控程序输入

将编制好的数控程序记录在控制介质上，输入数控装置的过程称为数控程序的输入。早期数控介质一般是纸带，在纸带上打孔记录信息。现代数控机床通常采用磁盘、磁带和光盘记录数控信息，或者直接通过键盘把数控程序输入计算机的存储器中。

(5)程序校验与试切

程序校验只能检查刀具的运动轨迹是否正确，其过程是把程序输入计算机，开机空运行数控机床，以坐标纸代替工件，用笔代替刀具，在坐标纸上绘出刀具的运动轨迹，以检查数控程序是否正确，其缺陷是不能检查加工精度是否符合要求，检查加工精度必须试切工件，在试切首件以后立即进行检查，当发现有加工误差时，一定要仔细地分析原因并调整相关的数控程序，直到符合要求为止。

8.3.2 数控加工编程基础

1. 数控机床坐标轴的确定

不论数控机床的具体结构是刀具运动、工件静止还是工件运动、刀具静止，在确定坐标系时，一律看作工件是静止的，刀具相对于工件运动。刀具在三维空间中的直线运动用三个坐标来表达，分别是 X 轴、Y 轴、Z 轴，这三个轴采用右手坐标系，如图 8-11 所示。坐标轴定义的顺序是首先确定 Z 轴，然后确定 X 轴，最后确定 Y 轴。

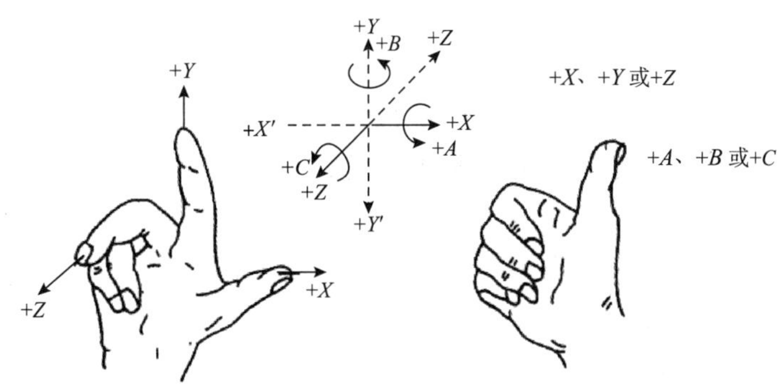

图 8-11　右手直角坐标系

(1)Z 轴的确定

平行于机床主轴的刀具运动坐标为 Z 轴，规定远离工件的方向为 Z 轴的正方向。对于钻床、铣床等刀具旋转的机床来说，旋转刀具的轴是主轴，工件旋转的机床，主轴通常是旋转工件的轴。

如果机床没有主轴，则 Z 轴垂直于工件装夹面。如果机床有一系列主轴，则与工件的装夹面相垂直的轴为 Z 轴。

(2)X 轴的确定

X 轴需要具备三个条件：首先，X 轴和 Z 轴垂直；其次，X 轴必须为水平方向，平行于横向滑座并且正方向是在工件的径向上。车床、外圆磨床的 X 轴在水平方向上垂直于工件的旋转轴，主刀架上刀具离开工件旋转中心的方向是 X 轴的正方向。

(3)Y 轴的确定

Y 轴垂直于 X 轴和 Z 轴，在确定了 X 轴和 Z 轴以后可以按照右手螺旋定则确定 Y 轴的正方向。

(4)A、B、C 坐标的确定

A 坐标为绕 X 轴的回转运动的坐标；

B 坐标为绕 Y 轴的回转运动的坐标；

C 坐标为绕 Z 轴的回转运动的坐标；

A、B、C 坐标的正方向符合右手螺旋定则，如图 8-12 所示。

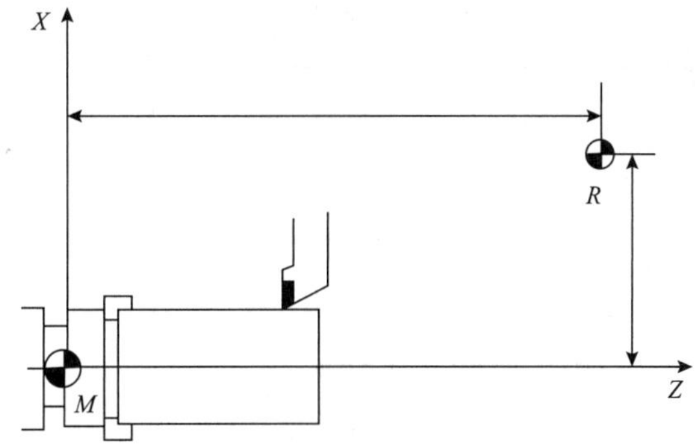

图 8-12　数控机床的参考零点

2. 数控机床坐标系的确定

(1)机床主坐标系和附加坐标系

机床主坐标系也称第一坐标系，它是由 X 轴、Y 轴和 Z 轴组成的坐标系。如果新建立的坐标系的三个轴分别平行于第一坐标系的三个轴，则称这个坐标系为附加坐标系。

(2)编程坐标系

在数控加工中刀具和工件存在相对的运动，为了编程方便，通常认为工件固定不动，完全是刀具相对工件在运动，以标准坐标系 X、Y、Z、A、B、C 为基础进行编程，编程人员不用区分是工件运动、刀具静止，还是刀具运动、工件静止。

(3)机床坐标系

机床坐标系是以机床生产厂家提供的固定坐标点为原点的坐标系，通常情况下机床坐标系是利用机床机械结构的基线来确定的。机床坐标系的原点也称机床零点 M、机械原点，机床原点是机床坐标系的起点，不能更改。

普通数控车床的机床零点在主轴前端面的中心，也就是法兰盘接触面的中心，如图8-12所示。正 X 轴和正 Z 轴的方向正对加工空间。

机床参考点 R 是机床生产厂家定义的另外的一个点，其坐标也是固定的，但是 R 和机床零点不是同一个点，二者的位置关系保存在数控系统中，当数控系统启动时都要返回参考点 R，并由此建立各种坐标系。

(4)工件坐标系

坐标系是数控程序的编制和数控加工的基础，如果在编制程序的过程中适当地变换坐标系可以让工作大大简化。如图8-13的零件如果以机床坐标系编程必须计算出 A、B、C、D、E 点相对于机床原点 M 的坐标，如果选择 W 点建立新的坐标系则会让问题得到极大的简化，以工件上的点为工件原点并且坐标轴平行于 X、Y、Z 轴的新坐标系就称为工件坐标系。

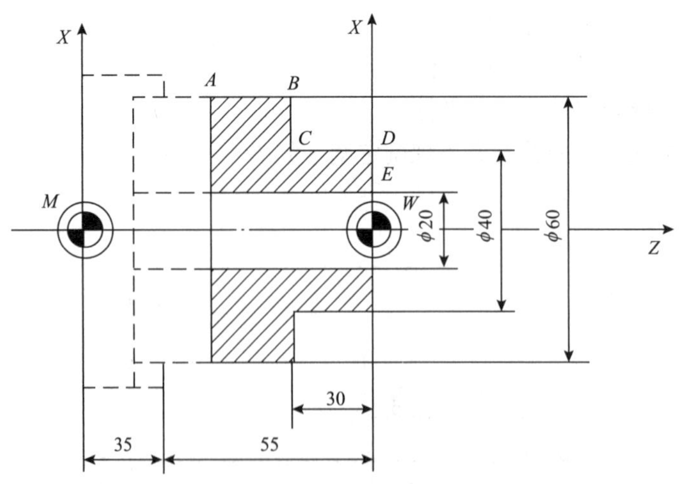

图8-13　工件坐标系

(5)绝对坐标系与相对坐标系

绝对坐标系指坐标系中所有的点都是以固定的坐标原点为起点的坐标系。

相对坐标系也称增量坐标系，其坐标通常用 *U*、*V*、*W* 表达，*U*、*V*、*W* 分别平行于 *X*、*Y*、*Z* 轴。在相对坐标系中坐标值是以选定的起点为零点开始计算坐标的。在实际使用中，需要根据具体的情况来决定选用绝对坐标还是相对坐标(增量坐标)。如图 8-14 所示，如果直接给出了各个孔的基准，采用绝对坐标是合理的，如果给出了各个孔间的距离采用增量坐标编程是方便的。

3. 数控程序结构与格式

各个厂家的数控系统都有其自身的特点和编程的规范，不同的数控系统其程序格式也有差别，因此编程人员必须按照各个数控系统的规则进行编程。

(1)字符

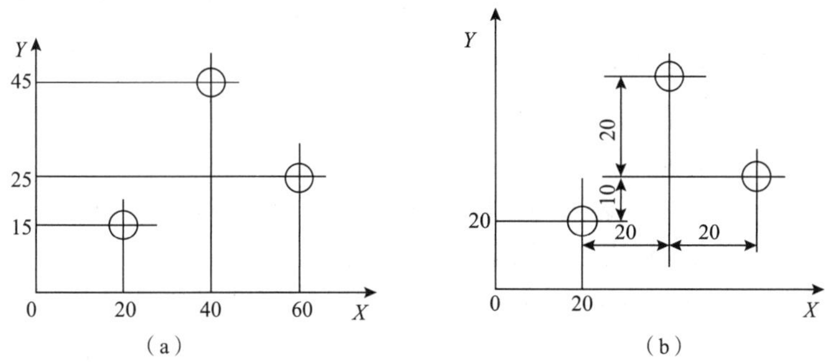

图 8-14　数控编程坐标方式的选择

字符包括数字 0 ~ 9，字母 A ~ Z 和特定符号三种。数控程序中可以识别的一般都是十进制数，用数字 0 ~ 9 描述；数字也可以和字母一起组成一个特定代码，26 个大写字母被称为地址字符或指定特定用途，例如：D、H 常常用于指定偏置号，R 用于指定圆弧半径，F 用于指定螺纹导程。特定符号一般用于数学运算。

(2)数控程序的构成

字母、数字和代数符号构成程序字，一个或若干个字构成程序片段，若干个程序片段构成一个完整的加工程序。以下就是一个完整的加工程序，有 200 条程序段按顺序排列构成。

```
%
O050
N001   G01   X90   Z40   F0.2   S300   T0101   M03   LF
N002   X140   Z60                                  LF
…
…
…
N200   G00   X500 Z300   M02                       LF
```

程序开始符号%：数控程序中%代表程序的开始。

程序号：在程序的开始必须有程序号，程序号就是给数控加工程序一个编号以方便程序检索，在 FANUC 系统中一般以大写字符 O 加四位十进制数表示(“O××××”)，也有数控系统以大写字符 P 加四位数字表示程序号。本程序中的 O050 表示表示调用编号为 O050 的数控程序。

程序内容：程序内容是整个程序的核心部分，由若干个程序段组成，表达了数控系统将要完成的动作。N001：代表第一个程序段。

程序结束：程序结束是以程序结束指令 M02、M30 或 M99 作为程序结束的符号，本程序中 M02 LF 代表本程序的结束。

(3)子程序和主程序

在数控加工的过程中如果需要数控机床完成相同的零件，或者在加工零件时有几处几何形状完全相同，可以把相同的、重复的操作做成子程序，在主程序中如果需要就调用这个子程序，子程序可以多次重复调用，采用子程序可以极大简化编程，缩小程序规模。

所有的数控程序中除子程序外的程序就是主程序，主程序中完成子程序的调用。

4. 数控编程常用功能代码

数控编程中的功能代码也称为功能指令或功能字，常用的功能代码有：准备功能 G 代码、辅助功能 M 代码、刀具功能 T 代码、主轴功能 S 代码以及进给功能 F 代码。目前，我国根据 ISO 标准制定了 JB/T 3208—1999 标准《数控机床穿孔带程序段格式中的准备功能 G 和辅助功能 M 的代码》。

(1)准备功能 G 代码

G 代码是由字符 G 以及两位数字构成，也称 G 指令或 G 功能，它是数控系统确立加工方式的指令，例如：点定位、直线插补、刀具补偿等，G00～G99 一共有 100 种，JB/T 3208—1999 标准中规定的 G 的定义如表 8-2 所示。

G 代码分为续效代码(也称模态代码)和非续效代码(也称非模态代码)。续效代码是在代码表序号(2)中标注了字母 a、c、d、e…i 的代码项，其使用方法是本组代码任意一种被使用，即立即有效，直到同组的代码出现才失效。G 代码中除了续效代码项其余都是非续效代码。非续效代码只是在有该代码的程序段中才有效。G 代码通常放置在程序段中尺寸字的前面。

在表中的序号(4)中的“不指定”是为了将来扩展系统预留的功能，对于“永不指定”项，机床的设计厂家可以自行定义功能。

以下对一些常用的 G 代码作简要的说明：

G00——点定位。确定刀具在平面或空间中的准确位置。

G01——直线插补。在两个坐标轴方向的同时运动下，刀具从一点沿直线运动到另一点。所谓插补就是根据零件的轮廓线的端点坐标值，把轮廓线分成很多直线段，让这些直线段无限逼近原来的轮廓曲线，插补运算就是计算无限逼近的直线段的坐标值。

G02、G03——顺时针、逆时针圆弧插补。刀具沿顺时针或逆时针切割。

表 8-2　JB/T 3208—1999 G 代码

代　码	功　能	代　码	功　能	代　码	功　能
G00	点定位	G41	刀具补偿 - 左	G61	准确定位 2(中)
G01	直线插补	G42	刀具补偿 - 右	G62	快速定位(粗)
G02	顺时针方向圆弧插补	G43	刀具偏置 - 正	G63	攻螺纹
G03	逆时针方向圆弧插补	G44	刀具偏置 - 负	G64 ~ G67	不指定
G04	暂停	G45	刀具偏置 +/ +	G68	刀具偏置：内角
G05	不指定	G46	刀具偏置 +/ -	G69	刀具偏置：外角
G06	抛物插补	G47	刀具偏置 -/ -	G70 ~ G79	不指定
G07	不指定	G48	刀具偏置 -/ +	G80	固定循环注销
G08	加速	G49	刀具偏置 0/ +	G81 ~ G89	固定循环
G09	减速	G50	刀具偏置 0/ -	G90	绝对尺寸
G10 ~ G16	不指定	G51	刀具偏置 +/0	G91	增量尺寸
G17	*XY* 平面选择	G52	刀具偏置 -/0	G92	预置寄存
G18	*ZX* 平面选择	G53	直线偏移，注销	G93	进给率
G19	*YZ* 平面选择	G54	直线偏移 *X*	G94	每分钟进给量
G20 ~ G32	不指定	G55	直线偏移 *Y*	G95	主轴每转进给量
G33	螺纹切削：等螺距	G56	直线偏移 *Z*	G96	恒线速度
G34	螺纹切削：增螺距	G57	直线偏移 *XY*	G97	每分钟转数(主轴)
G35	螺纹切削：减螺距	G58	直线偏移 *XZ*	G98	不指定
G36 ~ G39	永不指定	G59	直线偏移 *YZ*	G99	不指定
G40	刀具补偿/刀具编置注销	G60	准确定位 1(精)		

G04——刀具暂时停止运动。

G17、G18、G19——指定 *XY*、*ZX*、*YZ* 平面。

G33、G34、G35——分别是按照等螺距、增螺距和减螺距的方式切削螺纹。

G90——设定坐标为绝对坐标；

G91——设定坐标为增量坐标；

G93——设定进给率；

G94——设定每分钟的进给量；

G95——设定主轴每转的进给量；

G97——设定主轴每分钟的转数；

(2)辅助功能 M 代码

辅助功能 M 代码是控制数控机床开机、停机的指令。如表 8-3 所示。具体来说包括主轴的开关、零件的夹紧松开、切削液的开关等辅助动作。辅助功能 M 代码页、也称 M 代码或 M 指令。M 代码是机床的辅助指令，可以和运动指令一起执行，也可以单独执行，具体情况需要由数控程序指定。

表 8-3　JB/T 3208—1999 M 代码

代码 (1)	功能开始时间		功能保持到被注销或被适当程序指令代替 (4)	功能仅在所出现的程序段内有作用 (5)	功能 (6)
	与程序段指令运动同时开始 (2)	在程序段指令运动完成后开始 (3)			
M00		*		*	程序停止
M01		*		*	计划停止
M02		*		*	程序结束
M03	*		*		主轴顺时针方向转动
M04	*		*		主轴逆时针方向转动
M05		*	*		主轴停止转动
M06	#	#		*	换刀
M07	*		*		2 号冷却液开
M08	*		*		1 号冷却液开
M09		*	*		冷却液关
M10	#	#	*		夹紧
M11	#	#	*		松开
M12	#	#	#	#	不指定
M13	*		*		主轴顺时针方向转动，冷却液开
M14	*		*		主轴逆时针方向转动，冷却液开
M15	*			*	正运动
M16	*			*	负运动
M17 ~ M18	#	#	#	#	不指定
M19		*	*		主轴定向停止
M20 ~ M29	#	#	#	#	永不指定
M30		*		*	纸带结束
M31	#	#		*	互锁旁路
M32 ~ M35	#	#	#	#	不指定
M36	*		*		进给范围 1
M37	*		*		进给范围 2
M38	*		*		主轴速度范围 1
M39	*		*		主轴速度范围 2

续表

代码 （1）	功能开始时间		功能保持到被注销或被适当程序指令代替 （4）	功能仅在所出现的程序段内有作用 （5）	功能 （6）
	与程序段指令运动同时开始 （2）	在程序段指令运动完成后开始 （3）			
M40 ~ M45	#	#	#	#	如有需要作为齿轮换挡，此外不指定
M46 ~ M47	#	#	#	#	不指定
M48		*	*		注销 M49
M49	*		*		进给率修正旁路
M50	*		*		3 号冷却液开
M51	*		*		4 号冷却液开
M52 ~ M54	#	#	#	#	不指定
M55	*		*		刀具直线位移，位置 1
M56	*		*		刀具直线位移，位置 2
M57 ~ M59	#	#	#	#	不指定
M60		*		*	更换工件
M61	*		*		工件直线位移，位置 1
M62	*		*		工件直线位移，位置 2
M63 ~ M70	#	#	#	#	不指定
M71	*		*		工件角度位移，位置 1
M72	*		*		工件角度位移，位置 2
M73 ~ M89	#	#	#	#	不指定
M90 ~ M99	#	#	#	#	永不指定

注：1. #号表示：如选作特殊用途，必须在程序说明中说明。

2. M90 ~ M99 可指定为特殊用途。

以下对常用的 M 指令进行简单介绍：

M00——程序停止指令。表示完成数控程序段的相关指令后停止机床主轴的转动、停止刀具的进给运动，暂停切削液的供给，以便执行换刀、手动变速等相关的操作。M00 指令功能相当于暂停功能。

M01——计划停止指令，相当于程序调试中的“断点”。一般适合于临时停车或数控加工中的抽样检查。

M02——程序结束指令。本条指令的功能是主轴停止运转、进给运动停止，而且让数控系统恢复到复位的状态。通常放置在数控程序的末尾表示加工的结束。

M03、M04、M05——控制主轴顺时针、逆时针和停止转动。

M06——换刀指令。数控机床或加工中心换刀前相关的准备工作。

M07——2 号切削液开启冷却。

M08——1 号切削液开启冷却。

M09——冷却液关。

M10——运动部件的夹紧指令。

M11——运动部件的松开指令。

M19——主轴停止在指定的角度位置。

M30——纸带结束。系统并不恢复到初始状态，一般在更换加工零件时使用。

(3)T、S、F 代码

T 代码是刀具功能代码，以字符 T 开始，后面加一串数字，数字的位数一般是两位或四位，数字的含义由数控机床确定。例如：

T05 M06 表示将当前刀具更换为 05 号刀具；

T0405　表示将 4 号刀具选用 5 号刀具补偿。

S 代码用于指定主轴转速的，单位是 r/min。它以地址符 S 开始，后面加上一串数字，数字的表示方法有编码法和直接指定法两种。现代机床通常采用直接指定法。

F 代码是控制进给速度的功能代码。单位是 mm/min。当进给速度与主速度有关时，单位为 mm/r。

5. 常用准备功能指令编程应用

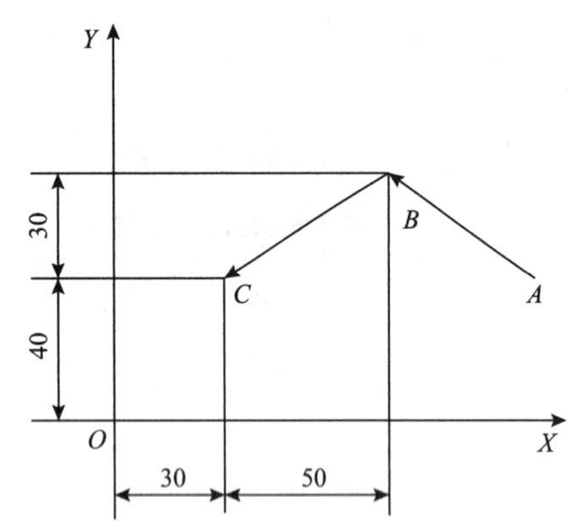

图 8-15　绝对尺寸与相对尺寸

数控程序的基本单位是功能指令，熟练掌握准备功能的编程方法是顺利完成机械零件加工的基础。下面稍微详细地介绍准备功能指令的编程应用。

(1)绝对尺寸与增量尺寸指令 G90、G91

G90 表示数控程序中的尺寸字为绝对坐标值，G91 表示数控程序中的尺寸字为增量坐标。如图 8-15 所示，刀具从 *A* 点沿直线运行到 *B* 点，再从 *B* 点沿直线运行到 *C* 点，对于 *BC* 部分可以采用绝对尺寸坐标方式编程，也可以采用相对坐标尺寸方式编程。

G91　G01　X-50.0　Y-30.0　(增量坐标编程)

G90　G01　X30.0　Y40.0　(绝对坐标编程)

采用增量坐标编程时，终点的坐标值就是偏移量；采用绝对坐标编程时终点的坐标值就是在绝对坐标系中的坐标值。

(2)快速定位 G00

快速定位 G00 的格式是：

G00　X_ Y_ Z_　;

G00 指定刀具以点位控制的方式从一点快速运动到另一点，运动速度一般是在

10～30m/min，最高可达 100m/min 以上。指令的速度是刀具相对于被加工零件的速度，计算各个坐标轴上的实际速度必须把相对运动速度向坐标轴进行投影。其运动的轨迹可以是多种多样的，随数控系统不同而有所不同，但是一般来说具有四种方式。如图 8-16 所示。

方式 1 即为路线 *a* 以一定的夹角出发以折线方式到达，初始角度取决于各个坐标的脉冲当量；

方式 2 为直线 *b* 到达；

方式 3 和方式 4 分别为 *ADB* 和 *ACB* 到达。

(3) 直线插补 G01

直线插补 G01 的格式是：

G01　X_　Y_　Z_　F_　;

G01 是直线插补命令，*X*、*Y*、*Z* 是刀具运动的终点坐标值，*F* 值是可以指定直线插补的速度，在数控编程中第一次出现 G01、G02 的指令必须有 F 指令。本条指令的特点是让两坐标或三坐标以联动方式做任意角度的直线运动。

如图 8-17 为 G01 程序实例，功能是切削一个三角形的图案，刀具起点位置为 *P*，快速达到 *A* 点后开始切削，沿直线达到 *B* 点，在达到坐标 *O* 点，直线运动达到 *A*，最后刀具回到 *P* 点的程序。

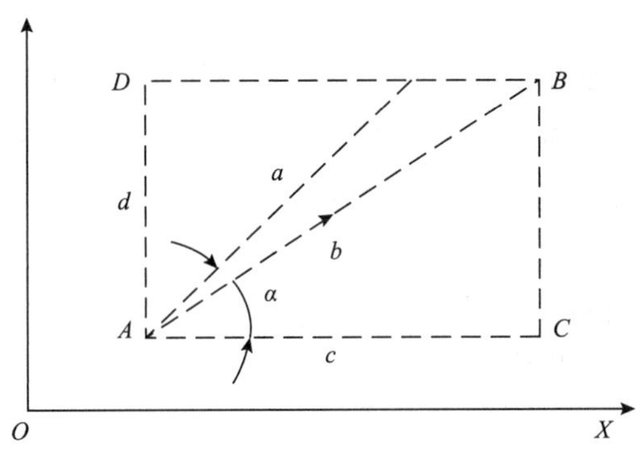

图 8-16　快速点定位

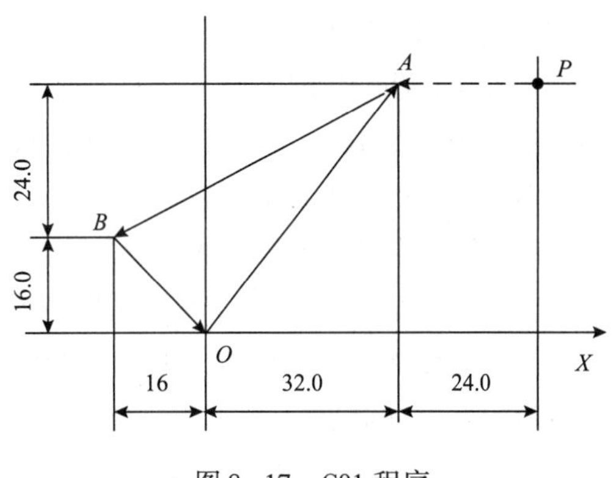

图 8-17　G01 程序

第一种方法，采用绝对坐标编程：

N001 G92 X56.0 Y40.0　LF

N002 G90 G00　X32.0　S_ _ T_ _ M_ _ LF

N003　G01 X－16.0 Y16.0　F_ _ LF

N004　X0 Y0　LF

N005　X32.0　Y40.0　LF

N006　G00　X56.0　M02　LF

第二种方法，采用增量坐标编程：

N001 G92 X56.0 Y40.0　LF

N002 G91 G00 X－24.0 Y0　　S_ _ T_ _ M_ _ LF

N003 G01 X－48.0 Y－24.0　　F_ _ LF

N004 X16.0 Y－16.0　　LF

N005 X32.0 Y40.0　　LF

N006 G00 X24.0 Y0.0 M02　　LF

(4)圆弧插补 G02、G03

圆弧是数控加工中最常见的曲线，G02 为顺时针圆弧插补指令，G03 为逆时针圆弧插补指令。格式如下：

在 *XY* 坐标平面进行的圆弧插补格式：

G17　G02/G03　X_ Y_ I_ J_ _ (R_)F_

在 *XZ* 坐标平面进行的圆弧插补格式：

G18　G02/G03　X_ Z_ I_ K_ _ (R_)F_

在 *YZ* 坐标平面进行的圆弧插补格式：

G19　G02/G03　Y_ Z_ J_ K_ _ (R_)F_

其中：

X、*Y*、*Z* 代表坐标值，可以采用增量坐标或绝对坐标。

I、*J*、*K* 为分别平行于 *X*、*Y*、*Z* 轴的坐标，代表圆弧中心相对于圆弧起点的坐标值，通常都是采用增量值。

R 代表插补圆弧的半径；该值具有正负之分，如果圆弧大于 180°，*R* 为负值，否则都为正值；用 *R* 参数时，不能加工整圆，原因在于圆心角不确定。圆弧插补的圆弧参数存在误差时，圆弧的终点处会存在一个误差，一定要把误差控制在≤10μm。

F 字段指定了圆弧插补的进给速度；

圆弧插补编程采用 *I*、*J* 参数示例如图 8-18 所示。

刀具起点在坐标原点 *O*，快速运动到 *A* 点，然后以箭头方向即逆时针加工一圈，然后刀具返回到坐标原点。

采用绝对坐标编程的程序如下：

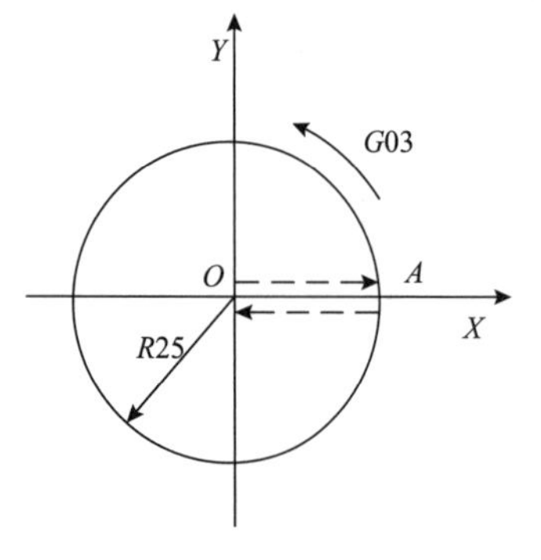

图 8-18　采用 *I*、*J* 参数加工封闭圆

```
G92　X0　Y0
G90　G00　X25.0　Y0
G03　X25.0　Y0　I－25.0　J0　F120
G00　X0　Y0　M02
```

采用增量坐标编程的程序如下：

```
G91　G00　X20.0　Y0
G03　X0　Y0　I－25.0　J0　F120
G00　X－25.0　Y0　M02
```

圆弧插补编程采用 *R* 参数示例如图 8-19 所示。

采用绝对坐标编程的程序如下：

G92　X0　Y18.0

G90　G02　X18.0　Y0　R18.0　F100

G03　X68.0　Y0　R25.0

G02　X88.0　Y20.0　R－20.0　M02

采用增量坐标编程的程序如下：

G91　G02　X18.0　Y－18.0　R18.0　F100

G03　X50.0　Y0　R25.0

G02　X20.0　Y20.0　R－20.0　M02

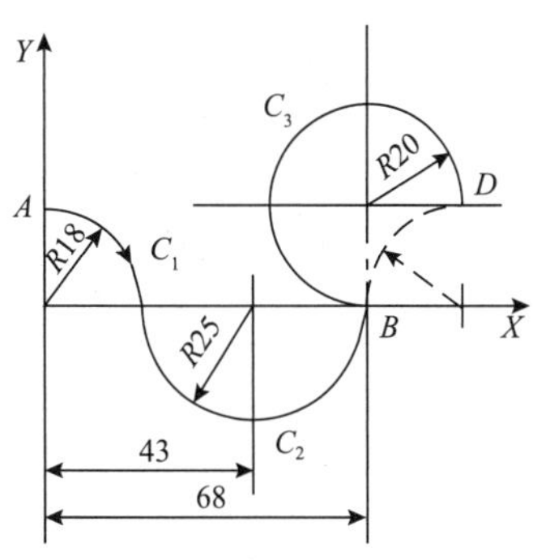

图 8－19　采用 R 参数加工圆弧

(5)确定插补平面指令 G17、G18、G19

圆弧通常是平面曲线，在数控加工中需要加工不同平面内的圆弧曲线，首先需要进行平面的选择，平面选择有两种方法：一是在数控程序中由坐标值确定，二是由 G17、G18、G19 指定。G17 通常指定的是 *XY* 平面，G18 通常指定 *XZ* 平面，G19 通常指定 *YZ* 平面。

(6)刀具半径自动补偿指令 G41、G42、G40

当采用圆头车刀、铣刀等圆形刀具加工零件时，如果按照刀具的中心进行编程，刀具运动的轮廓和机械零件的轮廓并不重合，当更换新刀、刀具磨损后就要重新计算刀具运动的路线，而这种计算有时非常复杂，现代数控系统提供了刀具半径自动补偿功能，输入刀具的半径，系统将会按照机械零件的轮廓自动计算刀具的运动轨迹。

G41 为左偏指令，即为沿着刀具的前进看，刀具应该在工件的左面。

G42 为右偏指令，即为沿刀具的前进方向看，刀具应该在工件的右面。

G40 为注销指令，即为取消偏置值，让刀具的中心重新和工件的轮廓重合。

如果刀具磨损以后，刀具的半径变小，需要重新输入新的刀具半径，不必修改数控程序。

(7)刀具长度补偿指令 G43、G44、G40

编程时可以假定刀具的长度，在实际加工中工程师需要根据刀具的实际长度做一定的补偿，通常是把实际长度和假定长度之间的差值输入数控系统，系统自动完成刀具的长度补偿。如果是正偏差采用 G43 指令，为负偏差采用 G44 指令，G40 为注销刀具长度补偿指令。

(8)切削螺纹指令 G33

在数控车床、数控铣床、数控镗床上都配备了螺纹加工功能。要实现螺纹加工需要记录主轴的初始位置、转过的角度、转过的圈数以及旋转速度，螺纹的加工需要进行多次切削，必须记住刀具相对螺纹开始加工的位置，每一次从起点加工时都要对准螺纹头，否则会乱扣。图 8－20 是螺纹加工示意图。

螺纹加工的程序如下：

N001　G90　G00　Y70.0

N002　Z200.0　S55　M03

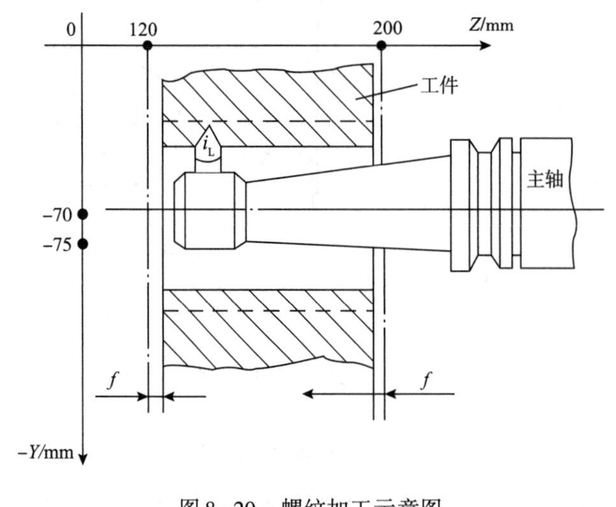

图 8-20　螺纹加工示意图

```
N003    G33    Z120.0    F5.0
N004    M19
N005    G00    Y75.0
N006    Z200.0    M00
N007    Y -70.0    M03
N008    G04    X2.0
N009    G33    Z120.0 F5.0
N010    M19
N011    G00    Y -75.0
N012    Z200.0    M00
N013    Y -70.0    M03
N014    G04    X2.0
N015    G33    Z120.0    F5.0
N016    M19
…
…
N300    M30
```

N002 程序段是控制刀具正转，刀具靠近孔的端面同时指定主轴的转速为 55 r/min，N003 程序段是开始切削螺纹，指定螺纹导程为 5mm。

8.3.3　计算机辅助自动编程

1. 自动编程的分类

根据输入信息和计算机对信息处理方式的差别将自动编程分为以数控编程语言为基础的编程和以计算机绘图为基础的图形交互式自动编程两大类。

数控编程语言有美国的 APT(Automatically Programmed Tools)语言，日本的 FAPT 语言、德国的 EXAPT、中国研制的 ZCK 和 SFC 等自动编程语言，APT 是自动编程的基础，国际标准化组织(ISO)在 APT 语言的基础上制定了 ISO 4342—1985 标准。APT 编制的程序具有简单明了、可靠性好、通用性好、容易掌握等优点，也有长度较长、使用不是特别方便等缺点。

图形交互式自动编程以计算机绘图为基础，用人机对话的方式构建集合图形，然后利用软件的 CAM 功能自动产生出 NC 加工程序，这种编程方式具有自动化高、速度快、使用简单等优点，是自动化编程软件的发展方向。

目前在数控加工自动编程领域常用的 CAD/CAM 软件主要有：

(1)UG(Unigraphics)系统

UG 系统早期由麦道公司研制开发，UG 可以进行复杂的曲面造型，并且具有良好的二次开发能力，可以进行虚拟设计、数控加工、装配、检验等全数字化工作。为用户提供从设计到制造的一体化解决方案，在国内应用比较广泛。

(2)MDT 系统

MDT 系统是 Auto Desk 公司开发的集成产品设计、分析、制造于一体的 CAD/CAM 软件。为用户提供了从设计到制造一体化的解决方案。

(3)Master CAM 系统

Master CAM 系统是 CNC 程序专业化公司 CNC software INC 研制成功的基于 PC 平台的 CAD/CAM 软件，它是数控工程师的首选工具之一。Master CAM 系统能够完成车削、铣削、激光加工、钻孔加工等多种数控加工程序的制作。提供了强大的 CAD 功能；也提供了上百种 PST 程序，所谓 PST 程序就是将 NCI 文件转换为特定数控系统控制程序的程序。

(4)GRADE/CUBE－NC 系统

GRADE/CUBE－NC 是日立造船轻体系株式会社研制的在 UNIX 平台工作的 CAD/CAM 软件，其最大的特点是：面向制造，具备丰富的造型功能和 50 多种走刀方式；具备完备的走刀干涉检查、路径编辑等功能。

(5)CAXA－ME 系统

CAXA－ME 系统是北京北航海尔软件有限公司研发成功的 CAD/CAM 软件，它是全中文环境的 CAD/CAM 软件，具有较强的三维曲面拟合能力，可以控制多达 5 轴的编程能力，特别适合于模具加工场合。

2. 自动编程的信息处理流程

按照 ISO 的标准自动编程的步骤可以划分为以下四个步骤：前置处理、刀具轨迹计算、相关工艺处理以及后置处理。

(1)前置处理

前置处理是指根据零件图样写出准备指令以及加工指令，如控制主轴的转速、确定进给量等，这个阶段的程序还不可以作为数控装置的输入程序，它还没有与具体的机床和 NC 装置关联，通常采用 NC 编程语言或 APT 语言编程。

(2)刀具轨迹计算

根据被加工的零件计算刀具运动的轨迹，保证加工的精度达到规定的要求。

(3)工艺处理

按照数控加工的相关工艺优化处理。

(4)后置处理

将刀具轨迹计算中得到的信息转换为特定数控机床的输入。一般包括输入部分、控制部分、运动处理部分和输出部分等。

3. APT 语言系统的基本要素

APT 语言以接近自然语言的方式描述加工过程，可以完成从点位加工到空间三维曲线的加工，具有强大的处理能力，零件越复杂采用 APT 语言编程越经济。下面简要介绍一下 APT 语言系统。

(1)APT 语言的基本要素

①字符：

字符就是在 APT 源程序中可以出现的符号，主要包括 26 个大写英文字符 A～Z；10 个阿拉伯数字 0～9；以及“,”“+”“-”“*”“**”“/”“=”等。

②词汇：

词汇一般都具有特定的意义，通常采用英文原词，长度限定在 6 个字符以内。

③表达式：

表达式一般用于算术运算。

④标识符：

标识符由字母和数字组成，并且第一个字符必须是英文字符。例如 CIR3 即为标识符，表示第三个圆。

⑤语句：

用于定义零件的几何元素或说明刀具运动轨迹、标识零件公差等独立的描述或命令。语句主要分成四类：辅助语句、几何定义语句、运动执行语句、后置处理语句。

(2)APT 语言中的几何定义语句

几何定义语句通常是采用点、线、面、圆等要素描述了零件的几何图形。在 ATP 语言中主要有 17 种几何元素，如表 8-4 所示。APT 语言系统的几何定义语句的一般格式为：标识符 = 几何元素类型/描述数据

表 8-4　APT 定义的几何元素

几何元素	APT 词汇	几何元素	APT 词汇
点	POINT	G 次曲线	GCONIC
直线	LINE	矢量	VECTOR
平面	PLANE	球	SPHERE
圆	CIRCLE	矩阵	MATRIX
圆柱面	CYLNDR	二次曲线	QADRIC
椭圆	ELLIPS	列表柱面	TABCYL
双曲线	HYPERB	多维柱面	POLCON
圆锥	CONE	直纹曲面	RLDSRF
L(画线采用二次曲线)	LCONIC		

①点的定义语句。

点的定义总共有 9 种方式，可以直接给出空间中的 X、Y、Z 的坐标值，可以是在同一个平面中的两条相交直线的交点，也可以是同一个平面内两个圆的交点等多种方式。

例如：P_0 = POINT/50，60，70

P_0——被定义的标识符；

POINT——定义的对象是点；

50，60，70——被定义的点坐标为(50，60，70)。

②直线的定义语句。

直线的定义有 8 种方式。可以由空间的两个点去定义一条直线，也可以定义与两个外圆相切的直线，还可以定义经过一点且和指定直线相平行的直线等。

例如：L_1 = LINE/P_1，P_2

L_1——定义直线的标识符；

LINE——定义的对象是直线；

P_1，P_2——用前面定义的 P_1，P_2 两个点定义一条直线。

③圆的定义。

圆的定义有 8 种方式，可以由不在同一直线上的三个点确定，也可以由圆心坐标和半径确定，还可以由圆心和圆周上任意一点确定。

例如：C_1 = CIRCLE/P_1，P_2，P_3

C_1——定义圆的标识符；

CIRCLE——定义的对象是圆；

P_1，P_2，P_3——用前面定义的 P_1，P_2，P_3 三个点。本条指令的功能是用不在一条直线上的三个点确定一个圆。

④平面的定义。

空间中平面的定义有通过不在一条直线上的三个点确定，通过空间中的特定点且和指定平面平行确定，通过平行于已知平面并给定两个平面间的距离确定 3 种方式。

例如：通过空间中的一点且平行于已知平面的 APT 描述是：

PL_0 = PLANE/P_3，PARLEL，PL_1

PL_0——定义平面的标识符；

PLANE——定义的对象是平面；

PARLEL——通过点 P_3 的平面和 PL_1 平面的关系是平行；

PL_1——已经定义的平面。

(3) APT 语言系统的运动执行语句

运动执行语句用于描述数控加工过程中刀具的顺序和状态，生成刀具运动轨迹的数据。运动执行语句包括运动语句、启动方向语句、刀迹控制语句、刀位变换语句和数据输出语句。

后置处理语句一般用于完成控制主轴的转速、切削、开关等控制功能，分为有参数的后置语句、无参数的后置语句和 APT 容差语句三种类别。

①有参数的后置语句。

在 APT 命令中指明操作，并带有相关选项。

例如：COOLNT/ON——冷却液打开；

　　　COOLNT/OFF——冷却液关闭。

②无参数的后置语句。

直接指明操作而没有相关的参数。

例如：STOP——停止机床工作。

③APT 容差语句。

刀具在实际加工中的运动轨迹和理论轨迹总会存在一些差异，对非圆曲线逼近时存在逼近误差，误差值必须在规定的范围内。容差有外容差(OUTTOL)、内容差(INTOL)和容差(TOLER)三种方式。

例如：APT 语言的描述：

OUTTOL/t，　参数 t 表示刀具在切削时留有的最大余量。

8.3.4　数控轮廓加工原理

数控加工零件的各种轮廓都是通过插补计算得到的，插补运算的实质是在起点和终点之间插入无数个无限短的直线段，刀具沿直线段移动，在误差允许的范围内逼近零件的理论轮廓。直线和圆弧是构成机械零件轮廓的基本线条，所以大多数数控系统都提供了直线插补和圆弧插补功能。插补是数据密化的过程，插补程序的运行时间和计算的精度影响数控系统的性能指标，目前的插补方法通常有脉冲增量插补和数据采样插补。

脉冲增量插补也称行程标量插补或基准脉冲插补，适合于以步进电机驱动的数控系统，其类型通常有逐点比较法、比较积分法、数字积分法、最小偏差法、矢量判断法等方法。脉冲增量插补为各个坐标轴分配脉冲，每个脉冲来临相应的步进电机转过一个角度，输出一个脉冲当量，在数控系统中把一个脉冲所对应的坐标轴方向上的移动称为脉冲当量 δ，普通数控机床 $\delta=0.01$mm、精密数控机床 $\delta=0.001$mm。

数据采样插补也称数字增量插补或时间标量插补，适合于半闭环或闭环控制系统，其数控装置输出的是数字量不是单个脉冲。数据采样插补的过程一般分为两个步骤，第一步，实现粗插补，即把需要加工的曲线划分为若干个段，每个段的长度都很小，用直线连接小段圆弧的两个端点，用直线段代替这段圆弧，在小段直线的长度 ΔL、插补周期 T 和进给速度 F 之间符合关系式：$\Delta L=F\cdot T$；第二步，实现精插补，它是在粗插补基础上的每小段直线的"数据密化"。

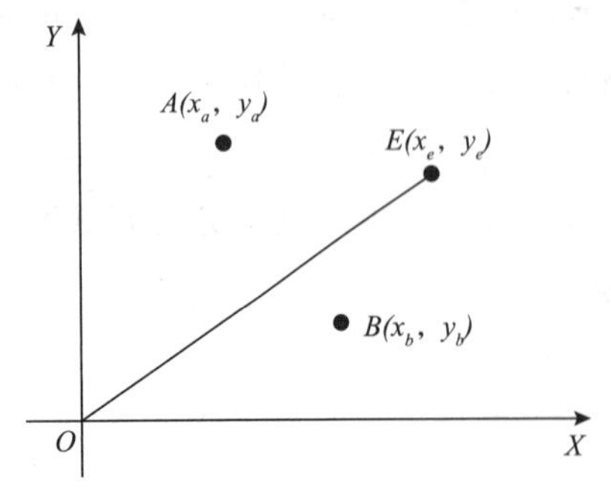

图 8-21　第一象限直线插补

1. 逐点比较法的直线插补原理

如图 8-21，加工在第一象限内的直线段 OE，终点 E 的起点坐标为 (x_e, y_e)，其直线方程见式(8-1)：

$$\frac{y}{x}=\frac{y_e}{x_e} \tag{8-1}$$

取判别函数

$$F=yx_e-xy_e \tag{8-2}$$

采用逐点比较法插补时，首先把线段 OE 向 X、Y

轴的投影 x_e 和 y_e 换算成为脉冲数，每一次在一个坐标方向上给一个脉冲，移动一个脉冲当量的长度，所以刀具的运动轨迹是折线不是直线，当加工点在直线上时 $F=0$；当加工点落在直线上方时 $F>0$；当加工点落在直线下方时$F<0$。

可以把在直线上和直线上方作为一种情况判断，所以运算判断的法则是：如果判断函数 $F\geqslant 0$，即刀具在直线上或直线上方，刀具沿 X 轴移动一步（一个脉冲当量δ），如果判断函数 $F<0$，即刀具在直线下方刀具沿 Y 轴移动一步（一个脉冲当量 δ）。如图 8-22 所示。

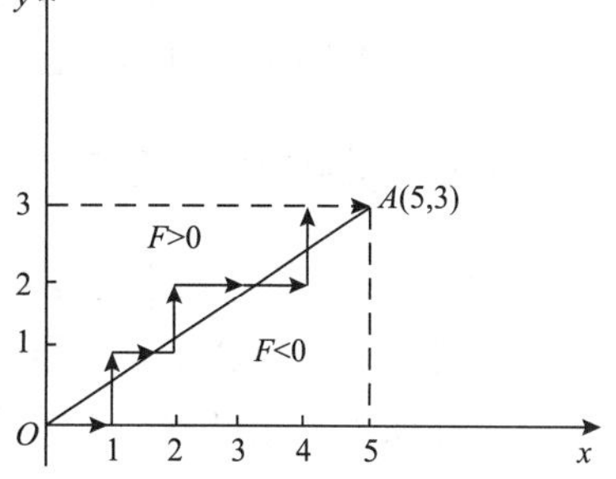

图 8-22　直线插补轨迹

在实际操作中采用的"递推法"，每走一步其加工偏差用前一点的偏差递推出来。如果 $F_{i,j}>=0$，向 X 轴移动一个脉冲当量的距离，下一点的偏差值为：

$$F_{i+1,j}=x_e y_j-(x_i+1)y_e=F_{i,j}-y_e \tag{8-3}$$

如果 $F_{i,j}<0$，向 Y 轴移动一个脉冲当量的距离，下一点的偏差值为：

$$F_{i,j+1}=x_e(y_j+1)-x_i y_e=F_{i,j}+x_e \tag{8-4}$$

直线插补的节拍控制过程可以划分为四个步骤。

第一步：偏差判断。判断刀具的位置和给定轮廓的偏离情况，从而决定 X 轴还是 Y 轴进给。

第二步：进给。根据偏差确定刀具的进给。

第三步：计算新的偏差。由刀具新的位置在直线上还是直线下，即判别函数 F 值。

第四步：判断是否达到终点，如果达到终点停止插补，如果未达到终点继续插补。

2. 逐点比较法的圆弧插补原理

在使用逐点比较法加工圆弧时其工作过程的每一步是两个坐标轴之一移动一个脉冲当量，然后判断是否落在圆弧轮廓上，以第一象限为例，如图 8-23所示。

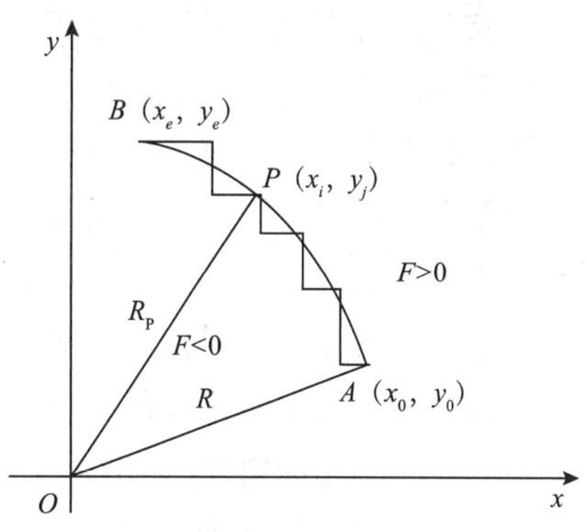

图 8-23　逐点比较法圆弧加工

在第一象限有一段圆弧 AB，其圆心是 O 点，A 点的坐标是(x_0, y_0)，B 点的坐标是(x_e, y_e)，其圆弧半径是 R，实现逆时针圆弧插补，走刀点 P (x_i, y_j)到圆心的距离为 L，可以得到圆弧插补的偏差判别式：

$$F_{i,j}=(x_i^2-x_0^2)+(y_i^2-y_0^2) \tag{8-5}$$

如果点 P 在圆弧上其判别式的值 $=0$；如果点 P 在圆弧左侧判别式小于 0；

如果点 P 在圆弧右侧判别式大于 0；可以得到和直线插补类似的结论：

①当刀具点在圆弧右侧或圆弧上时，应该向左即 $-\Delta x$，新的点 $P(x_{i+1}, y_j)$其偏差为：

$$F_{i+1,j}=(x_i-1)^2-x_0^2+y_j^2-y_0^2=F_{i,j}-2x_i+1 \tag{8-6}$$

②当刀具点在圆弧内侧时，应该向左即 Δy，新的点 $P(x_i, y_{j+1})$ 其偏差为：

$$F_{i,j+1}=x_i^2-x_0^2+(y_j+1)^2-y_0^2=F_{i,j}+2y_i+1 \tag{8-7}$$

在圆弧插补中每一步的偏差均可以用上一步的偏差推导出来。圆弧插补的过程也可以分为四步：偏差判别，进给，偏差计算和终点判断。

8.3.5 数控加工工艺

1. 数控加工中的工艺基本要求

数控工艺是数控加工一个重要的环节，数控工艺必须合理和正确，数控编程人员必须对机械零件加工工艺过程、工艺路线、切削量等进行合理、正确地确定和选择。数控工艺具有以下 3 个特点：

①工艺详细化。普通工艺规程详细到工步，数控加工的工艺必须详细到对零件的加工的每一次走刀、每一步操作的具体化。

②工序集中化。现代数控车床一般可以完成多种工序，具有精度高、刚性大的特点，数控工艺要求减少零件装夹的次数，尽可能一次装夹能够完成尽可能多的加工。

③自动化。现代数控机床在加工简单表面零件时和传统机床几乎没有差别，加工复杂表面、特殊表面时数控机床不再采用画线、靠模、钳工、砂轮等方法而是多坐标联动加工。

2. 数控机床夹具选择和对刀点确定

数控机床上的夹具必须选用标准化、通用化的夹具，尽量减少专用夹具的使用；夹具在装夹零件时必须迅速可靠；零件的设计基准和工件定位基准尽量重合，尽量减小定位误差。数控机床对刀是数控机床在加工时，刀具相对于工件运动的起点，“刀位点”是刀具的定位基准点，对刀就是采用千分表或对刀瞄准仪把“对刀点”和“刀位点”重合的操作过程。

3. 数控加工中的工序设计

数控加工中的工序设计是数控工艺中最重要的内容之一，数控工序的合理性是保证加工质量和提高数控加工效率的关键所在，数控加工的工序设计指在一次装夹中能自动、连续完成的所有的加工内容。由工序确定工步以及每一把刀的运动轨迹。

工序设计首先按照零件图的粗、精加工的要求、毛坯的形状相关要求确定需要加工的表面，以及各个表面所采用的刀具类型；其次按照普通工艺原则划分工步；最后确定每一个工步中刀具的运动轨迹和切削参数。在数控加工中的工艺基准选择依然是“基面现行、先主后次、先粗后精、先面后孔”。

4. 数控加工中进给路线的优化设计

数控加工中刀具相对于工件运动的方向和轨迹称为进给路线。进给路线的差别可能引起刀具行程的增加，数值计算量难度增加，数控程序的长度增加，在数控加工中对进给路线进行优化设计，在保证加工精度的基础上缩短进给路径，降低数值计算的难度和工作量，减少数控程序的长度。

如图 8-24(a)所示在零件上有内圆均布 8 个孔，外圆也均布 8 个孔，没有做加工路径优化的加工方法是如图 8-24(b)的，先加工内圆一圈然后加工外圆一圈，但这并不是最短加工路径的加工方法，可以计算各个孔的坐标然后按照图 8-24(c)的方式加工可以得到较短的加工路径。

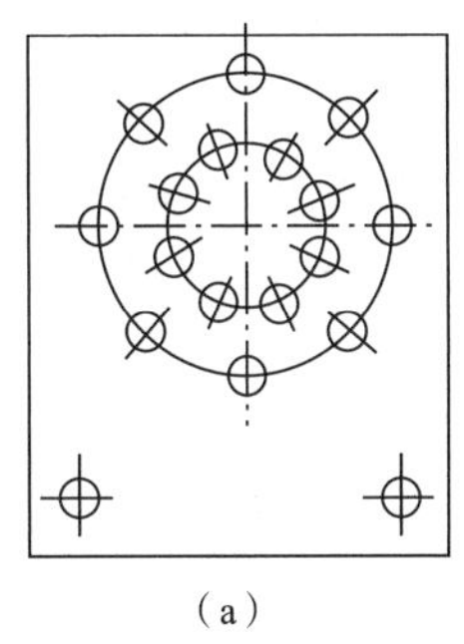

(a)

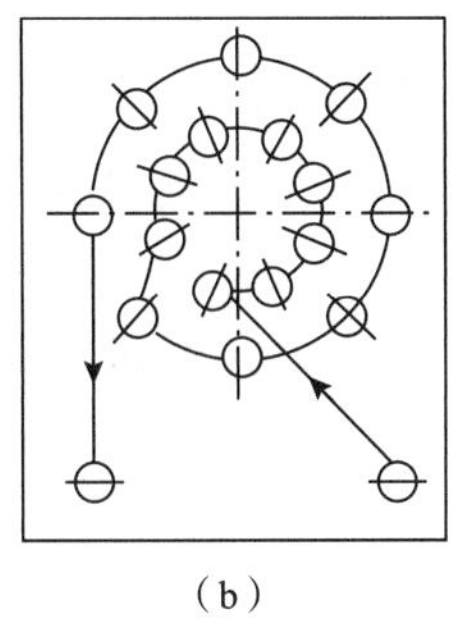

(b)

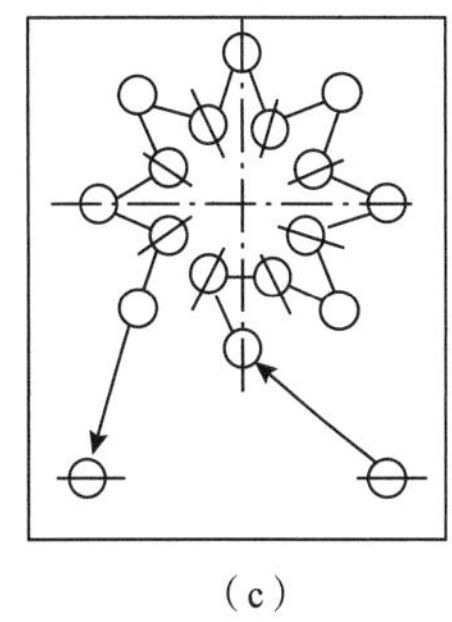

(c)

图 8-24　孔加工路径的优化设计

在孔加工的过程中，如果各个孔的位置精度要求比较高，必须考虑传动系统的间隙误差对定位精度的影响。如图 8-25 所示。

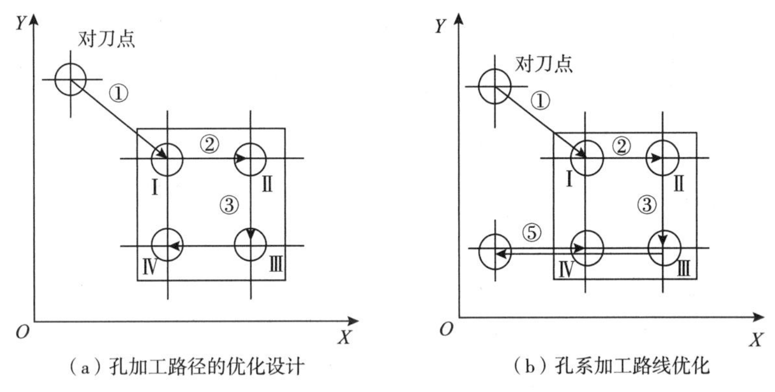

(a) 孔加工路径的优化设计　　(b) 孔系加工路线优化

图 8-25　孔系加工路线优化设计

如果按照方案(a)的方式加工，那么在最后一个孔其位置精度易受传动系统回程误差的影响而出现比较大的误差，应改为方案(b)可以避免回程误差带来的影响，提高孔的位置精度。

5. 数控加工中的切削参数

数控加工中的切削速度、切削深度以及进给量和常规机械加工工艺的设计是类似的，唯一不同的是由于数控机床的刚度比较大，可以适当提高背吃刀量，以提高加工的效率。

(1)切削速度的选择

随着切削速度的提高，加工的效率得到提高其经济效益更为明显，但同时刀具的磨损显著增加，其寿命急剧缩短，所以切削速度的选择必须考虑刀具的寿命，从整体经济效率考虑切削速度。

(2)切削深度的选择

机床在加工机械零件时其切削深度一定要小于零件的加工余量，数控机床的加工余量一般略微小于普通金属加工机床。

(3)进给量的选择

数控机床的进给量的选择和普通机床类似，根据表面粗糙度的要求确定，表面粗糙度值越低，进给量越小。

6. 数控工艺文件

数控工艺文件是指导数控生产、产品验收的依据，也是数控操作者必须遵守的规范，数控工艺文件主要包括数控加工任务书、工件安装和零点设定卡、数控加工工序卡、刀具卡、刀具表、机床刀具运动轨迹、机床调整单和程序卡片等。

8.3.6 数控加工实例分析

1. 轴零件加工

需要加工如图8-26的轴，分别使用外圆车刀、螺纹刀具和切断刀具。

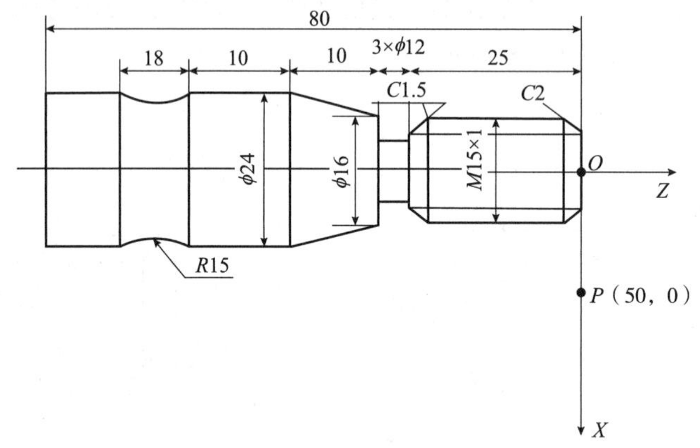

图8-26 车削零件图

数控加工程序如下：

```
O1049
N010  G92  X50  Z0;
N020  M06  T0101;
N030  G90  G00  X40  Z2;
N040  G01  X25.8  F300;
N050  G71  U1  R0.7  P70  Q100  0.4  Z0.1  F200;
N070  G01  X8  Z2  F300;
N080  X16  Z2  F100
N090  X16  Z-28;
N100  X24  Z-38;
N110  G01  Z-48;
N120  G02  X-66  R15;
```

```
N130  G01, Z80;
N140  G00  X50, Z0;
N150  T0100;
N160  M06  T0202;
N170  G0  X30  Z-28;
N180  G01  X20  F300;
N190  X12  F500;
N200  X14;
N210  X17  Z-26.5;
N220  G00  X50  Z0;
N230  T0200;
N240  M06  T0303;
N250  G00  X24 Z2;
N260  G82  X15.3  Z26.5F1;
N270  G82  X15.1  Z26.5F1;
N280  G82  X14.9  Z26.5F1;
N290  G82  X14.9  Z26.5F1;
N300  G00  X50 Z0;
N310  T0300;
N320  M02;
```

2. 加工孔

工件零件图如图 8-27 所示，工件的材料是 HT300，使用刀具是镗刀，T02 为 ϕ13 的钻头，T03 为钻头。

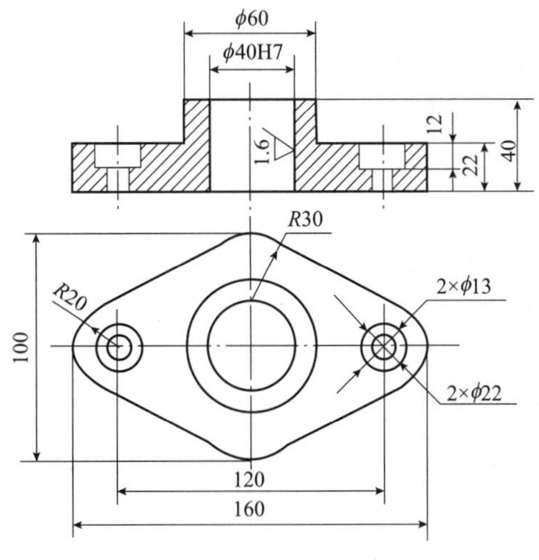

图 8-27　孔加工实例

数控程序如下：

```
T01;
N010  M06;
N020  G90  G00  G54  X0Y0  T02
N030  G43  H01  Z20.  M03  S500  F30;
N040  G98  G85  X0  Y0  R3.  Z-45
N050  G80  G28  G49  Z0.  M06
N060  G00  X60.  Y50.  T03;
N070  G43  H02  Z10.  M03  S600;
N080  G98  73  X-60.  Y0  R-15.  Z-48.  Q4.  F40;
N090  X60.;
N100  G80  G28  G49  Z0.  M06;
N110  G00  X60. Y0;
N120  G43  H03  Z10.  M03  S350;
N130  G98  G82  X60.  Y0  R-15.  Z-30.  P100  F25;
N140  X60.;
N150  G80  G28  G49  Z0.  M05;
N160  G91  G28  X0  Y0  M30;
```

3. 壳体零件加工

工件的零件图，刀具运动的轨迹如图 8-28 所示。

其程序如下：

```
O001  (铣削平面)
N010  T01;
N020  M06
N030  G90  G54  G00  X0  Y150.0  T02;
N040  G43  H01  Z0  S280  M03;
N050  G01  G41  D21  Y70.0  F56;
N060  M98  P0100;
N070  G49  G40  Y150.0;
N080  G28  Z0  M06;
N090  G00  X-65  Y  T03;(钻 M10 中心孔)
N100  G43  H02  Z  F100  S1000  M03;
N110  G81  X65  Y-95  R17  Z-24;
N120  M98  P0200;
N130  G80  G28  G49  Z0  M06;
N140  G43  H03  Z0  F50  S300  T04  M03;(钻铣槽中心孔)
```

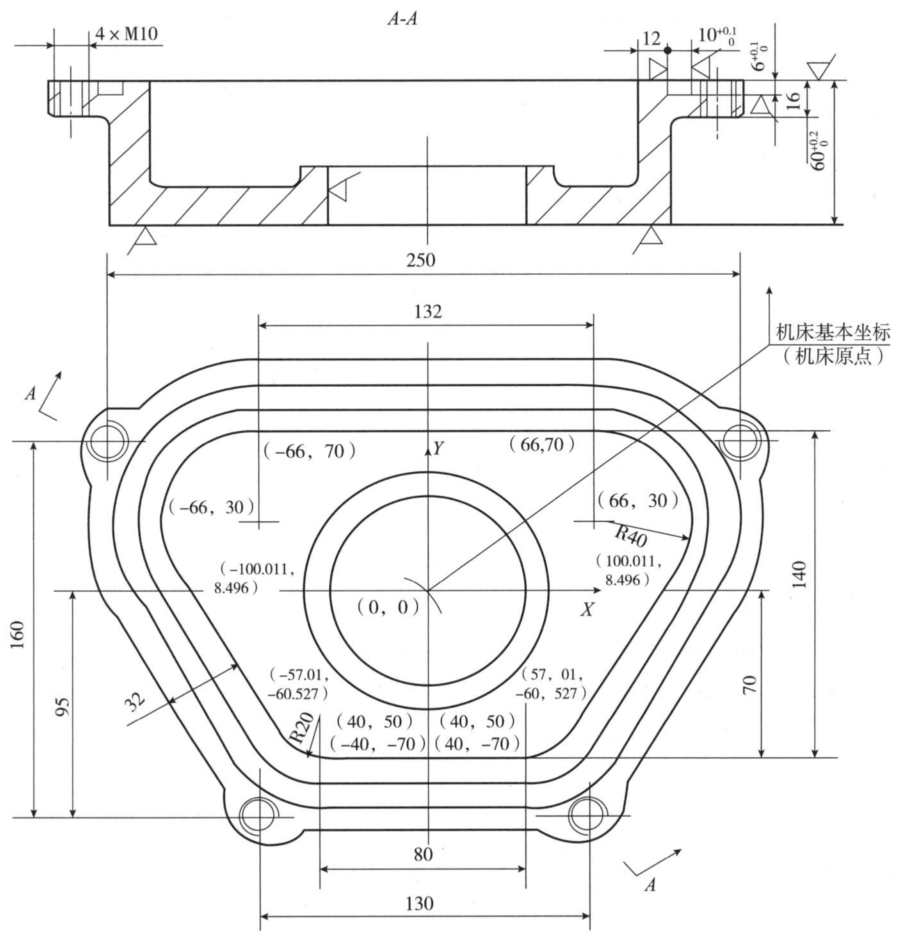

图 8-28　壳体加工实例

```
N150  G81  X0  Y87.0  R17.0  Z25.5
N160  X−65  Y−95  R−17  Z−40;
N170  M98  P0200;
N180  G8  0  G28  G49  Z0  M06;
N190  G43  H04  Z0  S350  M03  T05;
N200  G82  X−65  Y−95  R−10  Z−40
N210  M98  P0200
N220  G80  G28  G49  Z0  M06;
N230  G43  H05  Z0  F90  S60  T06  M03;（攻螺纹）
N240  G84  X−65  Y−95  R10  Z−40;
N250  M98  P0200;
N260  G80  G28  G49  Z0  M06;
N270  X−0.5  Y150  T00;
N280  G41  D26  Y70;
```

```
N290  G43  H06  Z0  S300  M03
N300  X0
N310  G01  Z-9.0  F30
N320  M98  P0100;
N330  G28  G40  G49  Z0  M06
N340  G28  X0  Y0
N350  M30;
```

子程序 0100 如下:

```
O0100;
X66  Y70
G02  X100.011  Y  8.946  J-40;
G01  X57.01  Y-60.527;
G02  X40.0  Y-70.0  I-17.01  J10.527;
G01  X-40.0;
G02  X-57.010  Y-60.527  J20.0;
G01  X100.011  Y8.946;
G02  X66.0  Y70.  I34.011  J21.054;
G01  X0.5;
M99
```

子程序 0200 如下:

```
O0200;
G90  X65.0;
X125.0  Y65.0;
X125.0;
M99;
```

思考题及习题

1. 数控加工的特点是什么?
2. 数控机床由哪几部分组成的?各个部分的功能作用是什么?
3. 简述数控编程的几种方法。
4. 什么是机床坐标系?什么是工件坐标系?绝对坐标和相对坐标有什么区别,各用什么指令?
5. 请简述数控机床的加工工艺的特点。
6. 用子程序和固定循环编写题 6 图中 12 个直径为 11mm 的孔加工程序。

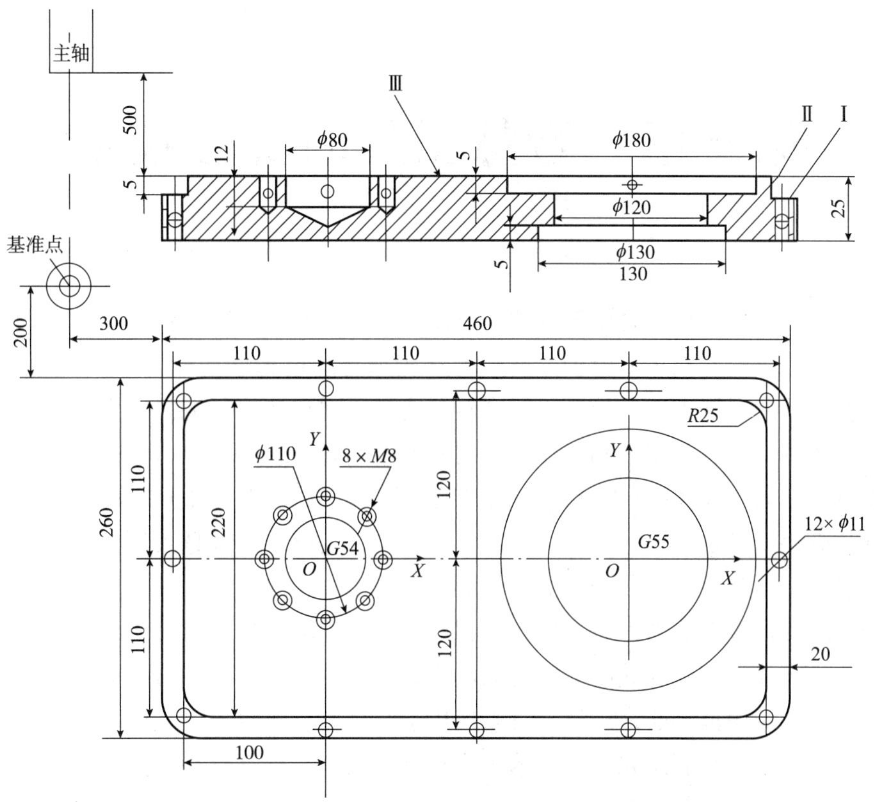

主轴
500
Ⅲ
Ⅱ
Ⅰ
φ80
φ180
12
5
5
25
φ120
φ130
5
130
基准点
200
300
460
110
110
110
110
R25
φ110
8×M8
Y
G54
O
X
120
120
G55
12×φ11
260
110
110
220
20
100

题 6 图

第9章　智慧工厂的支撑技术

智慧工厂是现代工厂信息化发展的新阶段，也是工业互联网时代的必然产物。其概念最早是由德国提出的工业4.0所倡导的，旨在实现生产过程的智能化、自动化和数字化。智慧工厂在中国的发展迅速，受益于国家对工业互联网和智能制造的大力支持和推广。国家出台了一系列支持智能制造和工业互联网发展的政策措施，如《中国制造2025》《工业互联网发展行动计划(2018—2020年)》等，为智慧工厂的发展提供了良好的政策环境。同时，地方政府也积极推动智慧工厂的试点示范和园区建设，为智慧工厂的发展提供了有力的支持和引导。同时，制造业企业面临转型升级的压力，促使中国在智慧工厂领域的技术创新不断涌现，许多企业加大研发投入，积极探索新的生产模式和技术手段，如智能机器人、自动化生产线、智能仓储等，智慧工厂成为提升企业核心竞争力的重要途径。

智慧工厂的应用范围非常广泛，可以应用于制造业、航空航天、能源、电子等多个领域。在这些领域中，它利用先进的技术手段对整个生产过程进行智能化管理，包括数据采集、监控、分析、优化等环节，以提高生产效率和产品质量，为企业带来显著的经济效益和市场竞争力，推动企业的数字化转型和升级。随着技术的不断发展和创新，智慧工厂的应用前景将更加广阔。

智慧工厂的实现，最关键的是工业智能制造技术和工业自动化技术，这是实现智慧工厂的必要条件。其特点在于能够适应信息化、数字化、智能化、网络化、安全可靠、节能环保等多方面的要求。智慧工厂的实现需要依赖多种技术手段，包括物联网技术、大数据分析技术、云计算技术、人工智能技术等。通过这些技术的应用，可以实现设备与设备、设备与人、设备与云端之间的互联互通，从而对工厂生产过程进行全面感知、可靠传输和智能处理。同时，智慧工厂还强调数字化建模、仿真和监控技术的应用，以提高工厂的可控性和灵活性。

9.1　人工智能技术

9.1.1　人工智能技术的概念

人工智能技术产生于20世纪50年代末期，从学科地位和发展水平来看，人工智能技术是当代科学技术的前沿学科，也是一门新思想、新理论、新技术、新成就不断涌现的新兴学科。人们把人工智能技术同宇航空间技术、原子能技术一起誉为20世纪对人类影响最为深远的三大前沿科学技术成就。

人工智能，英译名为 Artificial Intelligence，简称 AI。人工智能，顾名思义，即用人工制造的方法，实现智能机器或在机器上实现智能。是一门研究构造智能机器或实现机器智能的学科，是研究模拟、延伸和扩展人类智能的科学。

人工智能技术，是在计算机科学、控制论、信息论、心理学、生理学、数学、物理学、化学、生物学、医学、哲学、语言学、社会学、数理逻辑、工程技术等众多学科的基础上发展起来的。人工智能的发展经历了三个阶段。第一阶段为 20 世纪 60 ~ 70 年代，提出了人工智能技术的概念，主要注重辑推理的机器翻译，以命题逻辑等知识表达及启发式搜索算法为代表；第二阶段为 20 世纪 80 ~ 90 年代，提出了优化设计及专家系统，随着半导体技术和计算硬件能力的逐步提高，分布式网络降低了人工智能的计算成本，基于人工神经网络的算法研究发展迅速；第三阶段自 21 世纪初以来，尤其是 2013 年开始进入了重视数据、自主学习、深度学习的认知智能时代。

人工智能技术是一种模拟、延伸和扩展人类智能的技术，旨在使计算机具有类似于人类的思考方式和行为。它涉及多个学科，包括机器学习、深度学习和数据挖掘等技术，如图 9 - 1 所示。机器学习是一种让计算机从数据中学习的技术，可以用于预测、分类和聚类等任务。深度学习是一种基于神经网络的机器学习技术，可以处理大量的数据，并从中提取有用的信息。数据挖掘是指从大量的数据中通过算法搜索隐藏于其中信息的过程，可以通过机器学习、深度学习和专家系统等诸多方法来实现对海量数据的处理。

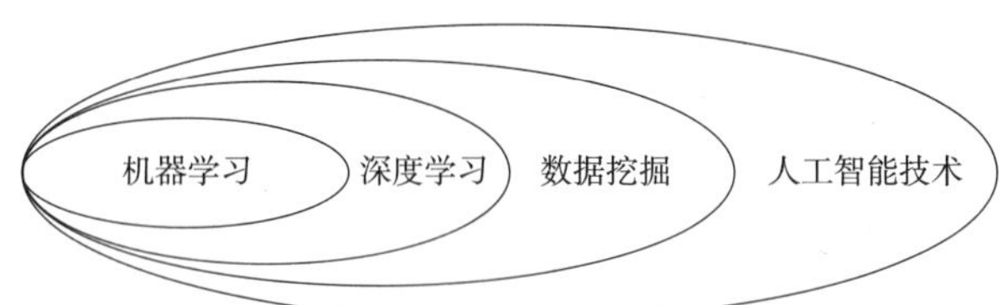

图 9-1　人工智能技术的基本概念图

9.1.2　人工智能技术的研究目标

人工智能的研究目标分为远期目标和近期目标。

远期目标：从长远的角度，人工智能的研究就是要设计并制造一种智能机器系统。使该系统能够代替人去完成诸如感知、学习、联想、推理等活动；能够代替人去理解并解决各种复杂困难的问题；能够代替人去完成各种具有思维劳动的任务。也就是说，人工智能的远期目标要制造出完全具有人脑智慧的人工智能系统。当然，这还是非常遥远的事情。

近期目标：从当前的角度，人工智能的研究就是要最大限度地发挥计算机的功能，使计算机能够模拟人脑，在机器上实现各种智能。例如：让计算机能够看、听、读、说、写；使计算机能够想、学、模仿、执行命令甚至出谋献策等。因此，计算机是当前实现人工智能的重要工具。因为计算机在所有机器和人工系统中“智商”最高，所以人工智能的研究都要通过计算机来实现。计算机解决问题需依靠人工事先编制的软件，它所做的每一件事情都是程序员事先在程序代码中规定好的。也就是说，目前人工智能的研究工作主要集中在以计算机的硬件系统为基础，通过开发计算机软件实现模拟人类的智能活动。

事实上，人工智能研究的远期目标与近期目标是相辅相成的。远期目标是近期目标的方向，近期目标的研究为远期目标的实现提供理论和技术的基本条件。随着人工智能的不断发展与进步，近期目标将不断调整，最终完全实现远期目标。

9.1.3 人工智能技术的体系

人工智能技术主要体现在计算智能、感知智能、认知智能三个方面。计算智能，即机器智能化存储及运算的能力；感知智能，即具有如同人类“听、说、看、认”的能力，主要涉及语音合成、语音识别、图像识别、多语种语音处理等技术；认知智能，即具有“理解、思考”能力，广泛应用于智能客服、机器翻译等领域。人工智能领域技术主要包括机器人、语言识别、图像识别、自然语言处理和专家系统等。数据资源、计算能力、核心算法是推动人工智能技术发展的三大关键要素，驱使人工智能技术从计算智能向更高的感知、认知智能发展，并推动人工智能产品的大规模应用。人工智能技术体系中的五大核心技术如图 9－2 所示。

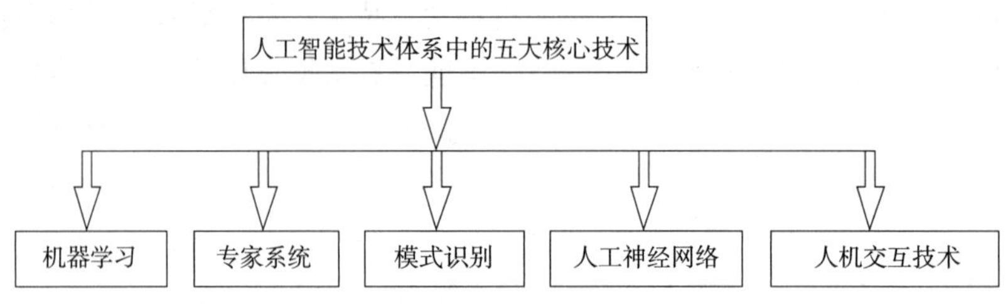

图 9-2　人工智能技术体系中的五大核心技术

1. 机器学习

机器学习是指计算机通过分析和学习大量已有数据，从而拥有预测判断和作出最佳决策的能力。其代表算法有深度学习、决策树、人工神经网络、遗传算法等，机器学习是人工智能的关键技术，算法对人工智能的发展起主要推动作用。当前，主流应用的多层网络神经的深度算法提高了从海量数据中自行归纳数据特征的能力以及多层特征提取、描述和还原的能力。深度学习是相对于简单学习而言的，是传统神经网络的拓展，具有强大的从少数学习样本数据中获取本质特征的能力。

2. 专家系统

专家系统研究是早期人工智能研究中最活跃也是最有成效的领域。专家系统是一种基于知识的系统，它从人类专家那里获得知识并用来解决只有专家才能解决的困难问题，其水平可以达到甚至超过人类个体专家的水平。

目前，专家系统已广泛应用于医疗诊断、地质勘探、石油化工、教育、军事等各个领域，并产生了巨大的社会效益和经济效益。例如：地质勘探专家系统拥有大量矿藏知识，能根据岩石标本及地质勘探数据对矿藏资源进行估计和预测，并制定合理的开采方案，成功地找到了超大容量的铜铁矿等。

3. 模式识别

模式识别是研究如何使机器(计算机)具有类似于人的感知能力，包括视觉、听觉、触觉、味觉、嗅觉、知觉、力感等。模式识别以机器视觉识别和机器语言识别为主。

模式识别已经应用到文字图像识别、自然语言识别和理解、人脸和指纹识别、生物和医学信号的识别、医疗诊断等领域，甚至在社会经济学、考古学等领域中也有应用。

4. 人工神经网络

人工神经网络是一个用大量简单处理单元经广泛连接组成的、可用来模拟人类大脑神经系统的结构和功能的人工网络。其特点是：具有自学功能、联想式存储功能和高速寻找最优解的能力。

近年来，随着计算机并行处理技术的发展，人工神经网络的研究进入了新的发展时期，取得了许多研究成果。并行处理技术突破了传统计算机对信息只能串行处理的局限，可实现传统的人工智能程序无法实现的功能。人工智能的应用领域还有许多，如机器人、智能软件工程、智能决策支持系统、现代智能通信等，随着科学技术的快速发展，人工智能算法的应用领域将更加宽广。

5. 人机交互技术

人机交互技术是指计算机系统和用户可以通过人机交互界面进行交流，机器通过输出或显示设备给用户提供大量提示及请求信息等，用户通过输入设备给机器输入有关信息，回答问题，实现互动。人机交互技术主要包括计算机图像学、交互界面设计、增强现实等。人机交互是目前用户界面研究中发展最快的技术之一。目前，不少产品和技术已经问世，如能够随意折叠的柔性显示屏、3D 显示器、多触点式触摸屏技术、手写汉字识别系统以及基于传感器捕捉用户意图的隐式输入技术等。

9.1.4　人工智能技术的发展

目前人工智能的研究有四个热点：智能设计、智能诊断、智能监控、智能制造，并朝着数据挖掘、模糊处理、神经网络和机器情感等方向发展。

当前，人工智能的推理功能已获突破，学习及联想功能正在研究之中，下一步就是模仿人类大脑的并行化处理功能。最新的研究表明：情感是智能的一部分，无论是对于计算机及其人工生命的发展研究，还是对于人与机器的未来交往的研究，情感能力都是至关重要的指标。因此，人工智能领域的下一个突破就在于赋予计算机的情感能力。

总之，人工智能研究是一个充满挑战和机遇的领域。人工智能研究的进展，将在很大程度上影响着人类社会与发展。未来，人工智能技术的发展将会更加造福于人类社会，为人类的各个方面带来巨大的变化。

9.2　工业机器人技术

根据国际标准化组织的定义：“工业机器人是一种能自动控制、可重复编程、多功能多自由度的操作机，能搬运材料、工件或操持工具来完成各种作业。”工业机器人是指在工业自动化中使用的一种可编程的固定式或移动式机械手，具有多关节或多自由度的特点，可以通过自动控制和编程来完成各种作业，替代人类执行单调、频繁、重复和危险的工作。特别注意，不是在工业环境中使用的每个机电设备都可以被认为是机器人。工业机器人具有四个显著特点：①具有特定的机械结构，其动作具有类似于人或其他生物的某些器官(肢体、感受等)的功能；② 具有通用性，可从事多种工作，可灵活改变动作程序；③具有不同程度的智能水平，如记忆、感知、推理、决策、学习等；④具有独立性，完整的机器人系统在工作中可以不依赖于人的干预。

工业机器人能自动执行工作，是靠自身动力和控制能力来实现各种功能的一种机器。它可以接受人类指挥，也可以按照预先编排的程序运行，现代工业机器人还可以根据人工智能技术制定的原则纲领行动。因此，工业机器人的应用可以大大提高生产效率，降低生产成本，改善工作环境，是现代工业生产中不可缺少的重要设备。

9.2.1 工业机器人的组成结构

工业机器人主要由机械结构、传感器、控制系统和执行器四部分组成。机械结构是机器人的骨架，传感器用于感知环境信息，控制系统是机器人的大脑，执行器是机器人的动力源。这些部分相互协作，使工业机器人能够完成各种复杂的生产任务。随着科技的不断发展，工业机器人的结构也在不断创新和改进，使其更加智能和灵活，为工业生产带来更大的效益。工业机器人的组成结构如图 9－3 所示。

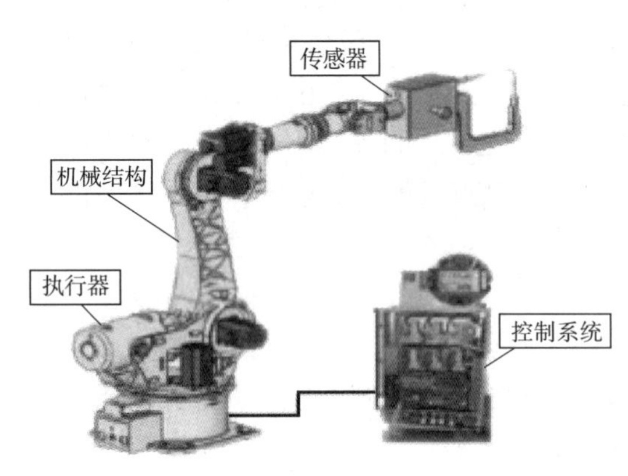

图 9－3　工业机器人的组成结构

1. 机械结构

工业机器人的机械结构是机器人的骨架，它决定了机器人的外形和运动能力。机械结构包括机器人的机身、关节、连杆、末端执行器等部分。

① 机身：机身是机器人的主体部分，承载着各个关节和执行器。一般采用铝合金、钢材或碳纤维等材料制作，具有较强的刚性和轻量化特性。

② 关节：关节是连接机身和连杆的部分，用于实现机器人的运动。根据运动方式的不同，关节可以分为旋转关节和直线关节。旋转关节可以使机器人在水平方向上旋转，而直线关节可以使机器人在垂直方向上进行上下运动。

③ 连杆：连杆是连接关节和末端执行器的部分，它们通过关节的旋转和直线运动，使机器人能够完成各种复杂的任务。连杆一般采用铝合金或钢材制作，具有一定的刚性和强度。

④ 末端执行器：末端执行器是机器人的“手”，用于实现机器人的具体操作。常见的

末端执行器包括夹爪、焊枪、刀具等，不同的末端执行器适用于不同的工作任务。

2. 传感器

传感器是工业机器人的感知器官，用于获取周围环境的信息，帮助机器人做出相应的动作。常见的传感器包括视觉传感器、力传感器、位置传感器等。

① 视觉传感器：视觉传感器可以通过拍摄和分析图像，实现对物体的识别、定位和测量。它可以帮助机器人在不同的工作环境中准确定位和操作物体。

② 力传感器：力传感器可以测量机器人施加在物体上的力和力矩，帮助机器人控制力的大小和方向，实现精确的操作和装配。

③ 位置传感器：位置传感器可以测量机器人各个关节的位置和姿态，提供给控制系统进行运动控制。常见的位置传感器有编码器、陀螺仪等。

3. 控制系统

控制系统是工业机器人的大脑，负责对机器人进行运动控制和任务规划。它由硬件和软件两部分组成。

① 硬件：硬件部分包括中央处理器（CPU）、存储器、输入输出接口等。中央处理器负责运算和决策，存储器用于存储程序和数据，输入输出接口用于与其他设备进行通信。

② 软件：软件部分包括机器人控制程序和任务规划算法。机器人控制程序用于实现机器人的运动控制，任务规划算法用于根据任务要求生成机器人的运动轨迹和动作序列。

4. 执行器

执行器是工业机器人的动力源，用于驱动机械结构实现机器人的运动。常见的执行器包括伺服电机、液压驱动器等。

① 伺服电机：伺服电机是工业机器人常用的驱动装置，它通过电压/电流信号控制电机的转速和转矩，实现机器人的精确运动。

② 液压驱动器：液压驱动器适用于需要大力和快速响应的场合，它通过液压系统驱动机械结构实现机器人的运动。

9.2.2　工业机器人种类

工业机器人的机械配置形式多种多样，典型机器人的机构运动特征是用其坐标特性来描述的。按基本动作机构，工业机器人可分为直角坐标机器人、柱面坐标机器人、球面坐标机器人和关节型机器人等类型。如图 9－4 所示是工业机器人的种类。

① 直角坐标机器人：直角坐标机器人具有空间上相互垂直的多个直线移动轴，通过直角坐标方向的 3 个独立自由度确定其手部的空间位置，其动作空间为一长方体。直角坐标机器人结构简单，定位精度高，空间轨迹易于求解，但其动作空间范围相对较小，在实现相同的动作空间要求时，机体本身的体积较大。

② 柱面坐标机器人：柱面坐标机器人的空间位置机构主要由旋转基座、垂直移动轴和水平移动轴构成，具有一个回转和两个平移自由度，其动作空间呈圆柱体。这种机器人结构简单、刚性好，但缺点是在机器人的动作范围内，必须有沿轴线前后方向的移动空

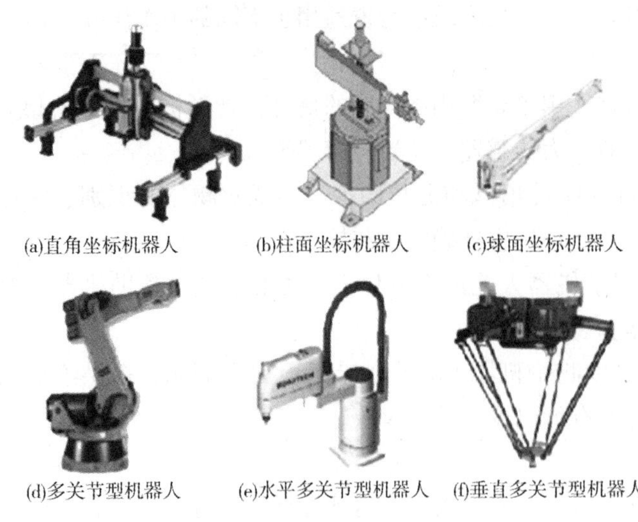
(a)直角坐标机器人　(b)柱面坐标机器人　(c)球面坐标机器人
(d)多关节型机器人　(e)水平多关节型机器人　(f)垂直多关节型机器人

图 9-4　工业机器人的种类

间，空间利用率低。

③ 球面坐标机器人：球面坐标机器人其空间位置分别由旋转、摆动和平移 3 个自由度确定，动作空间形成球面的一部分。其机械手能够做前后伸缩移动、在垂直平面上摆动以及绕底座在水平面上转动，其特点是结构紧凑，所占空间体积小于直角坐标机器人和柱面坐标机器人，但仍大于多关节型机器人。

④ 多关节型机器人：多关节型机器人由多个旋转和摆动机构组合而成。这类机器人结构紧凑、工作空间大、动作最接近人的动作，对涂装、装配、焊接等多种作业都有良好的适应性，应用范围越来越广。不少著名的机器人都采用了这种形式，其摆动方向主要有铅垂方向和水平方向两种，因此这类机器人又可分为垂直多关节机器人和水平多关节机器人。

a. 垂直多关节型机器人：模拟了人类的手臂功能，由垂直于地面的腰部旋转轴(相当于大臂旋转的肩部旋转轴)带动小臂旋转的肘部旋转轴以及小臂前端的手腕等构成。手腕通常由 2 ~3 个自由度构成，其动作空间近似一个球体，所以也称为多关节球面机器人。其优点是可以自由地实现三维空间的各种姿势，可以生成各种复杂形状的轨迹。相对机器人的安装面积，其动作范围更宽。缺点是结构刚度较低，动作的绝对位置精度较低。

b. 水平多关节型机器人：在结构上具有串联配置的两个能够在水平面内旋转的手臂，其自由度可以根据用途选择 2 ~4 个，动作空间为一圆柱体。水平多关节机器人的优点是在垂直方向上的刚度好，能方便地实现二维平面上的动作，在装配作业中得到普遍的应用。

9.2.3　智能机器人技术

1. 智能机器人概念

智慧工厂中的机器人是人工智能技术的重要组成部分，对智能机器人的研究和制造是当前人工智能最前沿的领域，在很大程度上代表着一个国家的高科技发展水平。

智能机器人是指可模拟人类智能行为的机器，如图 9 -5 所示。智能机器人一般装有多种传感器，能适应工作环境，能自主决策，具有人类大脑的部分功能，且动作更加灵活准确，是接收指令后能自行编程的自主式机器人。这类机器人有感觉、有判断或认识功能，能决定自身的行为。它可以不需要人的照料，完全独立地工作。目前，这种机器人还在不断开发中，同时人工智能的所有技术在智能机器人的开发中几乎都有应用，因此，智能机器人的研制被视为人工智能理论、方法、技术的试验场地；反过来，对智能机器人的研制又可大力推动人工智能研究的发展。

图9-5 智能机器人模拟人类智能行为

2. 智能机器人的应用

目前，智能机器人在智慧工厂中有广泛的应用，主要体现在以下几个方面：

① 自动化生产线：智能机器人可以代替人工完成重复性、单调性的工作，如装配、焊接、搬运等，提高生产效率，降低人工成本。机器人可以24小时不间断地工作，保证生产过程的稳定性和一致性。

② 智能仓储和物流：智能机器人可以实现自动化入库、出库、分拣、打包等物流环节，提高物流效率，减少人工错误。机器人可以根据订单信息自动寻找商品位置，快速完成分拣和打包，提高物流的准确性和时效性。

③ 智能监控和检测：智能机器人可以用于监控生产过程和产品质量，通过机器视觉等技术对产品进行自动检测和分类，及时发现和解决质量问题。机器人可以实时收集生产数据，为生产管理提供决策支持。

④ 智能维护和保养：智能机器人可以自动完成设备的维护和保养工作，如润滑、清洁等，延长设备使用寿命，提高设备可靠性。机器人可以通过传感器和数据分析等技术，预测设备可能出现的问题，提前进行预防性维护。

⑤ 智能人机协作：智能机器人可以与人进行协作，共同完成工作任务。机器人可以在人的指导下学习技能，协助人完成复杂的操作。同时，机器人也可以通过人机交互技术，理解人的意图和需求，提供更好的服务体验。

总之，智能机器人在智慧工厂中发挥着重要作用，不仅可以提高生产效率、降低成本，还可以提高产品质量、保障生产安全。随着人工智能技术的不断发展，智能机器人的应用场景还将进一步扩大，为智慧工厂的发展提供更多可能性。

9.3 工厂设备的智能物联技术

在现代工厂中，大量的机器设备、传感器、仪器仪表等各种设备需要集中进行监测和管理。传统的手工进行数据采集和分析存在一些缺陷，例如精度低、效率慢、易出错等问题。同时，由于设备数量庞大，统计分析也会显得十分繁琐和复杂。这就需要建立一个全面高效的工厂智能化管理系统，实现设备自动监测和数据自动采集、处理和分析。物联网技术是智能制造的基础，它将各种设备、传感器和其他物理对象连接在一起，使其能够相互交流和协调。这种智能物联技术的应用，可以提高工厂的生产效率、降低能耗、减少人工干预，并能够实时监控设备的运行状态和预警潜在的故障。

工厂设备的智能物联是指通过物联网技术，将工厂中的各种设备、传感器、执行器等连接起来，实现设备之间的信息共享、协同工作和智能化控制。《国务院关于加快培育和发展战略性新兴产业的决定》提出“促进物联网、云计算的研发和示范应用”。工业是物联网技术的重要应用领域。要实现从“中国制造”向“中国智造”的转变，必须大力推广应用互联网5G技术，从而实现工厂设备的智能物联网。

9.3.1 工厂物联建设的关键技术

物联网是通过射频识别、红外感应器、全球定位系统、激光扫描器等信息传感设备，按约定的协议，把任何物品与互联网连接起来，进行信息交换和通信，以实现智能化识别、定位、跟踪、监控和管理的一种网络。

实现工厂设备的智能物联，需要的关键技术如图9-6所示。

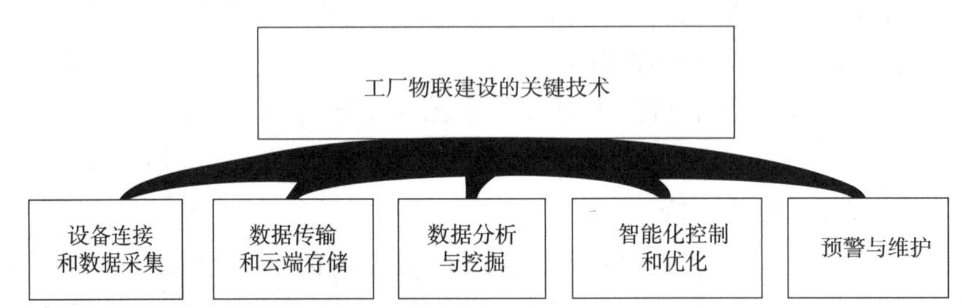

图9-6 实现工厂物联建设的关键技术

① 设备连接和数据采集：首先需要将工厂中的各种设备连接到互联网，并采集设备的运行数据。这可以通过各种传感器和执行器实现，例如温度传感器、压力传感器、振动传感器等。

② 数据传输和云端存储：采集到的设备数据需要通过互联网进行传输，并存储在云端服务器中。这样可以通过云端平台对设备数据进行统一管理和分析。

③ 数据分析与挖掘：利用云计算和大数据分析技术，对采集到的设备数据进行处理和分析，挖掘出设备的运行状态、性能参数等信息，并预测设备的维护需求和潜在故障。

④ 智能化控制和优化：根据分析结果，可以对设备进行智能化控制和优化，例如调整设备的运行参数、自动化控制等，以提高设备的运行效率和稳定性。

⑤ 预警与维护：通过监测设备的运行状态和性能参数，可以及时发现设备的潜在故障和性能下降，提前进行预警和维护，避免设备损坏和生产中断。

9.3.2　工厂物联建设的系统架构设计

基于物联网技术的工厂智能化管理系统主要分为四个部分：设备采集端、数据传输、数据处理端和用户控制端。

1. 设备采集端

设备采集端主要是通过各种传感器和仪器仪表来实现数据采集和监测。不同设备的数据采集会有所不同，因为不同类型的设备监测的参数会有所不同。例如，对于温度和湿度的监测，就需要用到相应的传感器。对于机器设备的监测，则需要通过设备管理平台来实现实时、远程的监控和调控。

2. 数据传输

数据在物联网中的传输主要有两种类型：一种是有线连接，即通过网络电缆、光纤和有线通信协议等方式进行数据传输；另一种是无线连接，某些通过无线通信方式完成。在应用中，物联网节点通过传感器将采集的数据上传到中央处理器。中央处理器通过处理该数据，实现设备之间的联通和协调。

3. 数据处理端

设备采集端采集到的数据会通过网络传输到数据处理端，进行数据的过滤处理、存储和分析。数据处理端通常会使用大数据分析方法，如机器学习和数据挖掘技术来提高分析准确率和效率，同时也可以根据需要开发出一些数据处理和模型预测的算法，以适应不同的应用场景。

4. 用户控制端

对于工厂的管理者和工作人员而言，需要一个可视化的人机界面来监控设备运行状态和工厂生产情况。这就需要建立一个用户控制端，可以通过可视化的人机界面来实现设备的远程控制和管理。用户控制端的功能非常重要，可以使工作人员及时了解工厂生产的情况，提高工作效率和生产效益。

9.3.3　工厂物联建设的优势与挑战

工厂设备的智能物联可以实现设备的远程监控、故障诊断、预测性维护等功能，提高设备的运行效率和可靠性，降低生产成本和维护成本，为企业带来更好的经济效益和市场竞争力。工厂物联建设的优势：

① 提高生产效率：物联网技术的应用使得生产设备更加智能化和精准化，能够通过传感器物联网技术对生产过程中的数据进行采集、监测、控制和优化等，大大提高了生产效率。

② 降低生产成本：物联网技术使得生产设备能够自适应，这使得工厂的管理更加智能化、精准化，提高了生产效率，降低了人力成本和物料成本。

③ 促进企业转型升级：通过利用物联网技术来构建工业互联网，企业能够更好地实现数字化、智能化的转型升级，提高了企业的核心竞争力。

但工厂设备的智能物联也可能带来新的挑战：

① 数据安全问题：在工厂设备的智能物联的建设和应用过程中，数据安全问题是大家比较关注的问题。如何保证数据监控层和物联网连接层的数据传输过程中的安全性，保护企业和用户的数据安全，是物联网在工业互联网中面临的挑战。

② 标准化问题：在物联网技术的构建过程中，标准化是提高连接性和兼容性的关键因素。因此，标准化问题也是物联网在工业互联网中面临的挑战。

③ 成本问题：在物联网技术的应用过程中，成本问题也是不可避免的。如何降低物联网技术在工业互联网中的成本，是企业需要关注的问题。

总的来说，随着物联网技术的发展和应用，工厂设备的智能物联建设和应用逐渐得到推广和普及，改变了企业的生产模式与管理模式，提高了生产效率和经济效益，也给企业和客户带来了更好的体验和服务。

9.4 大数据与云计算技术

大数据通常指那些数据量过大、类型繁多、难以传统方式进行处理和分析的数据。大数据的特点是数据量非常大，往往超过传统数据处理技术的处理能力；数据类型丰富多样，包括结构化数据和非结构化数据。大数据技术是指处理和分析大量数据的技术方法，其需要运用复杂的算法和技术对大数据进行处理和分析，帮助人们发现数据中的规律和趋势，提高决策的精度和效率。譬如，在工业生产线物联网分析大数据应用方面，现代化工业制造生产线安装有数以千计的小型传感器，来探测温度、压力、热能、振动和噪声。因为每隔几秒就收集一次数据，利用这些数据可以实现很多形式的分析，包括设备诊断、用电量分析、能耗分析、质量事故分析(包括违反生产规定、零部件故障)等。例如，在能耗分析方面，在设备生产过程中利用传感器集中监控所有的生产流程，能够发现能耗的异常或峰值情形，由此便可在生产过程中优化能源的消耗，对所有流程进行分析将会大大降低能耗。

云计算则是一种基于互联网的计算模式，通过互联网连接的远程服务器提供计算资源和服务。这种模式简单来说就是把电脑或公司服务器上的硬盘、CPU 等硬件资源放到网上，统一动态调用。云计算的特点在于其可以提供可弹性伸缩的计算资源，满足各种计算需求。云计算能够处理小规模、实时性要求较高的数据，也可以处理海量、多样性的数据，并需要使用分布式计算、数据挖掘、机器学习等技术。

大数据和云计算在数据处理和应用上有明显的区别，但两者也有紧密的联系。从技术上看，大数据与云计算的关系就像一枚硬币的正反面一样密不可分，大数据技术的发展离不开云计算的支撑，而云计算则可以提供高效的大数据处理服务。在实际应用中，大数据和云计算可以相互促进，共同推动人工智能化设计与制造技术的发展，它们与人工智能、物联网的关系如图9－7所示。

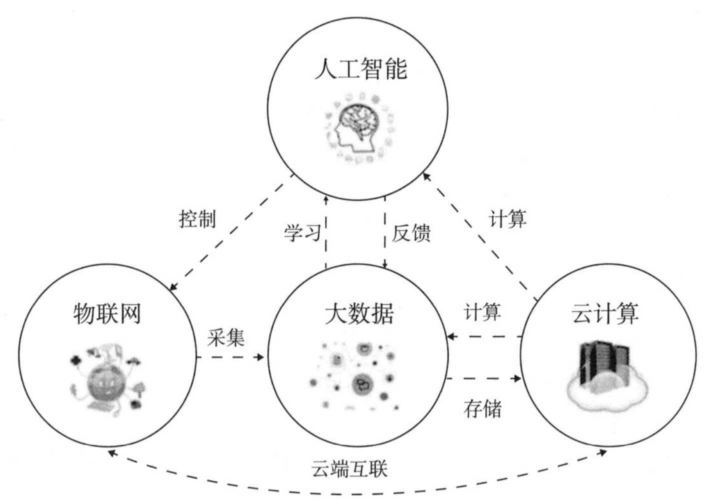

图9-7　大数据和云计算与人工智能、物联网的关系

9.4.1　工业大数据特点

工业大数据是指在工业领域信息化应用中所产生的大数据。随着信息化与工业化的深度融合，信息技术渗透到了工业企业产业链的各个环节，条形码、二维码、工业传感器、工业自动控制系统、工业物联网、CAD/CAM/CAE等技术在工业企业中得到广泛应用，尤其是互联网、移动互联网、物联网等新一代信息技术在工业领域的应用，工业企业也进入了互联网工业的新的发展阶段，工业企业所拥有的数据也日益丰富。工业企业中生产线处于高速运转，由工业设备所产生、采集和处理的数据量远大于企业中计算机和人工产生的数据，从数据类型看也多是非结构化数据，生产线的高速运转则对数据的实时性要求也更高。因此，工业大数据应用所面临的问题和挑战并不比互联网行业的大数据应用少，某些情况下甚至更为复杂。

工业大数据应用将带来工业企业创新和变革的新时代。通过互联网、移动物联网等带来的低成本感知、高速移动连接、分布式计算和高级分析，信息技术和全球工业系统正在深入融合，给全球工业带来深刻的变革，创新企业的研发、生产、运营、营销和管理方式。这些创新不同行业的工业企业带来了更快的速度、更高的效率和更高的洞察力。工业大数据的典型应用包括产品创新、设备故障诊断与预测、工业生产线物联网分析、工业企业供应链优化和产品精准营销等各个方面。

工业"大数据"是一种规模大到在获取、存储、管理、分析方面大大超出了传统数据库软件工具能力范围的数据集合，具有海量的数据规模、快速的数据流转、多样的数据类型和低价值密度四大特征。大数据技术的战略意义不在于掌握庞大的数据信息，而在于对这些具有意义的数据进行挖掘处理。

大数据特征定义为4V，即规模性(Volume)、高速性(Velocity)、多样性(Variety)和价值性(Value)：

① 规模性(Volume)：数据巨大的数据量以及其规模的完整性，非结构化数据规模比结构化数据增长快，数据的存储量和产生量巨大，数据具有完整性。

② 高速性(Velocity)：实时分析产生的数据流以及大数据。现实中对数据的实时性要求较高，能够在第一时间抓到事件发生的信息。当有大量数据输入或必须做出反应时能够迅速对数据进行分析。

③ 多样性(Variety)：多样性指有多种途径来源的关系型和非关系型数据。有很多不同的形式，除了简单的文本分析外，还可以对机器数据、图像、视频、点击流以及其他任何可用的信息进行分析。利用大数据多样性的原理就是：保留一切对你有用的你需要的信息，丢弃那些你不需要的信息。发现那些有关联的数据，加以收集、分析、加工，使其变成可以利用的信息。

④ 价值性(Value)：合理利用低密度价值的数据并对其进行正确、准确的分析，将会带来很高的价值回报。

9.4.2 云计算概念

云计算(cloud computing)是一种基于互联网(Internet)的超级计算模式。对于现实中的云计算，在远程的数据中心里有成千上万台电脑和服务器连接成一片电脑云，云是网络、互联网的一种比喻说法。因此，云计算甚至可以让你体验每秒超过10万亿次的运算能力，拥有这么强大的计算能力可以模拟核爆炸、预测气候变化和市场发展趋势。用户通过电脑、笔记本、手机等方式接入数据中心，按自己的需求进行运算。

因此，云计算是一种基于互联网的计算方式。通过这种方式，共享的软硬件资源和信息可以按需求提供给计算机和其他设备，主要是基于互联网的相关服务的增加、使用和交付模式，通常涉及通过互联网来提供动态易扩展且经常是虚拟的资源。狭义云计算指基础设施的交付和使用模式，指通过网络以按需、易扩展的方式获得所需资源；广义云计算指服务的交付和使用模式，指通过网络以按需、易扩展的方式获得所需服务。这种服务可以是IT和软件、互联网相关，也可是其他服务。它意味着计算能力也可作为一种商品通过互联网进行流通。

9.4.3 云计算的特征

1. 资源配置动态化

根据消费者的需求动态划分或释放不同的物理和虚拟资源，当增加一个需求时，可通过增加可用的资源进行匹配，实现资源的快速弹性提供；如果用户不再使用这部分资源时，可释放这些资源。云计算为客户提供的这种能力是无限的，实现了IT资源利用的可扩展性。

2. 需求服务自助化

云计算为客户提供自助化的资源服务，用户无须同提供商交互就可自动得到自助的计算资源能力。同时云系统为客户提供一定的应用服务目录，客户可采用自助方式选择满足自身需求的服务项目和内容。

3. 以网络为中心

云计算的组件和整体构架由网络连接在一起并存在于网络中，同时通过网络向用户提供服务。而客户可借助不同的终端设备，通过标准的应用实现对网络的访问，从而使得云计算的服务无处不在。

4. 资源池的透明化

对云服务的提供者而言，各种底层资源(计算、储存、网络、资源逻辑等)的异构性(如果存在某种异构性)被屏蔽，边界被打破，所有的资源可以被统一管理和调度，成为所谓的“资源池”，从而为用户提供按需服务；对用户而言，这些资源是透明的，无限大的，用户无须了解内部结构，只关心自己的需求是否得到满足即可。

9.4.4　云计算的按运营模式分类

1. 公有云

公有云通常指第三方提供商为用户提供的能够使用的云，公有云一般可通过互联网(Internet)使用，可能是免费或成本低廉的。

优点：①安全，云计算提供了最可靠、最安全的数据存储中心，用户不用再担心数据丢失、病毒入侵等麻烦；②方便，云计算对用户端的设备要求最低，使用起来也最方便；③数据共享，云计算可以轻松实现不同设备间的数据与应用共享；④无限可能，云计算为智慧工厂使用网络提供了几乎无限多的可能。

2. 私有云

私有云是为一个客户单独使用而构建的，因而提供对数据、安全性和服务质量的最有效控制。私有云可部署在企业数据中心的防火墙内，也可以将它们部署在一个安全的主机托管场所。

优点：数据安全；服务质量稳定；充分利用现有硬件资源和软件资源；不影响现有 IT 管理的流程，假如使用公有云的话，将会对 IT 部门流程造成多方面的冲击，比如在数据管理和安全规定等方面。

3. 混合云

混合云融合了公有云和私有云，内设防火墙，是近年来云计算的主要模式和发展方向，如图 9－8 所示。私有云主要面向企业用户，出于安全考虑，企业更愿意将数据存放在私有云中，但同时又希望可以获得公有云的计算资源，在这种情况下混合云被越来越多地采用，它将公有云和私有云进行混合和匹配，以获得最佳的效果。这种个性化的解决方案，达到了既省钱又安全的目的。

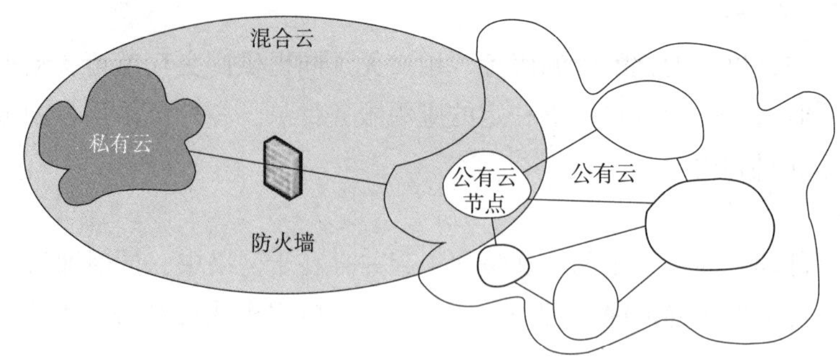

图 9-8　云计算的运营模式图

9.5　数字孪生工厂

数字孪生是利用数字技术构建实物系统的虚拟模型，以实现仿真、优化、预测和集成设计等目的的过程，其可以帮助制造企业实现生产过程的可视化、智能化和最优化，为智能制造提供强有力的支撑。基于数字孪生技术，通过结合大数据、物联网、人工智能等手段，数字孪生工厂利用数字技术进行生产模拟和实时优化，可以模拟、预测、分析和诊断工厂在现实环境中的行为，实现工厂物理对象的虚拟映射，从而提高工厂的管控能力和分析能力，优化产品的设计、制造和工艺，降低事故风险，提高生产效率。

因此，数字孪生工厂将现实世界和数字世界紧密结合起来，提高制造企业的生产效率、产品质量和生产安全，为制造业带来前所未有的智能监控管理模式，推动中国制造业向数字化、智能化的新时代迈进，最终实现数字化智慧工厂，如图 9－9 所示。

图 9-9　数字化智慧工厂

9.5.1 数字孪生的概念

建模仿真最早来源于20世纪六七十年代的计算机语言编写的数字算法，当时只是简单用于计算特定物理现象，解决产品设计问题。随着工作站和微机的普及以及计算机能力的提高，仿真技术的应用逐渐向产品设计和产品制造的全生命周期扩展，构成与实体形影不离的“数字孪生”(Digital Twin)。

“数字孪生”是指以数字化方式拷贝一个物理对象，模拟对象在现实环境中的行为，对产品、制造过程乃至整个工厂进行虚拟仿真，从而提高制造企业产品研发、制造的生产效率。

通常要打造出一件产品或一套生产流程，会经历多次迭代设计，有时为了验证产品的某一尺寸、部件的装配关系以及生产流程，就不得不制造出很多个中间产品或重新设计流程，耗费大量的人力物力。采用数字化模型的设计技术(常指CAD技术，即计算机辅助设计)，就可在虚拟的三维数字空间里从无到有地创造出部件和产品以及工艺流程。

在虚拟的三维空间里，可以轻松地修改部件和产品的每一处尺寸和装配关系，使产品几何结构的验证工作、装配可行性的验证工作、流程的可实施性大为简单，因此可以大幅度减少迭代过程中的物理样机的制造次数、时间及成本。实际上，在最终的产品制造出来之前，有很多个数字化模型代表着产品迭代的各个阶段。这些模型或者其中的一部分，仍然有可能被以后的型号或者产品线所采用，这也是数字化模型的一个附加好处。制造业是目前数字孪生最常用的行业，数字孪生使制造企业更加智能。

9.5.2 数字孪生工厂的构建方法

数字孪生工厂是数字孪生技术在制造行业的应用。在建设数字孪生工厂时，首先需要搭建一个三维可视化场景，以呈现工厂的现实环境和状态。因为工厂和其对应设备都处于三维空间中，如厂区、厂房、生产设备等都是三维物体，生产动作、生产进度、设备故障等都直接反映在三维物体上。所以，通过三维可视化手段可以有效地描述工厂的现实状态。此外，这个场景还需要集成监控数据、生产数据、人员数据等信息，以便更全面地描述工厂的当前状态。

数字孪生工厂是利用数字孪生技术构建具有完整生产线的虚拟工厂，然后通过数字仿真技术，实现优化生产流程、提高生产效率和保证生产质量等目的。数字孪生工厂可以为制造企业提供一种高效、精细、智能的生产管理方案，并且可以快速进行模拟优化和生产线升级。数字孪生工厂的构建方法包括以下几个方面：

1. 建立数字孪生工厂的基础数据

数字孪生工厂的基础数据是数字孪生模型的核心，包括生产设备、工艺流程、物料和人员等基础信息。建立数字孪生工厂时需要收集生产线上的相关数据，包括设备型号、工艺参数、物料库存、作业计划等，并建立系统的数据模型，以实现数据可视化和管理。同时，数字孪生工厂的基础数据还需要包括生产设备3D模型、CAD图纸、数字化设计和机器人编程等。

2. 建立数字孪生工厂的虚拟生产线

基于数字孪生工厂的基础数据，需要构建虚拟生产线，模拟生产流程和操作，并实现对工厂生产环境的监控和调整。建立虚拟生产线的过程中，需要将原始工厂的生产设备信息和 PLC 控制程序等数据导入虚拟生产线中，根据生产工艺流程，进行优化调整，最终得到优化的生产线，如图 9 – 10 所示。

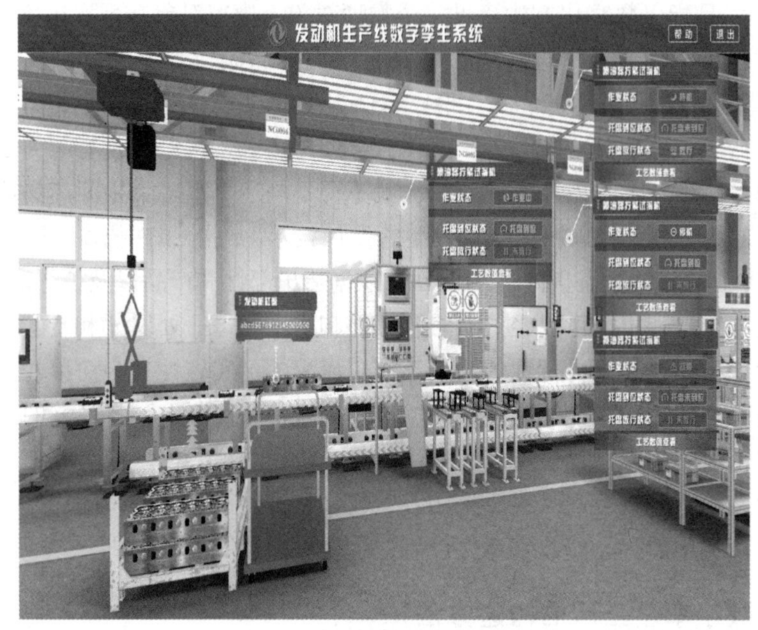

图 9–10　发动机生产线数字孪生系统

3. 建立数字孪生工厂的实时模拟环境

建立数字孪生工厂的实时模拟环境是数字孪生技术的核心。数字孪生技术通过基于生产过程的物理模拟，将数字孪生工厂与实际生产环境进行同步，实现对实时生产过程的监测和预测，并进行分析和优化。建立数字孪生工厂的实时模拟环境，需要结合传感器和大数据分析等技术手段。

9.5.3　数字孪生技术在智慧工厂建设中的应用

数字孪生技术是对现实世界进行数字化表达的一种新型方法，可以将实际的工厂生产过程与数字模型进行实时连接，使数字模型可以实时反馈并控制现实物理过程。基于数字孪生技术的智慧工厂建设，可以实现以下目标：

1. 实时监测

数字孪生技术可以通过数字模型对工厂生产过程进行实时监测，包括设备状态、产品品质、库存数量、生产效率等指标，并对异常情况进行实时预警和报警，从而提高生产流程的透明度和可控性，减少生产损失。同时，数字孪生技术可以实时监测生产过程中的物流、质量和环境等信息，并在模型中进行反馈。这种实时反馈可以提高生产过程的可视化，及时发现问题和风险，并进行修复或调整。数字孪生工厂的生产监测可以帮助制造企业实现对生产过程的实时监控，确保生产过程的可靠性和稳定性。

2. 生产仿真、规划

数字孪生技术可以模拟生产线上的各种工艺流程和生产操作，提供大量的仿真和优化环节，帮助企业在实际生产过程之前进行可靠性、效率和质量等方面的评估和改进。数字孪生工厂的生产仿真可以为制造企业提供一种高效、精细、智能的生产管理方案。数字孪生工厂可以快速实现生产计划的协同和优化等功能，并且可以根据实际生产情况进行动态调整。数字孪生技术可以帮助制造企业降低零部件库存和成品库存，提高生产效率和成品质量。

3. 数据分析、模型优化

通过数字孪生技术采集的实时数据，可以进行大数据分析和人工智能算法处理，实现对工厂的全面数据化分析，包括工厂生产效率、生产成本、产品质量、需求预测等方面，为工厂管理决策提供数据支持和科学依据。数字孪生工厂可以快速实现生产计划的协同和优化等功能，并且可以根据实际生产情况进行动态调整。在数字模型中对工厂的生产流程进行优化和改进，通过仿真分析和控制模型的实时反馈，优化生产过程的设备配置、工艺流程和作业方式等方面，提高生产效率和产品质量。

4. 资源共享

数字孪生技术可以将不同工厂的数字模型进行互联，实现智慧工厂之间的资源共享和协同生产，提高整个产业链的生产效率和产能利用率。

9.5.4　数字孪生工厂的主要挑战与发展趋势

数字孪生工厂的应用依然存在一些挑战和难点。

① 数据收集与处理：数字孪生工厂需要大量的数据支持，但是数据来源和采集比较困难。生产过程中需要采集的数据包括生产设备状态、生产效率、物料库存等，对于这些数据进行处理和分析也需要相应的技术支持。

② 数字孪生模型的精确性：数字孪生模型需要精确地模拟实际生产过程，但是由于生产过程中的变化较为复杂，数字孪生模型的精确度可能会受到一定的影响。因此，数字孪生工厂需要尽可能地提高数字孪生模型的精确度，以实现更加准确的生产过程仿真和改进。

③ 数据安全和隐私保护：数字孪生工厂需要大量的生产数据做支持，因此数据安全和隐私保护就变得尤为重要。数字孪生工厂需要采取相应的措施，加强数据的安全管理和保护，避免数据泄露和滥用。

④ 数字孪生技术的高成本问题：数字孪生技术尚处于发展初期，其高成本问题仍然是一个挑战。数字孪生技术需要高性能的计算能力和大量的数据支持，因此，数字孪生工厂的建设需要相应的资金和技术投入。

数字孪生工厂是智能制造的重要组成部分，在未来，数字孪生工厂的应用领域和技术手段会不断地拓展和升级。未来数字孪生工厂的发展趋势主要在以下几个方面。

① 数字孪生工厂将超越生产线，形成数字化生产系统：数字孪生技术的快速发展和应用，将会引领数控机床、机器人等现代化制造设备普及生产线，并形成一种强有力的数字化生产系统。

② 数字孪生工厂将广泛应用于制造领域：数字孪生工厂将广泛应用于制造领域，帮助制造企业实现更高效和精细的生产管理模式，为提高制造产能和质量提供强有力的支持。

③ 数字孪生工厂将成为实现工业4.0的重要手段：数字孪生技术将为制造企业实现智能制造和工业4.0提供强有力的支持，未来数字孪生工厂将成为实现工业4.0的重要手段之一。

④ 数字孪生工厂将与人工智能、虚拟现实等新技术相结合：数字孪生工厂将与人工智能、虚拟现实等新技术相结合，形成更加智能和高效的生产管理模式，为制造企业提供更多的智能化服务。

随着数字孪生技术的不断发展和成熟，数字孪生工厂已经成为制造企业掌握先机和提升竞争力的重要手段。未来，数字孪生工厂将继续发挥其独特的优势，为制造企业实现数字化转型和智能制造做出更大的贡献。目前中国制造业正处于转型升级的关键时期，通过物联网、大数据云计算、人工智能技术与实体工厂深度融合，可使中国制造竞争力得到大幅度提升。

总而言之，随着这些新技术的不断发展，智慧工厂将广泛应用于制造领域，形成更加智能和高效的生产模式，智慧工厂的应用前景将更加广阔。

思考题及习题

1. 简述在智慧工厂的支撑技术中有哪些关键技术。
2. 人工智能技术主要体现在哪些方面？实现这些功能需要哪些技术？
3. 什么是工业机器人？工业机器人主要由哪些部分组成？
4. 简述工厂设备的智能物联技术。
5. 实现工厂设备的智能物联，在工厂物联建设中有哪些关键步骤？
6. 基于物联网技术的工厂智能化管理系统主要包括哪些部分？
7. 什么是大数据与云计算？简述大数据与云计算的关系。
8. 什么是数字孪生工厂？简述数字孪生工厂的构建方法。
9. 简述数字孪生技术在智慧工厂建设中的应用。

参 考 文 献

[1]苏春．数字化设计与制造[M]．北京：机械工业出版社，2013.
[2]靳岚，沈浩．数字化设计与制造技术实训指导[M]．北京：科学出版社，2011.
[3]刘溪涓，刘镝时．数字化设计制造实用技术基础[M]．北京：机械工业出版社，2013.
[4]杨海成．数字化设计制造技术基础[M]．太原：西北工业大学出版社，2007.
[5]杨平，廖宁波，丁建宁，等．数字化设计制造技术概论[M]．北京：国防工业出版社，2005.
[6]苏少辉．机电产品数字化设计[M]．北京：机械工业出版社，2014.
[7]周祖德．数字制造[M]．北京：科学出版社，2004.
[8]杨文玉，等．数字制造基础[M]．北京：北京理工大学出版社，2005.
[9]李庆扬．数值分析[M]．北京：清华大学出版社，2008.
[10]陆润民．计算机图形学教程[M]．北京：清华大学出版社，2003.
[11]赵汝嘉，孙波主编．计算机辅助工艺设计 CAPP[M]．北京：机械工业出版社，2003.
[12]肖伟跃．CAPP 中的智能信息处理技术[M]．长沙：国防科技大学出版社，2002.
[13]张振明，等编著．现代 CAPP 技术与应用[M]．太原：西北工业大学出版社，2003.
[14]金涛，童水光．逆向工程技术[M]．北京：机械工业出版社，2003.
[15]刘伟军，孙玉文．逆向工程原理、方法及应用[M]．北京：机械工业出版社，2008.
[16]王霄．逆向工程技术及其应用[M]．北京：化学工业出版社，2004.
[17]周文培，连祥宇，李翔鹏．UG NX4 中文版自学手册[M]．北京：人民邮电出版社，2008.
[18]姜元庆，刘佩军．UG/Imageware 逆向工程培训教程[M]．北京：清华大学出版社，2003.
[19]GB/T 24635.3—2009，产品几何技术规范(GPS)坐标测量机(CMM)确定测量不确定度的技术 第 3 部分：应用已校准工件或标准件[S].
[20]张国雄．三坐标测量机[M]．天津：天津大学出版社，1999.
[21]施文康，余晓芬．检测技术[M]．北京：机械工业出版社，2010.
[22]李洪全．实用坐标测量技术[M]．北京：化学工业出版社，2008.
[23]刘伟军，等．快速成型技术及应用[M]．北京：机械工业出版社，2006.
[24]韩霞，等．快速成型技术与应用．[M] 北京：机械工业出版社，2012.
[25]罗军．中国 3D 打印的未来[M]．北京：东方出版社，2014.
[26][英]Christopher Barnatt. 3D 打印正在到来的工业革命[M]．北京：人民邮电出版社，2014.
[27]王春玉，等．玩转 3D 打印[M]．北京：人民邮电出版社，2014.
[28]杨有君．数控技术[M]．北京：机械工业出版社，2005.
[29]董长双，胡世军，李文斌．数控技术[M]．武汉：华中科技大学出版社，2013.
[30]蒲志新．数控技术[M]．北京：北京理工大学出版社，2014.
[31]许宝杰．人工智能技术[M]．北京：化学工业出版社，2020.

[32]修春波．人工智能技术[M]．北京：机械工业出版社，2018.
[33]李瑞峰，葛连正．工业机器人技术[M]．北京：清华大学出版社，2019.
[34]朴松昊，等．智能机器人[M]．哈尔滨：哈尔滨工业大学出版社，2012.
[35]崔天时．智能机器人[M]．北京：北京邮电大学出版社，2020.
[36]刘持标，林瑜蒲．物联网技术基础[M]．北京：清华大学出版社，2021.
[37]孙宇熙．云计算与大数据[M]．北京：人民邮电出版社，2022.
[38]周祖德，等．数字孪生与智能制造[M]．武汉：武汉理工大学出版社，2020.
[39]朱文华．智慧工厂技术与应用[M]．北京：电子工业出版社，2020.